Pro/ENGINEER 中文野火版 5.0 工程应用精解丛书

Pro/ENGINEER 中文野火版 5.0 高级应用教程（增值版）

北京兆迪科技有限公司　编著

机 械 工 业 出 版 社

本书是进一步学习 Pro/ENGINEER 中文野火版 5.0 高级功能的书籍，其内容包括 Pro/ENGINEER 软件工具（如关系、用户参数、族表等）的使用、高级基准特征（如图形特征）和高级特征（如扫描混合、可变截面扫描、管道）的创建、特征的变形工具、装配高级功能（如挠性元件的装配、Top_Down 产品设计等）、模型的外观设置与渲染、ISDX（交互式曲面设计模块）曲面设计、运动仿真、动画和产品的逆向设计等。

本书是根据北京兆迪科技有限公司给国内外众多行业的知名公司（含国外独资和合资公司）编写的培训教案整理而成的，具有很强的实用性和广泛的适用性。本书附带 1 张多媒体 DVD 学习光盘，制作了教学视频并进行了详细的语音讲解，光盘中还包含本书所有的模型文件、范例文件和练习素材文件。

在内容安排上，书中结合大量的范例对 Pro/ENGINEER 高级功能中的一些抽象概念进行讲解，这些范例都是实际生产一线产品设计中具有代表性的例子，这样安排能使读者较快地进入高级产品设计实战状态。在写作方式上，本书紧贴软件的实际操作界面进行讲解，帮助读者全面提高学习效率。通过本书的学习，读者将能掌握更多的 Pro/ENGINEER 高级功能和技巧，进而能够从事复杂产品的设计工作。本书可作为工程技术人员的 Pro/ENGINEER 高级自学教程和参考书籍，也可作为大中专院校学生和各类培训学校学员的 Pro/ENGINEER 课程上课或上机练习教材。

特别说明的是，本书随书光盘中增加了大量产品设计案例的讲解，使本书的附加值大大提高。

图书在版编目（CIP）数据

Pro/ENGINEER 中文野火版 5.0 高级应用教程：增值版/北京兆迪科技有限公司编著. —4 版. —北京：机械工业出版社，2017.2
(Pro/ENGINEER 中文野火版 5.0 工程应用精解丛书)
ISBN 978-7-111-55926-9

Ⅰ. ①P… Ⅱ. ①北… Ⅲ. ①机械设计—计算机辅助设计—应用软件—教材 Ⅳ. ①TH122

中国版本图书馆 CIP 数据核字（2017）第 008673 号

机械工业出版社（北京市百万庄大街 22 号 邮政编码：100037）
策划编辑：丁 锋 责任编辑：丁 锋
责任校对：攀钟英 封面设计：张 静
责任印制：李 飞
北京铭成印刷有限公司印刷
2017 年 3 月第 4 版第 1 次印刷
184mm×260 mm · 22.75 印张 · 424 千字
0001—3000 册
标准书号：ISBN 978-7-111-55926-9
        ISBN 978-7-89386-105-5（光盘）
定价：69.90 元（含 1DVD）

凡购本书，如有缺页、倒页、脱页，由本社发行部调换
电话服务   网络服务
服务咨询热线：010-88361066   机工官网：www.cmpbook.com
读者购书热线：010-68326294   机工官博：weibo.com/cmp1952
            010-88379203   金 书 网：www.golden-book.com
封面无防伪标均为盗版   教育服务网：www.cmpedu.com

前　言

Pro/ENGINEER（简称 Pro/E）是由美国 PTC 公司推出的一套高效、易用的三维 CAD/CAM 参数化软件系统，其内容涵盖了产品从概念设计、工业造型设计、三维模型设计、分析计算、动态模拟与仿真、工程图输出，到生产加工成产品的全过程，其中还包含了大量的电缆及管道布线、模具设计与分析等实用模块，应用范围涉及航空航天、汽车、机械、数控（NC）加工和电子等诸多领域。

本次增值版优化了原来各章的结构，使读者更方便、更高效地学习本书。本书是进一步学习 Pro/ENGINEER 高级功能的书籍，其特色如下：

- 内容丰富，涉及众多的 Pro/ENGINEER 高级模块，图书的性价比较高；
- 范例丰富，对软件中的主要命令和功能，先结合简单的范例进行讲解，然后安排一些较复杂的综合范例帮助读者深入理解、灵活运用；
- 讲解详细，条理清晰，保证自学的读者能独立学习书中介绍的 Pro/ENGINEER 高级功能；
- 写法独特，采用 Pro/ENGINEER 软件中真实的对话框、操控板和按钮等进行讲解，使读者能够直观、准确地操作软件，从而大大提高学习效率；
- 附加值高，本书附带 1 张多媒体 DVD 学习光盘，制作了教学视频并进行了详细的语音讲解，可以帮助读者轻松、高效地学习。

本书由北京兆迪科技有限公司编著，参加编写的人员有詹友刚、王焕田、刘静、雷保珍、刘海起、魏俊岭、任慧华、詹路、冯元超、刘江波、周涛、段进敏、赵枫、邵为龙、侯俊飞、龙宇、施志杰、詹棋、高政、孙润、李倩倩、黄红霞、尹泉、李行、詹超、尹佩文、赵磊、王晓萍、陈淑童、周攀、吴伟、王海波、高策、冯华超、周思思、黄光辉、党辉、冯峰、詹聪、平迪、管璇、王平、李友荣。本书难免存在疏漏之处，恳请广大读者予以指正。

电子邮箱：zhanygjames@163.com。　　　咨询电话：010-82176248，010-82176249。

编　者

本 书 导 读

为了能更好地学习本书的知识，请您仔细阅读下面的内容。

写作环境

本书使用的操作系统为 Windows XP，对于 Windows 7、Windows 8、Windows 10 操作系统，本书内容和范例也同样适用。

本书采用的写作蓝本是 Pro/ENGINEER 中文野火版 5.0。

光盘使用

为方便读者练习，特将本书所有素材文件、已完成的范例文件、配置文件和视频语音讲解文件等放入随书附带的光盘中，读者在学习过程中可以打开相应的素材文件进行操作和练习。

本书附赠多媒体 DVD 光盘，建议读者在学习本书前，先将 DVD 光盘中的所有文件复制到计算机硬盘的 D 盘中，在 D 盘上 proewf5.2 目录下共有 3 个子目录。

（1）proewf5_system_file 子目录：包含一些系统配置文件。

（2）work 子目录：包含本书讲解中所用到的文件。

（3）video 子目录：包含本书讲解中所有的视频文件（含语音讲解），学习时，直接双击某个视频文件即可播放。

光盘中带有"ok"扩展名的文件或文件夹表示已完成的实例。

本书约定

● 本书中有关鼠标操作的简略表述说明如下。

☑ 单击：将鼠标指针移至某位置处，然后按一下鼠标的左键。

☑ 双击：将鼠标指针移至某位置处，然后连续快速地按两次鼠标的左键。

☑ 右击：将鼠标指针移至某位置处，然后按一下鼠标的右键。

☑ 单击中键：将鼠标指针移至某位置处，然后按一下鼠标的中键。

☑ 滚动中键：只是滚动鼠标的中键，而不能按中键。

☑ 选择（选取）某对象：将鼠标指针移至某对象上，单击以选取该对象。

☑ 拖移某对象：将鼠标指针移至某对象上，然后按下鼠标的左键不放，同时移动鼠标，将该对象移动到指定的位置后再松开鼠标的左键。

● 本书中的操作步骤分为 Task、Stage 和 Step 三个级别，说明如下。

☑ 对于一般的软件操作，每个操作步骤以 Step 字符开始。

☑ 每个 Step 操作视其复杂程度，其下面可含有多级子操作，例如 Step1 下可能包含（1）、（2）、（3）等子操作，（1）子操作下可能包含①、②、③等子操作，①子操作下可能包含 a）、b）、c）等子操作。

- ☑ 如操作较复杂，需要几个大的操作步骤才能完成，则每个大的操作冠以 Stage1、Stage2、Stage3 等，Stage 级别的操作下再分 Step1、Step2、Step3 等操作。

- ☑ 对于多个任务的操作，则每个任务冠以 Task1、Task2、Task3 等，每个 Task 操作下则可包含 Stage 和 Step 级别的操作。

- ● 由于已经建议读者将随书光盘中的所有文件复制到计算机硬盘的 D 盘中，所以书中在要求设置工作目录或打开光盘文件时，所述的路径均以 D:开始。

技术支持

本书是根据北京兆迪科技有限公司给国内外一些著名公司（含国外独资和合资公司）的培训案例整理而成的，具有很强的实用性。该公司专门从事 CAD/CAM/CAE 技术的研究、开发、咨询及产品设计与制造服务，并提供 Pro/ENGINEER、Ansys、Adams 等软件的专业培训及技术咨询，读者在学习本书的过程中如果遇到问题，可通过访问该公司的网站 http://www.zalldy.com 来获得技术支持。咨询电话：010-82176248，010-82176249。

目　　录

第1章 软件的基本设置

本章提要 在使用本书学习 Pro/ENGINEER 前，建议进行下列必要的操作和设置，这样可以保证后面学习中的软件配置和软件界面与本书相同，从而提高学习效率。`

- 设置 Windows 系统的环境变量。
- 创建用户文件目录。
- 设置软件的启动目录。
- 设置系统配置文件 config.pro 和界面配置文件 config.win。

1.1 设置 Windows 操作系统的环境变量

在使用 Pro/ENGINEER 中文野火版 5.0 时，建议设置 Windows 系统变量 lang，并将该变量的值设为 chs，这样可确保 Pro/ENGINEER 软件的界面是中文的。

Step1. 选择 Windows 的 开始 ➡ 设置(S) ➡ 控制面板(C) 命令。

Step2. 在弹出的控制面板中双击图标 系统 。

Step3. 在弹出的"系统属性"对话框中单击 高级 选项卡，在 启动和故障恢复 区域中单击 环境变量(N) 按钮。

Step4. 在弹出的"环境变量"对话框中单击 系统变量(S) 区域的 新建(W) 按钮。

Step5. 在图 1.1.1 所示的"新建系统变量"对话框中，创建 变量名(N): 为 lang、变量值(V): 为 chs 的系统变量。

图 1.1.1 "新建系统变量"对话框

Step6. 单击"新建系统变量"对话框中的 确定 按钮。

Step7. 单击"环境变量"对话框中的 确定 按钮。

Step8. 单击"系统属性"对话框中的 确定 按钮。

说明：

（1）使用 Pro/ENGINEER 中文野火版 5.0 时，系统可自动显示中文界面，因而可以不用设置环境变量 lang。

（2）如果在"系统特性"对话框的 高级 选项卡中创建环境变量 lang，并将其值设为 eng，则 Pro/ENGINEER 中文野火版 5.0 软件界面将变成英文的。

1.2　创建用户文件目录

使用 Pro/ENGINEER 软件，应注意文件的目录管理。如果文件管理混乱，会造成系统找不到正确的相关文件，从而严重影响 Pro/ENGINEER 软件的全相关性，同时也会使文件的保存、删除等操作产生混乱。因此在进行产品设计前，应先按照操作者的姓名、产品名称（或型号）建立用户文件目录。本书要求在 D 盘上创建一个名为 proe_course 的文件目录。

1.3　设置软件的启动目录

Pro/ENGINEER 软件正常安装完毕后，其默认的启动目录为 C:\Documents and Settings\Administrator\My Documents，该目录也是 Pro/ENGINEER 软件默认的工作目录。但该目录路径较长，不利于文件的管理和软件的设置，因此本书将把 Pro/ ENGINEER 软件启动目录设置为 D:\proe_course，操作步骤如下。

Step1. 右击桌面上的 Pro/ENGINEER 图标，在弹出的快捷菜单中选择 属性(R) 命令。

Step2. 此时桌面上弹出图 1.3.1 所示的"Pro ENGINEER 属性"对话框，单击该对话框中的 快捷方式 选项卡，然后在 起始位置(S): 文本框中输入 D:\proe_course，并单击 确定 按钮。

说明：进行以上操作后，双击桌面上的 Pro/ ENGINEER 图标而进入 Pro/ ENGINEER 软件系统后，其工作目录便自动地设为 D:\proe_course。

图 1.3.1　"Pro ENGINEER 属性"对话框

1.4　系统配置文件 config

1.4.1　设置系统配置文件 config.pro

用户可以用一个名为 config.pro 的系统配置文件预设 Pro/ENGINEER 软件的工作环境和进行全局设置，例如 Pro/ENGINEER 软件的界面是中文还是英文或者中英文双语，是由 menu_translation 选项来控制的，这个选项有三个可选的值 yes、no 和 both，它们分别可以使软件界面为中文、英文和中英文双语。

本书附赠光盘中的 config.pro 文件对一些基本的选项进行了设置，读者进行如下操作后，可使该 config.pro 文件中的设置有效。

Step1. 复制系统文件。将目录 D:\proewf5.2\proewf5_system_file\下的 config.pro 文件复制至 Pro/ENGINEER Wildfire 5.0 的安装目录的\text 目录下。假设 Pro/ENGINEER Wildfire 5.0 安装目录为 C:\Program Files\ProeWildfire 5.0，则应将上述文件复制到 C:\Program Files\Proe Wildfire 5.0\text 目录下。

Step2. 如果 Pro/ENGINEER 启动目录中存在 config.pro 文件，建议将其删除。

1.4.2　配置文件 config 的加载顺序

在运用 Pro/ENGINEER 软件进行产品设计时，还必须了解系统配置文件 config 的分类和加载顺序。

1. 两种类型的 config 文件

config 文件包括 config.pro 和 config.sup 两种类型，其中 config.pro 是一般类型的系统配置文件，config.sup 是受保护的系统配置文件，即强制执行的配置文件，如果有其他配置文件里的选项设置与这个文件里的选项设置相矛盾，系统以 config.sup 文件里的设置为准。例如，在 config.sup 中将选项 ang_units 的值设为 ang_deg，而在其他的 config.pro 中将选项 ang_units 的值设为 ang_sec，系统启动后则以 config.sup 中的设置为准，即角度的单位为度。由于 config.sup 文件具有这种强制执行的特点，所以一般用户应创建 config.sup 文件，用于配置一些企业需要的强制执行标准。

2. config 文件加载顺序

首先假设：

- Pro/ENGINEER 软件的安装目录为 C:\Program Files\ProeWildfire 5.0；
- Pro/ENGINEER 软件的启动目录为 D:\proe_course。

其次，假设在 Pro/ENGINEER 的安装目录和启动目录中放置了不同的 config 文件：

- 在 C:\Program Files\ProeWildfire5.0\text 下，放置了一个 config.sup 文件，在该 config.sup 文件中可以配置一些企业需要的强制执行标准；
- 在 C:\Program Files\ProeWildfire5.0\text 下，放置了一个 config.pro 文件，在该 config.pro 文件中可以配置一些项目组级要求的标准；
- 在 Pro/ENGINEER 的启动目录 D:\proe_course 下，放置了一个 config.pro 文件，在该 config.pro 文件中可以配置设计师自己爱好的设置。

启动 Pro/ENGINEER 软件后，系统会依次加载 config.sup 文件和各个目录中的 config.pro 文件。加载后，对于 config.sup 文件，由于该文件是受保护的文件，其配置不会被覆盖；对于 config.pro 文件中的设置，后加载的 config.pro 文件会覆盖先加载的 config.pro 文件的配置。对于所有 config 文件中都没有设置的 config.pro 选项，系统保持它为默认值。具体来说，config 文件的加载顺序如下：

（1）首先加载 Pro/ENGINEER 安装目录\text（即 C:\Program Files\ProeWildfire5.0\text）下的 config.sup 文件；

（2）然后加载 Pro/ENGINEER 安装目录\text（即 C:\Program Files\ProeWildfire5.0\text）下的 config.pro 文件；

（3）最后加载 Pro/ENGINEER 启动目录（即 D:\proe_course）下的 config.pro 文件。

1.5　设置界面配置文件 config.win

Pro/ENGINEER 的屏幕界面是通过 config.win 文件控制的，本书附赠光盘中提供了一个 config.win 文件，进行如下操作后，可使该 config. win 文件中的设置有效。

Step1. 复制系统文件。将目录 D:\proewf5.2\proewf5_system_file\下的 config.win 文件复制到 Pro/ENGINEER Wildfire 5.0 安装目录的\text 目录下。例如，Pro/ENGINEER Wildfire 5.0 的安装目录为 C:\Program Files\ProeWildfire 5.0，则应将上述文件复制到 C:\Program Files\ Proe Wildfire 5.0\text 目录下。

Step2. 删除 Pro/ENGINEER 启动目录中的 config.win 文件。

第 2 章　使用 Pro/ENGINEER 的工具

本章提要　本章将介绍 工具(T) 下拉菜单中的几个命令，使用这些命令能极大地提高产品设计的质量和效率，其中关系和参数功能可以极大地提高产品更新换代的速度，用户自定义特征（UDF 库）和家族表有助于完善用户零部件标准化设计，映射键（命令快捷键）功能则能够提高软件的操作速度。

2.1　创建模型关系

2.1.1　关于关系

1. 关系的基本概念

关系（也称参数关系）是用户定义的尺寸（或其他参数）之间关系的数学表达式。关系能捕捉特征之间、参数之间或装配元件之间的设计联系，是捕捉设计意图的一种方式。用户可用它驱动模型——改变关系也就改变了模型。例如在图 2.1.1 所示的模型中，通过创建关系 d26＝2*d23，可以使孔特征 1 的直径总是孔特征 2 的直径的两倍，而且孔特征 1 的直径始终由孔特征 2 的直径所驱动和控制。

孔特征 1 直径：d26

孔特征 2 直径：d23

图 2.1.1　关系的基本概念

➤ **关系类型**

有以下两种类型的关系。

- 等式——使等式左边的一个参数等于右边的表达式。这种关系用于给尺寸和参数赋值。例如：简单的赋值 d1 = 4.75，复杂的赋值 d5 = d2* (SQRT (d7/3.0+d4))。
- 比较——比较左边的表达式和右边的表达式。这种关系一般是作为一个约束或用于逻辑分支的条件语句。例如：作为约束 (d1 + d2) > (d3 + 2.5)，在条件语句中 IF (d1 + 2.5) >= d7。

➤ **关系层次**

可以把关系增加到：

（1）特征的截面草图中（在二维草绘模式下）；

（2）特征中（在零件或装配模式下）；

（3）零件中（在零件或装配模式下）；

（4）装配中（在装配模式下）。

➢ **进入关系操作界面**

要进入关系操作界面，可选择下拉菜单 工具(T) ➡ 关系(R) 命令，此时系统弹出图 2.1.2 所示的"关系"对话框，可在 查找范围 区域指定要查看其中关系的对象的类型，然后选取某个对象。以装配模型为例，系统将显示如下几种对象类型：

- 组件 ——访问装配中的关系；
- 骨架 ——访问装配中骨架模型的关系（只对装配适用）；
- 零件 ——访问零件中的关系；

图 2.1.2 "关系"对话框

- 元件 ——访问元件中的关系（只对装配适用）；
- 特征 ——访问特征中的关系；
- 继承 ——访问继承关系，适用于"零件"和"装配"；
- 剖面 ——如果特征有一个截面，那么用户就可对截面中的关系进行访问；
- 阵列 ——访问阵列所特有的关系。

2．关系中使用的参数符号

在关系中，Pro/ENGINEER 支持以下 4 种类型的参数符号。

（1）尺寸符号。

－d#——零件模式下的尺寸。

－d#:#——装配模式下的尺寸。第二个 # 为装配或元件的进程标识。

－sd#——草绘环境中截面的尺寸。

－rd#——零件模式下的参考尺寸。

－rd#:#——装配模式中的参考尺寸。第二个 # 为装配或元件的进程标识。

－rsd#——草绘环境中截面的参考尺寸。

－kd#——在草绘环境中，截面中的已知尺寸（在父零件或装配中）。

（2）公差：当尺寸由数字转向参数的时候，会同时出现公差参数。

－tpm#——加减对称格式中的公差，#是尺寸数。

－tp#——加减格式中的正公差，#是尺寸数。

－tm#——加减格式中的负公差，#是尺寸数。

（3）实例数：这是整数参数，如阵列方向上的实例个数。

注意：如果将实例数定义为一个非整数值，系统将截去其小数部分。例如，2.90 将变为 2。

（4）用户参数：这是由用户所定义的参数。

例如：Volume = d0*d1*d2　　　　　　Vendor = "TWTI Corp."

注意：

- 用户参数名必须以字母开头（如果它们要用于关系的话）。
- 用户参数名不能包含非字母数字字符，如!、@、#、$。
- 不能使用 d#、kd#、rd#、tm#、tp#或 tpm#作为用户参数名，因为它们是由尺寸保留使用的。
- 下列参数是由系统保留使用的：

  PI（几何常数）：3.14159（不能改变该值）。

  G（引力常数）：$9.8m/s^2$。

  C1、C2、C3 和 C4：是默认值，分别等于 1.0、2.0、3.0 和 4.0。

3. 关系中的运算符

下列三类运算符可用于关系中。

（1）算术运算符。

+ 加　　　　　　－ 减　　　　　　/ 除

* 乘　　　　　　^ 指数　　　　　()分组括号

（2）赋值运算符。

= 是一个赋值运算符，它使得两边的式子或关系相等。应用时，等式左边只能有一个参数。

（3）比较运算符：只要能返回 TRUE 或 FALSE 值，就可使用比较运算符。

系统支持下列比较运算符：

==　　等于　　　　　　　<=　　小于或等于

>　　　大于　　　　　　　|　　　或

>=　　大于或等于　　　　&　　　与

    <　　　小于　　　　　　　　　　~或!　　非

~=　　　不等于

运算符 |、&、! 和 ~ 扩展了比较关系的应用，它们使设计者能在单一的语句中设置若干条件。例如，当 d1 在 2 和 3 之间且不等于 2.5 时，下面关系返回 TRUE：

d1 > 2 & d1 < 3 & d1 ~= 2.5

4．关系中使用的函数

（1）数学函数。

sin() 正弦	asin() 反正弦	sinh() 双曲线正弦
cos() 余弦	acos() 反余弦	cosh() 双曲线余弦
tan() 正切	atan() 反正切	tanh() 双曲线正切

sqrt()　平方根

log()	以 10 为底的对数	abs()	绝对值
Ln()	自然对数	ceil()	不小于其值的最小整数
exp()	e 的幂	floor()	不超过其值的最大整数

注意：

- 所有三角函数都使用单位"度"。
- 可以给函数 ceil 和 floor 加一个可选的自变量，用它指定要保留的小数位数。

　　这两个函数的语法如下：

　　ceil（参数名或数值，小数位数）

　　floor（参数名或数值，小数位数）

　　其中，小数位数是可选值：

- ☑　可以被表示为一个数或一个用户自定义参数。如果该参数值是一个实数，则被截尾成为一个整数。
- ☑　它的最大值是 8。如果超过 8，则不会舍入要舍入的数（第一个自变量），并使用其初值。
- ☑　如果不指定它，则功能同前期版本一样。

　　使用不指定小数部分位数的 ceil 和 floor 函数，其举例如下：

　　ceil（10.2）值为 11　　　　　　　　　floor（10.2）值为 10

　　使用指定小数部分位数的 ceil 和 floor 函数，其举例如下：

　　ceil（10.255, 2）等于 10.26　　　　　floor（10.255, 1）等于 10.2

　　ceil（10.255, 0）等于 11　　　　　　floor（10.255, 2）等于 10.25

（2）曲线表计算：曲线表计算使用户能用曲线表特征通过关系来驱动尺寸。尺寸可以是截面、零件或装配尺寸。格式如下：

evalgraph("graph_name", x)

其中，graph_name 是曲线表的名称；x 是沿曲线表 x 轴的值，返回 y 值。

对于混合特征，可以指定轨道参数 trajpar 作为该函数的第二个自变量。

注意：

曲线表特征通常是用于计算 x 轴上所定义范围内 x 值对应的 y 值。当超出范围时，y 值是通过外推的方法来计算的：对于小于初始值的 x 值，系统通过从初始点延长切线的方法计算外推值；同样，对于大于终点值的 x 值，系统通过将切线从终点往外延伸计算外推值。

（3）复合曲线轨道函数：在关系中可以使用复合曲线的轨道参数 trajpar_of_pnt。该函数返回一个 0.0 和 1.0 之间的值，函数格式如下：

trajpar_of_pnt("trajname", "pointname")

其中，trajname 是复合曲线名；pointname 是基准点名。

5.　关系中的条件语句

（1）IF 语句。

IF 语句可以加到关系中以形成条件语句。例如：

IF d1 > d2

length = 24.5

ENDIF

IF d1 <= d2

length = 17.0

ENDIF

条件是一个值为 TRUE（或 YES）或 FALSE （或 NO）的表达式，这些值也可以用于条件语句。例如：

IF ANSWER == YES

IF ANSWER == TRUE

IF ANSWER

（2）ELSE 语句。

即使再复杂的条件结构，都可以通过在分支中使用 ELSE 语句来实现。用这一语句，前一个关系可以修改成如下的样子：

IF d1 > d2

length = 24.5

ELSE

length = 17.0

ENDIF

在 IF、ELSE 和 ENDIF 语句之间可以有若个特征。此外，IF-ELSE-ENDIF 结构可以在特征序列（它们是其他 IF-ELSE-ENDIF 结构的模型）内嵌套。IF 语句的语法如下：

IF <条件>

若干个关系的序列或 IF 语句

ELSE　（可选项）

若干个关系的序列或 IF 语句

ENDIF

注意：

- ENDIF 必须作为一个字来拼写。
- ELSE 必须本身占一行。
- 条件语句中的相等必须使用两个等号　（==）；赋值号必须是一个等号（=）。

6. 关系中的联立方程组

联立方程组是这样的若干关系，在其中必须联立解出若干变量或尺寸。例如，有一个宽为 d1、高为 d2 的长方形，并要指定下列条件：其面积等于 200，且其周长要等于 60。

可以输入下列方程组：

SOLVE

d1*d2 = 200

2*(d1+d2)= 60

FOR d1 d2（或 FOR d1,d2）

所有 SOLVE 和 FOR 语句之间的行成为方程组的一部分。FOR 行列出要求解的变量；所有在联立方程组中出现而在 FOR 列表中不出现的变量被解释为常数。

联立方程组中的变量必须预先初始化。

由联立方程组定义的关系可以同单变量关系自由混合。选择"显示关系"时，两者都显示，并且它们可以用"编辑关系"进行编辑。

注意：即使方程组有多组解，也只返回一组。但用户可以通过增加额外的约束条件来确定他所需要的那一组方程解。比如，上例中有两组解，用户可以增加约束 d1 <= d2，程序为：

IF d1 >d2

temp = d1

d1 = d2

d2 = temp

ENDIF

7．用参数来传递字符串

可以给参数赋予字符串值，字符串值放在双引号之间。例如，在工程图注释内可使用参数名，参数关系可以表示如下：

IF d1 > d2

MIL_REF = "MIL-STD XXXXA"

ELSE

MIL_REF = "MIL-STD XXXXB"

ENDIF

8．字符串运算符和函数

字符串可以使用下列运算符：

==　　　　　比较字符串的相等；

!=, <>, ~=　比较字符串的不等；

+　　　　　合并字符串。

下面是与字符串有关的几个函数。

（1）itos(int)：将整数转换为字符串。其中，int 可以是一个数或表达式，非整数将被舍入。

（2）search(字符串,子串)：搜索子串。结果值是子串在串中的位置（如未找到，返回 0）。

（3）extract(字符串,位置,长度)：提取一个子串。

（4）string_length()：返回某参数中字符的个数。例如，串参数 material 的值是 steel，则 string_length(material)等于 5，因为 steel 有 5 个字母。

（5）rel_model_name()：返回当前模型名。例如，当前在零件 A 中工作，则 rel_model_name() 等于 A。要在装配的关系中使用该函数，关系应为：

名称　= rel_model_name:2()　　　　　　注意：括号()内是空的。

（6）rel_model_type()：返回当前模型的类型。如果正在"装配"模式下工作，则 rel_model_type()等于装配名。

（7）exists()：判断某个项目（如参数、尺寸）是否存在。该函数适用于正在计算关系的模型。例如：

if exists("d5:20")检查运行时标识为 20 的模型的尺寸是否为 d5。

if exists("par:fid_25:cid_12")检查元件标识 12 中特征标识为 25 的特征是否有参数 par。该参数只存在于大型装配的一个零件中。例如，在机床等大型装配中有若干系统（如液压、气动、电气系统），但大多数对象不属于任何系统，在这种情况下，为了进行基于参数的计算评估，只需给系统中所属的模型指派适当的参数。例如，电气系统中的项目需要使用 BOM 报表中的零件号，而不是模型名，则可以创建一个报表参数 bom_name，并写出如下关系：

```
if exists("asm_mbr_cabling")
    bom_name = part_no
else
    bom_name = asm_mbr_name
endif
```

9．关系错误信息

系统会检查刚刚编辑的文件中关系的有效性，并且如果发现了关系文件中的错误，则立即返回编辑模式，并给错误的关系打上标记，然后可以修正有标记的关系。

在关系文件中可能出现以下三种类型的错误信息。

（1）长行：关系行超过 80 个字符。编辑该行，或把该行分成两行（其方法是输入反斜杠符号\，以表示关系在下一行继续）。

（2）长符号名：符号名超过 31 个字符。

（3）错误：发生语法错误。例如，出现没有定义的参数，此时可检查关系中的错误并编辑。

注意：这种错误检查捕捉不到约束冲突。如果联立关系不能成立，则在消息区出现警告；如果遇到不确定的联立关系，则在最后一个关系行下的空行上出现错误信息。

2.1.2 创建关系举例

1．在零件模型中创建关系

在本节中，将给图 2.1.3 所示的零件模型中两个孔的直径添加关系，注意这里的两个孔应该是两个独立的特征。

图 2.1.3 在零件模型中创建关系

Step1. 先将工作目录设置至 D:\proewf5.2\work\ch02.03，然后打开模型 udf_place.prt。

Step2. 在零件模块中，选择下拉菜单 工具(T) ➡ 关系(R) 命令。

Step3. 此时系统弹出"关系"对话框，然后从"查找范围"列表中选择 零件 。

Step4. 分别单击两个孔特征，此时模型上显示出两个孔特征的所有尺寸参数符号；在"关系"对话框的按钮区（如图 2.1.4 所示）单击 按钮，可以将模型尺寸在符号与数值间切换。

图 2.1.4　"关系"对话框中的命令按钮区

图 2.1.4 中各命令按钮的说明如下。

A: 撤销

B: 重做

C: 剪切

D: 复制

E: 粘贴

F: 删除选定项目

G: 在尺寸值和名称间切换

H: 提供尺寸、参数或表达式的值

I: 显示当前模型中的特定尺寸

J: 将关系设置为对参数和尺寸的单位敏感

K: 从列表中插入函数

L: 从列表中插入参数名称

M: 从可用值列表中选取单位

N: 排序关系

O: 执行/校验关系并按关系创建新参数

Step5. 添加关系：在对话框中的关系编辑区，输入关系式 d27＝2*d25。

Step6. 单击对话框中的 确定 按钮。

Step7. 验证所创建的关系：改变 d25 的值，再生后，d27 的值按关系式的约束自动改变。

注意：添加关系后，用户不能直接修改 d27 的值，可通过对特征的编辑来实现。

在"关系"对话框中，除上例用到的选项外，其他几个主要选项的说明如下。

● 在"关系"对话框的 参数 菜单中：

☑ 添加参数 ：通过该命令，可在模型中增加用户参数。

☑ 删除参数 ：通过该命令，可在模型中删除用户参数。

● 单击 按钮后，再输入一个尺寸名（即尺寸参数符号，如 d26），系统即在模型上显示该参数符号的位置。

- 通过 $\boxed{=?}$ 按钮，可计算某个参数或某一个表达式（可为单一参数或等式）的值。
- 无论何时选择 $\boxed{\equiv}$ 按钮，系统将对模型中的关系进行排序，从而使得依赖于另一关系值的关系在另一关系之后计算。

例如，如果用户分别按下列顺序输入关系式：

d0 = 2*d1

d1 = d2 + d3

则单击"排序关系"后，关系式的顺序如下：

d1 = d2 + d3

d0 = 2*d1

这就是计算关系时应该有的次序。

注意：

- 如果模型内存在多个关系式，关系的计算从输入的第一个关系开始，以输入的最近的关系结束。因此，如果两个关系驱动一个参数，则后一个关系覆盖前一个关系。在有些情况下，在不同层级定义的关系会相互矛盾。可使用有关工具查看关系，确保实现设计意图。
- 如果尺寸由关系驱动，则不能直接修改它。如果用户试图修改它，系统会显示错误信息。例如，本例中已输入关系 d27 = 2*d25，则不能直接修改 d27 的值。如果一定要改变 d27 的值，可以通过修改 d25 的值或者编辑关系来实现。如果修改尺寸符号，这种改变会自动地反映在关系文件中。
- 关系式 d27 = 2*d25 和 d25 = 0.5*d27 的区别：在关系式 d27 = 2*d25 中，d25 是驱动尺寸，d27 是被驱动尺寸，d27 的值由 d25 驱动和控制；而在关系式 d25 = 0.5*d27 中，d25 是被驱动尺寸，d27 则是驱动尺寸，d25 的值由 d27 驱动和控制。

2. 在特征的截面中创建关系

这里将给图 2.1.3 所示的零件模型中的基础特征的截面添加关系。该特征的截面草图如图 2.1.5 所示。

图 2.1.5　截面草图

Step1. 通过编辑定义，进入截面的草绘环境。

Step2. 在草绘环境中，选择下拉菜单 工具(T) ➡ 关系(R) 命令。

Step3. 通过单击 按钮，可以使截面尺寸在符号与数值间进行切换。

Step4. 添加关系：在弹出的"关系"对话框的编辑区中，输入关系式 sd19＝0.5*sd0，单击对话框中的 确定 按钮，此时可立即看到刚才输入的关系已经起作用了。

在截面中创建或修改关系时的注意事项如下。

（1）截面关系与截面一起存储，不能在零件模型环境中编辑某个特征截面中的关系，但可以查看。

（2）不能在一个特征的截面关系式中，直接引入另一个特征截面的尺寸。

例如，sd3 是一个截面中的草绘尺寸，而 sd40 是另一特征（特征标识 fid_10）截面中的草绘尺寸，系统不会接受截面关系：

sd3 =5*sd40:fid_10

但在模型级中，可以使用不同截面中的等价尺寸（d#）来创建所需的关系。另外，也可以在模型中创建一个过渡用户参数，然后可以从截面中访问它。

例如，在前面的 sd3 = 5*sd40:fid_10 中，如果 sd3 在模型环境中显示为 d15，sd40:fid_10 在模型环境中显示为 d45，则在模型级中创建的关系式 d15=5*d45 可以实现相同的设计意图。

（3）在截面级（草绘环境）中，只能通过关系创建用户参数（因为此时"增加参数"命令不能用），然后可在模型级中像任何其他参数一样使用它们。

例如，在前面的基础特征的截面环境中，可以通过关系 aaa＝sd17＋sd8 来创建用户参数 aaa，再在模型中添加新的关系 sd1 = aaa，然后再单击"关系"对话框中的 （排序关系）命令按钮。

3．在装配体中创建关系

在装配体中创建关系与在零件中创建关系的操作方法和规则基本相同。不同的是，要注意装配中的进程标识。

当创建装配或将装配带入工作区时，每一个模型（包括顶层装配、子装配和零件）都被赋予一个进程标识（Session Id）。例如，在图 2.1.6 所示的装配模型中，尺寸符号后面的 0、1 和 2 分别是装配体、零件 1 和零件 2 的进程标识。用"关系"对话框的 显示 菜单中的 进程ID 命令，可以查看各元件的进程标识号。

在装配中创建关系时，必须将各元件的进程标识作为后缀包括在尺寸符号中。

例如，装配关系式 d0:1=0.5*d2:0 是正确的关系式，而不带进程标识的关系式 d0=2*d2 则是无效的。

图 2.1.6　查看各元件的进程标识号

2.2　设置用户参数

2.2.1　关于用户参数

选择下拉菜单 工具(T) ➡ 参数(P) 命令，可以创建用户参数并给其赋值，也可以使用"模型树"将参数增加到项目中。用户参数同模型一起保存，不必在关系中定义。

用户参数的值不会在再生时随模型的改变而更新，即使是使用系统参数（如模型的尺寸参数或质量属性参数）定义的用户参数值也是这样。例如，假设系统将 d5 这个参数自动分配给模型中的某一尺寸 100，而又用 参数(P) 命令创建了一个用户参数 LENGTH，那么可用关系式 LENGTH = d5，将系统参数 d5 的值 100 赋给用户参数 LENGTH，当尺寸 d5 的值从 100 修改为 120 时，LENGTH 的值不会随 d5 的改变而更新，仍然为 100。

但要注意，如果把用户参数的值赋给系统参数，则再生时系统参数的值会随用户参数值的改变而更新。例如，如果用 参数(P) 命令，创建 LENGTH=150，然后建立关系 d5=LENGTH，那么在模型再生后，d5 将更新为新的值 150。

2.2.2　创建用户参数举例

下面以零件模型连杆（connecting_rod.prt）为例，说明创建用户参数的一般操作步骤。

Step1. 将工作目录设置至 D:\proewf5.2\work\ch02.02，打开 connecting_rod.prt 零件模型，然后选择下拉菜单 工具(T) ➡ 参数(P) 命令。

Step2. 在系统弹出的图 2.2.1 所示的"参数"对话框的 查找范围 列表中，选择对象类型为 零件，然后单击 ✚ 按钮。

Step3. 在 名称 栏中输入参数名 Material，按<Enter>键。

注意： 参数名称不能包含非字母字符，如!、"、@和#等。

Step4. 定义用户参数的类型。在 类型 栏中，选择"字符串"。

Step5. 在 值 栏中输入参数 Material 的值 A3_Steel，按<Enter>键。

Step6. 单击对话框中的 确定 按钮。

其他选项栏的说明如下。

● 指定 : 如果选定此选项，则在 PDM 中此参数是可见的。

● 访问 : 选取此参数的可访问类型，包括：

　☑ 完全 ——完整访问参数是在参数中创建的用户定义的参数，可在任何地方修改它们。

　☑ 限制的 ——完整访问参数可被设置为"受限制的"访问，这意味着它们不能被"关系"修改。"受限制的"参数可由"族表"和 Pro/PROGRAM 修改。

　☑ 锁定 ——锁定访问意味着参数是由"外部应用程序"（数据管理系统、分析特征、关系、Pro/PROGRAM 或族表）创建的。被锁定的参数只能从外部应用程序内进行修改。

● 源 : 反映参数的访问情况，如用户定义。

● 说明 : 对已添加的新参数进行注释。

图 2.2.1　"参数"对话框

2.3　用户自定义特征

2.3.1　关于用户自定义特征

在 Pro/ENGINEER 中，用户可将经常使用的某个特征和几个特征定义为自定义特征（UDF），然后在以后的设计中可以方便地调用它们，这对提高工作效率有很大的帮助。例如，图 2.3.1 所示模型中的加强筋（肋）部分定义为自定义特征（UDF），该加强筋（肋）部分包括一个实体拉伸特征和两个孔特征。

可将此加强筋（肋）部分定义为用户自定义特征（UDF）

图 2.3.1　自定义特征（UDF）

1．UDF 包含的要素

每个 UDF 包括选定的特征、它们的所有相关尺寸、选定特征之间的任何关系以及在零件上放置 UDF 的参照列表。在创建和修改 UDF 过程中，UDF 对话框提供这些 UDF 元素的运行状态。

2．使用 UDF 的建议

● 确保有预期的标注形式。

● 在创建 UDF 之前，提供定义的特征之间的必要关系。

3．UDF 的使用限制

● 在创建 UDF 时，不能将合并几何组及其外部特征作为用户自定义特征。

● 关系中未使用的参数不能与 UDF 一起复制到其他零件。

● 如果复制带有包含用户定义过渡的高级倒圆角的组，系统将从生成的特征中删除用户定义的过渡，并在新特征中重定义适当的倒圆角过渡。

2.3.2　创建用户自定义特征

这里将把图 2.3.1 所示的特征定义为用户自定义特征。

1．创建原始模型

首先创建一个图 2.3.1 所示的零件模型，创建过程如下。

Step1. 先将工作目录设置至 D:\proewf5.2\work\ch02.03，然后新建一个零件模型（udf_create.prt）。

Step2. 创建图 2.3.2 所示的零件基础特征——实体拉伸特征。单击"拉伸"按钮 ；设置 FRONT 基准平面为草绘平面，TOP 基准平面为参照平面，方向为 顶；特征截面草图如图 2.3.3 所示；拉伸深度选项为 ，深度值为 50.0。

图 2.3.2 创建实体拉伸特征

图 2.3.3 截面草图

Step3. 添加图 2.3.4 所示的实体拉伸特征，产生加强筋（肋）。单击"拉伸"按钮 ⬚；设置 FRONT 基准平面为草绘平面，TOP 基准平面为参照平面，方向为 顶；特征截面草图如图 2.3.5 所示；拉伸深度选项为 ⬚，深度值为 8.0。

Step4. 添加图 2.3.6 所示的左侧孔特征。选择下拉菜单 插入(I) ➡ 孔(H)... 命令；孔放置的主参照面和次参照面如图 2.3.6 所示，放置方式为线性，其偏移的距离值均为 12.0（参见放大图）；孔的类型为直孔；孔直径值为 10.0；孔深选项为 ⬚，选取主参照面后面的平面为孔终止面。

图 2.3.4 添加筋（肋）

图 2.3.5 截面草图

图 2.3.6 添加左侧孔特征

Step5. 以同样的方法添加右侧孔特征。

2. 创建用户自定义特征

创建了上面的零件模型后，就可以创建用户自定义特征。

Step1. 选择下拉菜单 工具(T) ➡ UDF库(U) 命令。

Step2. 在系统弹出的图 2.3.7 所示的 ▼ UDF (UDF) 菜单中选择 Create (创建) 命令。

Step3. 在系统 ➡ UDF名[退出]: 的提示下，输入 UDF 的名称 udf_rib，并按<Enter>键。

Step4. 在图 2.3.8 所示的"UDF 选项"菜单中选择 Stand Alone (单一的) 命令，然后选择 Done (完成) 命令。

图 2.3.7   "UDF" 菜单

图 2.3.8   "UDF 选项" 菜单

图 2.3.8 所示的 "UDF 选项" 菜单说明如下。

- （注：此处应将 Stand Alone 翻译成 "独立的"）：选择该命令后，表明所创建的用户自定义特征（UDF）是 "独立的"，即相对于原始模型是独立的；如果改变原始模型，其变化不会反映到 UDF 中。创建独立的 UDF 时，通过对从中生成该 UDF 的原始零件进行复制，可创建参照零件。参照零件与 UDF 名称相同，只是多了一个扩展名 _gp。例如，本例中将 UDF 命名为 udf_rib，则参照零件命名为 udf_rib_gp.prt。参照零件通过原始参照显示 UDF 参照和元素。注意：在钣金模块中，冲孔和切口 UDF 应该是 "独立" 的。

- **Subordinate (从属的)**：从属的 UDF 直接从原始模型获得其值，如果在原始模型中改变尺寸值，它们会自动反映到 UDF 中。

Step5. 由于在上步操作中选择了 **Stand Alone (单一的)** 命令，系统此时提问 ⇨ 是否包括参照零件?，回答 "是"。

注意：这里回答 "是"，则在以后放置该 UDF 特征时，系统会显示一个包含原始模型的窗口，这样便于用户放置 UDF 特征，所以建议用户在这里都回答 "是"。

Step6. 完成上步操作后，系统弹出图 2.3.9 所示的 "UDF:udf_rib，独立" 对话框和图 2.3.10 所示的 "UDF 特征" 菜单，选择 **Add (添加)** ➡ **Select (选取)** 命令，然后按住 Ctrl 键，选取拉伸的加强筋（肋）特征及其上面的两个孔特征（建议从模型树上选取这些特征）；在 "选取" 对话框中单击 **确定** 按钮；选择 **Done (完成)** ➡ **Done/Return (完成/返回)** 命令。

图 2.3.9   "UDF:udf_rib，独立" 对话框

图 2.3.10   "UDF 特征" 菜单

图 2.3.9 所示的 "UDF:udf_rib，独立" 对话框中各元素的含义说明如下。

- `Features`（特征）：选取要包括在 UDF 中的特征。
- `Ref Prompts`（参照提示）：（必需）为指定放置参照，输入提示。放置 UDF 时，系统将显示这些提示作为指导。
- `Var Elements`（不同元素）：（可选）在零件中放置 UDF 时，指定要重定义的特征元素。
- `Var Dims`（可变尺寸）：（可选）在零件中放置 UDF 时，选取要修改的尺寸，并为它们输入提示。
- `Dim Values`（尺寸值）：（可选）选取属于 UDF 的尺寸，并输入其新值。
- `Var Parameters`（可变参数）：（可选）添加/移除可变参数。
- `Family Table`（族表）：（可选）创建 UDF 的族表。
- `Units`（单位）：（已定义）改变当前单位。
- `Ext Symbols`（外部符号）：（可选）在 UDF 中包括外部尺寸和参数。

Step7. 为参照输入提示。

（1）模型中如图 2.3.11 所示的参照平面变亮，在系统 `以参照颜色为曲面输入提示:` 的提示下，输入提示信息 middle_plane，按<Enter>键。

（2）模型中如图 2.3.12 所示的参照平面变亮，输入提示信息 top_plane，按<Enter>键。

（3）模型中如图 2.3.13 所示的参照平面变亮，输入提示信息 center_plane，按<Enter>键。

说明：若还需要定义参照边，只需按<Enter>键即可。

图 2.3.11　操作过程（一）

图 2.3.12　操作过程（二）

注意：由于模型中各特征创建的顺序、方法，选取的草绘平面和草绘参照等不一样，加亮的参照（包括参照的个数）及其顺序也会不一样。

说明：系统加亮每个参照，并要求输入提示。例如，为加亮曲面输入 [选择底面]，那么在放置 UDF 时，系统将提示"选择底面"。为 UDF 中多个特征共同的放置参照指定提示时，可选择为这个参照指定"单一"或"多个"提示，可从图 2.3.14 所示的"提示"菜单中选择需要的命令，然后选择 `Done/Return 完成/返回` 命令。

图 2.3.13　操作过程（三）

图 2.3.14　"提示"菜单

- `Single (单一)`：为使用这个参照的所有特征指定单一提示。
- `Multiple (多个)`：为使用这个参照的每个特征指定各自的提示。系统将加亮使用该参照的每个特征，这样就可为每个特征输入不同的提示。

（4）此时模型中如图 2.3.15 所示的参照平面变亮，系统提示用户`⇨多重特征使用此参照。指定单个或多个提示。`；在图 2.3.14 所示的 `▼ PROMPTS (提示)` 菜单中选择 `Single (单一)` ➡ `Done/Return (完成/返回)` 命令，然后输入提示信息 left_plane，按<Enter>键。

（5）此时模型中如图 2.3.16 所示的参照平面变亮，系统提示用户`⇨多重特征使用此参照。指定单个或多个提示。`；在弹出的 `▼ PROMPTS (提示)` 菜单中选择 `Single (单一)`、`Done/Return (完成/返回)` 命令，然后输入提示信息 right_plane，按<Enter>键。

注意：因为这个侧面既是拉伸加强筋（肋）的参照平面，又是孔特征的线性定位平面，所以系统在这里提示该平面是多个特征的参照。

图 2.3.15　操作过程（四）

图 2.3.16　操作过程（五）

（6）此时模型中如图 2.3.17 所示的参照平面变亮，系统提示用户`⇨多重特征使用此参照。指定单个或多个提示。`；在弹出的 `▼ PROMPTS (提示)` 菜单中选择 `Single (单一)`、`Done/Return (完成/返回)` 命令，然后输入提示信息 bottom_plane，按<Enter>键。

（7）所有的参照提示完以后，系统弹出图 2.3.18 所示的 `▼ MOD PRMPT (修改提示)` 菜单，该菜单给用户再次修改参照提示的机会，通过单击 `Next (下一个)` 和 `Previous (先前)` 可以找到某个参照，通过选择 `Enter Prompt (输入提示)` 命令可以对该参照重新输入提示，通过选择 `Done/Return (完成/返回)` 命令可退出该菜单。

Step8. 单击对话框中的 `确定` 按钮；系统返回至图 2.3.7 所示的"UDF"菜单，选择 `Done/Return (完成/返回)` 命令，完成 UDF 特征的创建，然后保存零件模型。

图 2.3.17　操作过程（六）

图 2.3.18　"修改提示"菜单

2.3.3　放置用户自定义特征

先创建图 2.3.19 所示的模型，然后按下列步骤放置前面创建的 UDF。

Step1. 先将工作目录设置至 D：\proewf5.2\work\ch02.03，然后打开文件 udf_place.prt。

Step2. 选择下拉菜单 插入(I) ➡ 用户定义特征(U)... 命令，在弹出的"打开"对话框中打开文件 udf_rib.gph。

Step3. 在图 2.3.20 所示的"插入用户定义的特征"对话框中选中 ☑ 高级参照配置 和 ☑ 查看源模型 复选框，然后单击 确定(0) 按钮，这样系统将会在子窗口中显示参照零件。

图 2.3.19　创建模型　　　　　　　　图 2.3.20　"插入用户定义的特征"对话框

Step4. 在当前的零件模型上选取放置 UDF 的对应参照。

（1）此时系统弹出 UDF 参照模型的窗口和图 2.3.21 所示的"用户定义的特征放置"对话框。

（2）定义第一个放置参照。此时如果含有 UDF 参照模型的窗口显示为整屏，应将该窗口边界调小，以便看到后面的工作模型。请注意参照模型中的第一个原始参照（FRONT 基准平面）会加亮，可在当前零件模型上选取对应的参照（FRONT 基准平面）。

（3）定义第二个放置参照。

① 在图 2.3.22 所示对话框的 原始特征的参照 区域中，选取原始特征的第二个参照 2. TOP:F2(基准平面)，则该参照面在参照模型上加亮。

② 在当前模型上选取 TOP 基准平面，该基准平面将与参照模型上的加亮参照面相对应。

图 2.3.21　"用户定义的特征放置"对话框（一）　　　图 2.3.22　"用户定义的特征放置"对话框（二）

（4）定义第三个放置参照。

① 在对话框的 原始特征的参照 区域中选取原始参照 3. RIGHT:F1(基准平面) （如图 2.3.23 所示），则该参照面在参照模型上加亮。

② 在当前模型上选取 RIGHT 基准平面，该基准平面将与参照模型上的加亮参照面相对应。

图 2.3.23　"用户定义的特征放置"对话框（三）

（5）按照同样的操作方法，在模型上选择其他的参照，详细操作过程如图 2.3.24 所示。至此，工作模型上的 6 个参照已全部被选取。

（6）在"用户定义的特征放置"对话框中单击"完成"按钮 。

图 2.3.24　选择其他参照的操作过程

2.4　Pro/ENGINEER 软件中的族表

2.4.1　关于族表

族表是本质上相似零件（或装配或特征）的集合，它们在一两个方面稍有不同。例如，虽然图 2.4.1 中的这些螺钉的尺寸各不相同，但它们看起来本质是一样的，并且具有相同的功能。这些零件构成一个"族表"，"族表"中的零件也称为表驱动零件。

"族表"的功能与作用如下。

● 把零件生成标准化，既省时又省力。

● 从零件文件中生成各种零件而无须重新构造。

● 可以对零件产生细小的变化而无须用关系改变模型。

● 族表提高了标准化元件的用途。它们允许在 Pro/ENGINEER 中表示实际的零件清单。此外，族表使得装配中的零件和子装配容易互换，因为来自同一族表的实例互相之间可以自动互换。

2.4.2 　创建零件族表

下面介绍创建图 2.4.1 所示的螺钉族表的操作步骤。

Step1. 先将工作目录设置至 D:\proewf5.2\work\ch02.04，然后打开文件 bolt_fam.prt。注意：打开文件前，建议关闭所有窗口并将内存中的文件全部拭除。

Step2. 选择下拉菜单 工具(T) ➡ 族表(F) 命令。

Step3. 增加族表的列。在图 2.4.2 所示的"族表 BOLT_FAM"对话框中，选择下拉菜单 插入(I) ➡ 列(C)... 命令，然后在弹出的图 2.4.3 所示的"族项目"对话框中进行如下操作。

图 2.4.1 零件的族表

图 2.4.2 "族表 BOLT_FAM"对话框

（1）在 添加项目 区域中选中 尺寸 单选按钮。

（2）单击模型中的圆柱体和六边形特征，系统立即显示这两个特征的所有尺寸，如图 2.4.4 所示。

（3）分别选择模型中显示的尺寸 Φ12.0、17.2、9.0 和 55.0 后（如图 2.4.4 所示），这 4 个尺寸的参数代号 d1、d7、d2 和 d0 立即显示在图 2.4.3 所示的"族项目"对话框的项目列表中。

（4）单击"选取"对话框中的 确定 按钮。

（5）单击"族项目"对话框中的 确定 按钮，则系统返回"族表 BOLT_FAM"对话框，此时可看到族表中自动添加了一个实例行，此实例为普通模型。

图 2.4.3 "族项目"对话框

图 2.4.4 选择尺寸

Step4. 增加实例行。

（1）在对话框中选择下拉菜单 插入(I) ➡ 实例行(R) 命令，系统立即添加新的一行，如图 2.4.5 所示。

图 2.4.5 操作前

（2）分别在 d1、d7、d2 和 d0 列中输入值 10、14.4、8 和 45，这样便产生了该螺钉的一个实例，该实例像其他模型一样可以检索和使用。

（3）重复上面的操作步骤，添加其他新的实例，如图 2.4.6 所示。

Step5. 单击对话框中的 确定(O) 按钮，完成族表的创建。

Step6. 选择下拉菜单 文件 ➡ 保存(S) 命令。保存模型或它的一个实例时，系统会自动保存该模型的所有"族表"信息。

图 2.4.6　操作后

Step7. 验证已定义的族表。退出 Pro/ENGINEER，再重新进入 Pro/ENGINEER，然后选择下拉菜单 文件(F) ➡ 打开(O)... 命令，查找并打开零件 bolt_fam.prt，系统将显示该零件的族表清单，可选取普通模型或其他实例零件并将其打开。

族表结构的说明如下。

如图 2.4.6 所示，族表本质上是电子数据表，由行和列组成。

● 在族表中，尺寸和参数、特征、自定义特征、装配成员等都可作为表驱动的项目列，如图 2.4.3 所示。

● 在族表中，列标题包括"实例名"以及用户所选择的尺寸、参数、特征、成员和组的名称。例如，尺寸用名称列出（如 d1、d0）；参数也用名称列出；特征按特征编号列出，其下显示特征的类型。

● 普通模型位于表的第一行，族的所有成员都建立在它的基础上。不能在族表中改变普通模型，只能通过修改真实零件，隐含或恢复特征来改变。

2.4.3　创建装配族表

本节将介绍装配族表的创建过程。装配族表以装配体中零件的族表为基础，也就是说，要创建一个装配体的家族表，该装配体中应该至少有一个元件家族表。下面以图 2.4.7 所示的装配（螺钉和垫圈的装配）为例，说明创建装配族表的一般操作过程。

图 2.4.7　螺钉和垫圈的装配

Step1. 将工作目录设置至 D:\proewf5.2\work\ch02.04\asm_fam，打开文件 asm_fam.asm。注意：打开文件前，建议关闭所有窗口并将内存中的文件全部拭除。

该普通装配模型包含两个零件：螺钉和垫圈，其中螺钉是上一节螺钉家族表中的普通模型，垫圈也是其家族表中的普通模型。

Step2. 在装配模块中，选择下拉菜单 工具(T) ➡ 族表(F) 命令，系统弹出"族表ASM_FAM"对话框。

Step3. 增加族表的列。在"族表 ASM_FAM"对话框中选择下拉菜单 插入(I) ➡ 列(C)... 命令，在弹出的图 2.4.3 所示的"族项目"对话框中进行下列操作。

（1）在 添加项目 区域选中 元件 单选按钮。

（2）在装配模型中选取螺钉和垫圈零件，系统立即将这两个零件添加到项目列表中，单击"选取"对话框中的 确定 按钮。

（3）单击"族项目"对话框中的 确定 按钮，系统返回"族表 ASM_FAM"对话框。

Step4. 增加实例行。在"族表 ASM_FAM"对话框中选择下拉菜单 插入(I) ➡ 实例行(R) 命令，添加三个实例行。此时族表如图 2.4.8 所示，利用该族表可以生成许多装配实例。关于装配实例的生成，要明白一个道理：装配实例的构成是由各元件的家族实例所决定的。

图 2.4.8　"族表 ASM_FAM"对话框（一）

说明：图 2.4.8 所示的族表中，元件项目列取值的意义如下。

● **Y**：在此装配实例中显示该元件的普通模型，并且普通模型中的隐含特征会被恢复。

● **N**：在装配实例中显示该元件的普通模型，并且普通模型中的隐含特征会被继续隐含。

● *****：在装配实例中显示该元件的普通模型，普通模型中的任何特征都会显示。

● 元件的某个实例名：在此装配实例中用该元件的某一个实例替代该元件的普通模型。

Step5. 完成后的族表如图 2.4.9 所示，操作提示如下。

（1）在螺钉（bolt_fam）列及垫圈（washer）列下分别输入两个元件的各实例名。在本例中，由于装配实例名与螺钉元件的实例名部分相同，所以可用对话框中 编辑(E) 菜单下的 复制单元(C) 和 粘贴单元(P) 命令来快速完成族表中螺钉（bolt_fam）实例名的填写。

（2）完成族表后，单击对话框中的 确定(O) 按钮。

图 2.4.9　"族表 ASM_FAM"对话框（二）

2.5　创建和使用快捷键

利用 Pro/ENGINEER 的"快捷键（Map Key）"功能可以创建快捷键（或快捷命令），这将大大提高操作速度。例如，通常创建一个实体伸出项的对称拉伸特征时，首先要进行下列三步操作。

第一步：选择下拉菜单 插入(I) 。

第二步：在 插入(I) 下拉菜单中选择 拉伸(E)... 命令。

第三步：在出现的操控板中选择深度类型 。而快捷键功能可将这三步操作简化为几个字母（如 pe2）或某个 F 功能键，下面介绍其操作方法。

Step1. 选择下拉菜单 工具(T) ➡ 映射键(M) 命令，系统弹出图 2.5.1 所示的"映射键"对话框，单击 新建... 按钮。

Step2. 此时系统弹出图 2.5.2 所示的"录制映射键"对话框，在其中进行下列操作。

（1）在 键序列 区域输入快捷命令字符 pe2，将来在键盘上输入该命令，系统会自动执行相应的操作；也可在此区域输入某个 F 功能键，此时要注意在 F 功能键前加一符号$，例如$F12。

（2）在 名称 区域，可以输入快捷命令的主要含义，一般不在此区域填写内容。

（3）在 说明 区域，可以输入快捷命令的相关说明，在此区域也可以不填写内容。

（4）在 提示处理 区域中，选中 ◉录制键盘输入 单选按钮，然后单击该对话框中的 录制 按钮。

（5）按前面所述的三个操作步骤进行操作，完成操作后单击 停止 按钮。

（6）单击该对话框中的 确定 按钮。

图 2.5.1　"映射键"对话框

图 2.5.2　"录制映射键"对话框

Step3. 试运行快捷命令。在图 2.5.1 所示的"映射键"对话框中，先在列表中选取刚创建的快捷命令 pe2，再单击 运行 按钮，可进行该快捷命令的试运行。如发现问题，可单击 修改... 按钮进行修改或者单击 删除 按钮将其删除，然后重新创建。

Step4. 保存快捷命令。单击对话框中的 保存... 按钮，可将快捷命令 pe2 保存在配置文件 config.pro 中，这样该快捷命令将永久保存在系统中；然后关闭"映射键"对话框。

Step5. 运行快捷命令。中断当前环境中的所有命令和过程，使系统处于接受命令状态，在键盘上输入命令字符 pe2（无须按<Enter>键），即可验证该快捷命令。

第 3 章　高级基准特征

本章提要　在 Pro/ENGINEER 中，基准点、坐标系和基准曲线的创建方法十分灵活和方便。本章先介绍创建它们的一些高级方法，然后介绍图形特征、参照特征和计算特征等几个高级基准特征的创建和应用。

3.1　基准点的高级创建方法

3.1.1　创建曲面上的基准点

创建曲面上的基准点时，应选取该曲面为参照，同时参照两平面（或两边）来定位基准点。这里的定位尺寸可作为基准点阵列的引导尺寸。如果在属于面组的曲面上创建基准点，则该点参照整个面组，而不是特定的曲面。

下面我们将在某个模型表面上创建一个 PNT0 基准点，操作步骤如下。

Step1. 将工作目录设置至 D:\proewf5.2\work\ch03.01，打开文件 point_on_suf.prt。

Step2. 单击工具栏中的"点"按钮，系统弹出"基准点"对话框。

说明： 单击基准点按钮后的，会出现图 3.1.1 所示的工具按钮栏，各按钮的作用如下。

A：通过选取放置参照并定义约束关系来创建基准点。

B：创建草绘的基准点。

C：创建域基准点。

图 3.1.1　工具按钮

Step3. 在图 3.1.2 所示的圆柱表面上创建基准点。

（1）选取放置参照。在圆柱表面上单击，则单击处产生一个缺少定位的基准点 PNT0（如图 3.1.3 所示），同时该表面被添加到"基准点"对话框的"参照"列表中，如图 3.1.4 所示。

定位参照
平面 1

PNT0

46.5

定位参照
平面 2

22.0

曲面上的基准点

图 3.1.2   创建基准点

缺少定位的
基准点 PNT0

PNT0

图 3.1.3   缺少定位的基准点

（2）定位基准点。在"基准点"对话框中进行如下操作。

① 选取定位参照。在 偏移参照 下面的空白区单击以激活此区域，然后按住 Ctrl 键，选取图 3.1.2 所示的两个表面为定位参照平面。

② 在"基准点"对话框中修改定位尺寸。

在此空白区单击，激活此区域

单击这两个定位尺寸，即可修改其值

图 3.1.4   "基准点"对话框

3.1.2　创建曲面的偏距基准点

创建曲面的偏距基准点，就是先假想地将曲面偏移一定距离，然后在其上创建基准点。此时应选取该曲面为参照并指定偏移距离，然后参照两平面（边）对基准点进行定位。

如图 3.1.5 所示，现需要在模型圆柱表面的外部创建一个基准点 PNT0，则操作方法如下。

Step1. 将工作目录设置至 D:\proewf5.2\work\ch03.01，打开文件 point_off_suf.prt。

Step2. 单击"点"按钮 ，系统弹出"基准点"对话框。

Step3. 选取基准点的放置参照。在图 3.1.5 所示的圆柱曲面上单击，单击处立即产生一个缺少定位的基准点 PNT0。

Step4. 设置约束关系。在"基准点"对话框的"参照"列表区，设置基准点与参照曲面间的约束关系为"偏移"，并在其下的"偏移"文本框中修改偏移值，如图 3.1.6 所示。

Step5. 选取定位参照。在 偏移参照 下的空白区单击以激活此区域，然后按住 Ctrl 键，选取图 3.1.5 所示的两个表面为定位参照平面，并修改定位尺寸。

图 3.1.5　创建基准点　　　　　图 3.1.6　"基准点"对话框

3.1.3　在曲线与曲面的相交处创建基准点

可在一条曲线和一个曲面的相交处创建基准点。曲线可以是零件边、曲面特征边、轴、基准曲线或输入的基准曲线；曲面可以是零件曲面、曲面特征或基准平面。

如图 3.1.7 所示，现需要在曲面 A 与模型边线的相交处创建一个基准点 PNT0，操作步骤如下。

Step1. 将工作目录设置至 D:\proewf5.2\work\ch03.01，打开文件 point_int_suf.prt。

Step2. 单击"点"按钮 ，系统弹出"基准点"对话框。

Step3. 选取参照。选取图 3.1.7 中的曲面 A；再按住 Ctrl 键选取图中的模型边线，则其相交处立即产生一个基准点 PNT0。

图 3.1.7　创建基准点

3.1.4　在坐标系原点处创建基准点

可在一个坐标系的原点处创建基准点，方法如下。

Step1. 单击"点"按钮 。

Step2. 选取参照。选取一个坐标系，此时该坐标系的原点处即产生一个基准点 PNT0。

3.1.5 在指定的坐标位置创建基准点

此方法可通过给定一系列基准点的 X、Y、Z 坐标值来创建基准点。

如图 3.1.8 所示，现需要相对坐标系 CSYS1 创建三个基准点 PNT0、PNT1 和 PNT2，其坐标值分别为（10.0，5.0，0.0）、（20.0，5.0，0.0）和（30.0，0.0，0.0）。操作步骤如下。

选取此坐标系 CSYS1

产生这三个基准点 PNT0、PNT1 和 PNT2，它们属于同一个特征

图 3.1.8 创建基准点

Step1. 将工作目录设置至 D:\proewf5.2\work\ch03.01，打开文件 point_csys1.prt。

Step2. 单击"点"按钮 中的 ，再单击 按钮，系统弹出"偏移坐标系基准点"对话框。

Step3. 系统提示选取一个坐标系，选取坐标系 CSYS1。

Step4. 如图 3.1.9 所示，在"偏移坐标系基准点"对话框中单击 名称 下面的方格，则该方格中显示出 PNT0；分别在 X 轴 、 Y 轴 和 Z 轴 下的方格中输入坐标值 10.0、5.0 和 0.0。以同样的方法创建点 PNT1 和 PNT2。

选中此项，将创建"非参数坐标偏移"基准点

在此区域的方格中输入坐标值

单击此方格，可继续添加基准点 PNT3

从一个数据文件中读取各点坐标值

将各点坐标值保存在一个数据文件中

图 3.1.9 "偏移坐标系基准点"对话框

说明： 在图 3.1.9 所示的"偏移坐标系基准点"对话框中，用户在给出各点坐标值后，

如果选中 使用非参数矩阵 复选框，系统将弹出图 3.1.10 所示的警告对话框，单击该对话框中的 确定 按钮，则系统将这些基准点转化为非参数坐标偏移基准点，这样用户以后不能用"编辑"命令修改各点的坐标值。

3.1.6 在三个曲面相交处创建基准点

可在三个曲面的相交处创建基准点。每个曲面都可以是零件曲面、曲面特征或基准面。

如图 3.1.11 所示，现需要在曲面 A、模型圆柱曲面和 RIGHT 基准平面相交处创建一个基准点 PNT0，操作步骤如下。

Step1. 将工作目录设置至 D:\proewf5.2\work\ch03.01，打开文件 point_3suf_a.prt。

Step2. 单击"点"按钮 ，系统弹出"基准点"对话框。

Step3. 选取参照。按住 Ctrl 键，选取图 3.1.11 所示的曲面 A、模型圆柱曲面和 RIGHT 基准平面，则其相交处即产生一个基准点 PNT0。此时"基准点"对话框如图 3.1.12 所示。

图 3.1.10　警告对话框

图 3.1.11　创建基准点

图 3.1.12　"基准点"对话框

注意：

（1）如果三个曲面有两个或两个以上的交点，对话框中的 下一相交 按钮将变亮（如图 3.1.12 所示），单击该按钮，系统则在另一相交处创建该基准点，如图 3.1.13 所示。

（2）在 Pro/ENGINEER 软件中，一个完整的圆柱曲面由两个半圆柱面组成（如图 3.1.14 所示），在计算曲面与曲面、曲面与曲线的交点个数时，要注意这一点。

图 3.1.13 创建的交点

图 3.1.14 圆柱曲面的组成元素

3.1.7 利用两条曲线创建基准点

创建基准点时，如果选取两条曲线为参照（不要求其相交），则系统将在一条曲线上距另一曲线最近的位置创建基准点。曲线可以是零件边、曲面特征边、轴、基准曲线或输入的基准曲线。

如图 3.1.15 所示，曲线 A 是模型表面上的一条基准曲线，现需在曲线 A 和模型边线的相交处创建一个基准点 PNT0，操作步骤如下。

Step1. 将工作目录设置至 D:\proewf5.2\work\ch03.01，打开文件 point_int_2suf.prt。

Step2. 单击"点"按钮 。

Step3. 选取参照。按住 Ctrl 键，选取图 3.1.15 所示的曲线 A 和模型边线，其相交处即产生一个基准点 PNT0。

图 3.1.15 曲线与曲线相交

3.1.8 创建某点的偏距以创建基准点

可沿某一方向在与一个基准点（或顶点）有一定距离的位置创建新的基准点。

如图 3.1.16 所示，现需要创建模型顶点 A 的偏距点，该偏距点沿边线 B 偏移 60.0。操作步骤如下。

Step1. 将工作目录设置至 D:\proewf5.2\work\ch03.01，打开文件 point_off_p.prt。

Step2. 单击"点"按钮 。

Step3. 选取参照。按住 Ctrl 键，选取图 3.1.16 所示的模型顶点 A 和边线 B（此边线定义偏移方向）。

Step4. 在图 3.1.17 所示的"基准点"对话框中输入偏移值 60.0，并按<Enter>键。

图 3.1.16　偏距点　　　　　　　　图 3.1.17　"基准点"对话框

3.1.9　创建域点

可在一个曲面、曲线或模型边线上的任意位置创建基准点而无须进行尺寸定位，这样的基准点称为域点。

1. 域点创建的一般过程

如图 3.1.18 所示，现需要在模型的圆锥面上创建一个域点 FPNT0，操作步骤如下。

Step1. 将工作目录设置至 D:\proewf5.2\work\ch03.01，打开文件 point_fie.prt。

Step2. 单击"点"按钮 中的 ，系统弹出"域基准点"对话框。

Step3. 选取放置参照。在圆锥面上单击，则单击处产生一个基准点 FPNT0，这就是域点。用户可用鼠标拖移该点，以改变点的位置。

图 3.1.18　域点

2. 域点的应用

练习要求：打开图 3.1.19 所示的 reverse_block. prt 零件模型，在螺旋特征上的某一位置创建一个基准点（在后面的章节中，在定义"定义槽—从动机构"时，会用到该基准点）。操作过程如下。

Step1. 将工作目录设置至 D:\proewf5.2\work\ch03.01，打开文件 reverse_block.prt。

Step2. 单击"点"按钮 中的 。

Step3. 在图 3.1.19 所示的螺旋特征的边线上单击，系统立即创建基准点。

Step4. 将此基准点的名称改为 slot_point。

图 3.1.19　零件模型

3.2　坐标系的高级创建方法

3.2.1　利用一点和两个边（轴）创建坐标系

创建坐标系时，可以先选取一个参照点来定义坐标系原点，然后利用两个边（轴）来确定坐标系两个轴的方向。点可以是基准点、模型顶点和曲线的端点；轴可以是模型边线、曲面边线、基准轴和特征中心轴线。

如图 3.2.1 所示，现需在模型顶点上创建一个坐标系 CSO，可按如下方法进行操作。

Step1. 将工作目录设置至 D:\proewf5.2\work\ch03.02，打开文件 offset_csys.prt。

Step2. 单击"创建坐标系"按钮 ⁂，弹出"坐标系"对话框（图 3.2.2）。

Step3. 选取放置参照。选取图 3.2.1 所示的模型顶点，则该顶点处产生一个临时坐标系，此时对话框如图 3.2.2 所示。

图 3.2.1　由点+两不相交的轴创建坐标系

图 3.2.2　"坐标系"对话框

Step4. 定义坐标系两个轴的方向。

（1）在"坐标系"对话框中选择 方向 选项卡，此时界面如图 3.2.3 所示。

（2）在 方向 选项卡中，单击第一个 使用 后的空白区，然后选取图 3.2.1 所示的模型边线 1，并确定其方向为 X 轴；选取模型边线 2，并确定其方向为 Y 轴，如图 3.2.4 所示。此时即创建了图 3.2.1 所示的坐标系 CSO。

图 3.2.3　操作前　　　　　　　　　　图 3.2.4　操作后

3.2.2　利用两个相交的边（轴）创建坐标系

可以参照两条相交的边（轴）来创建坐标系。系统将在其相交处设置原点，并默认地以第一条边为 X 轴、以第二条边确定 Y 轴的大致方向。

例如，要创建图 3.2.5 所示的坐标系，可按如下方法进行操作。

Step1. 单击"创建坐标系"按钮 ⊀ˣ，弹出"坐标系"对话框。

Step2. 选取放置参照。按住 Ctrl 键，选取图 3.2.5 所示的模型边线 1 和模型边线 2（此时的"坐标系"对话框如图 3.2.6 所示），则系统在其相交处创建一个坐标系，并以此两边线确定 X、Y 轴。

Step3. 可在 方向 选项卡中更改两个坐标轴的方向。

图 3.2.5　由两相交轴创建坐标系

图 3.2.6　"坐标系"对话框

3.2.3　创建偏距坐标系

可通过对参照坐标系进行偏移和旋转来创建新的坐标系。

如图 3.2.7 所示，现需要参照坐标系 PRT_CSYS_DEF 创建偏距坐标系 CSO，操作步骤如下。

图 3.2.7　创建偏距坐标系

Step1. 将工作目录设置至 D:\proewf5.2\work\ch03.02，打开文件 offset_csys.prt。

Step2. 单击"创建坐标系"按钮 ，弹出"坐标系"对话框。

Step3. 选取放置参照。选取图 3.2.7 中的坐标系 PRT_CSYS_DEF。

Step4. 在"坐标系"对话框的"原点"选项卡中，输入偏距坐标系与参照坐标系在 X、Y、Z 三个方向上的偏距值（如图 3.2.8 所示）。

Step5. 在图 3.2.9 所示的 方向 选项卡中，输入偏距坐标系与参照坐标系在 X、Y、Z 三个方向的旋转角度值。

图 3.2.8　"原点"选项卡

图 3.2.9　"方向"选项卡

3.2.4　创建与屏幕正交的坐标系

可以利用参照坐标系创建与屏幕正交的坐标系（Z 轴垂直于屏幕并指向用户）。在图 3.2.10 所示的"坐标系"对话框的 方向 选项卡中，如果单击 设置 Z 垂直于屏幕 按钮，系统将自动对坐标系进行旋转，使 Z 轴垂直于屏幕，同时给出各轴的旋转角，如图 3.2.11 所示。

图 3.2.10 操作前　　　　　　　　　　　图 3.2.11 操作后

3.2.5 利用一个平面和两个边（轴）创建坐标系

创建坐标系时，可先选取一个平面和一个边（轴）为参照，系统将在其相交处设置原点，并默认地以参照边为 X 轴，然后需定义坐标系另一轴的方向。

Step1. 将工作目录设置至 D:\proewf5.2\work\ch03.02，打开文件 csys_pln_2axis.prt。

Step2. 单击"创建坐标系"按钮 ，弹出"坐标系"对话框。

Step3. 选取参照。选取图 3.2.12a 所示的模型表面；按住 Ctrl 键，选取边线 1（对话框如图 3.2.13 所示），则系统便在所选曲面和边线的交点处创建坐标系 CSO，并默认地以所选曲面的法向方向为 X 轴。

　　　　a）操作前　　　　　　　　　　　　　　b）操作后

图 3.2.12 一个平面＋两个轴

Step4. 定义坐标系另一轴的方向。

（1）在对话框中选择 方向 选项卡，此时对话框如图 3.2.14 所示。

（2）在 方向 选项卡中，单击第二个 使用 后的空白区，然后选取图 3.2.12 a 所示的边线 2，并定义其方向为 Y 轴（如图 3.2.15 所示），此时即产生了所需的坐标系 CSO。

（3）在对话框中单击 确定 按钮。

图 3.2.13 "坐标系"对话框（一） 图 3.2.14 "坐标系"对话框（二） 图 3.2.15 "坐标系"对话框（三）

3.2.6 从文件创建坐标系

如图 3.2.16 和图 3.2.17 所示，先指定一个参照坐标系，然后在"坐标系"对话框中选择"自文件"选项，可利用数据文件来创建相对参照坐标系的偏距坐标系。

图 3.2.16 操作前　　　　　　　　　　图 3.2.17 操作后

3.2.7 坐标系的应用

如图 3.2.18 所示，现需在零件的端部外创建一个坐标系。在后面 3.3.3 节"从方程创建基准曲线"的练习中，将会用到这个坐标系。

Step1. 将工作目录设置至 D:\proewf5.2\work\ch03.02，打开文件 claw_csys.prt。

Step2. 创建一个基准平面，其偏移模型端面的距离为 2.0。

Step3. 单击"创建坐标系"按钮 ；选取图 3.2.18 中的基准平面 RIGHT、TOP 和前面创建的基准平面为参照，则系统在其相交处创建一个坐标系。

图 3.2.18　练习

3.3　基准曲线的高级创建方法

3.3.1　从文件创建基准曲线

在 Pro/ENGINEER 中，可输入来自 IBL、IGES 或 VDA 文件的基准曲线，输入的基准曲线可以由一个或多个段组成，且多个段不必相连。系统不会自动将从文件输入的曲线合并为一条复合曲线。若要连接曲线段，应确保后一段曲线第一点的坐标与前段曲线最后一点的坐标相同。

Pro/ENGINEER 将读取所有来自 IGES 或 SET 文件的曲线，然后将其转化为样条曲线；当输入 VDA 文件时，系统只读取 VDA 样条图元。

IBL 文件中包含一系列点的 X、Y、Z 坐标值。注意：每段曲线的坐标前都需标有 begin section 和 begin curve 字符；字段中的两点定义一条直线，两个以上的点定义一个样条。

可以重定义由文件输入的基准曲线，也可以用由文件输入的其他曲线裁剪或分割它们。下面举例说明这种创建曲线的方法。

Step1. 新建一个零件模型，将其命名为 file.prt。

Step2. 创建一个 IBL 文件。

（1）打开 Windows 的记事本，输入图 3.3.1 中的文件内容。

（2）在记事本窗口中，选择下拉菜单 文件(F) ━━▶ 另存为(A)... 命令；在弹出的"另存为"对话框的 保存类型(T): 列表中选择 所有文件 ，在 文件名(N): 文本框中输入文件名 aaa.ibl（必须将该文件的扩展名设为.ibl，否则无法创建基准曲线）。

Step3. 在 Pro/ENGINEER 窗口中，在工具栏中单击"曲线"按钮 ；选择 From File (自文件) ━━▶ Done (完成) 命令。

Step4. 在系统 ➡选取坐标系。的提示下，从模型树中选取坐标系 ✳PRT_CSYS_DEF；在弹出的

"打开"对话框中选择文件 aaa.ibl，单击 打开 ▾ 按钮；此时即在图形区中创建了图 3.3.2 所示的基准曲线。

图 3.3.1　Windows 的记事本　　　　　　图 3.3.2　基准曲线

3.3.2　利用剖截面创建基准曲线

此方法是利用零件剖截面的边界来创建基准曲线。下面以图 3.3.3 所示的模型为例，介绍这种曲线的创建方法。

Step1. 将工作目录设置至 D:\proewf5.2\work\ch03.03，然后打开文件 section.prt。

Step2. 单击"曲线"按钮 ～ 。

Step3. 在菜单管理器中选择 Use Xsec（使用剖截面）➡ Done（完成）命令。

Step4. 在系统 ➪ 选取截面通过在菜单上点取名字来检索。 的提示下，在 ▼ 截面名称 菜单中选择 XSEC0001 截面，此时即在模型上创建了图 3.3.4 所示的基准曲线。

注意：不能利用偏距剖截面的边界来创建基准曲线。

图 3.3.3　利用剖截面创建基准曲线

图 3.3.4　基准曲线

3.3.3　从方程创建基准曲线

该方法是使用一组方程来创建基准曲线。下面以图 3.3.5 为例，说明用方程创建螺旋基准曲线的操作过程。在后面 9.5.1 节中定义"定义槽—从动机构"时，会用到该基准曲线。

图 3.3.5　从方程创建基准曲线

Step1. 将工作目录设置至 D：\proewf5.2\work\ch03.03，打开文件 claw_curve.prt。

Step2. 单击"曲线"按钮 $\sim$。

Step3. 在菜单管理器中选择 From Equation (从方程) ➡ Done (完成) 命令。

Step4. 在系统提示下，选取图 3.3.6 中的坐标系 CSO，再在图 3.3.7 所示的"设置坐标类型"菜单中选择坐标类型为 Cylindrical (圆柱)。

图 3.3.6　选取坐标系

图 3.3.7　"设置坐标类型"菜单

Step5. 输入螺旋曲线方程。

（1）在系统弹出的图 3.3.8 所示的"记事本"窗口中，输入螺旋曲线的方程组。

图 3.3.8　输入螺旋曲线的方程组

（2）在记事本中选择下拉菜单 文件(F) ➡ 保存(S) 命令，将曲线方程保存起来。

（3）在记事本中选择下拉菜单 文件(F) ➡ 退出(X) 命令，退出记事本。

Step6. 单击特征信息对话框中的 预览 按钮进行预览，确认无误后，单击 确定 按钮。

Step7. 保存模型文件。

3.3.4　用曲面求交创建基准曲线

此方法可在模型表面、基准平面、曲面特征其中两者的交截处、任意两个曲面特征的交截处创建基准曲线。

每对交截曲面产生一个独立的曲线段，系统将相连的段合并为一条复合曲线。

如图 3.3.9 所示，现需要在曲面 1 和模型表面 2 的相交处创建一条曲线，操作方法如下。

Step1. 将工作目录设置至 D：\proewf5.2\work\ch03.03，打开文件 curve_int.prt。

Step2. 选取曲面 1，如图 3.3.9 所示。

Step3. 选择下拉菜单 编辑(E) ➡ 相交(I)... 命令，此时系统显示图 3.3.10 所示的"相交"操控板。

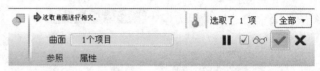

图 3.3.9 用曲面求交创建基准曲线   图 3.3.10 "相交"操控板

Step4. 按住 Ctrl 键，选取图 3.3.9 所示的模型表面 2，系统即创建图 3.3.9 所示的基准曲线；单击操控板中的"完成"按钮。

注意：

● 不能在两个实体表面的交截处创建基准曲线。

● 不能在两基准平面的交截处创建基准曲线。

3.3.5 用修剪创建基准曲线

通过对基准曲线进行修剪，将曲线的一部分截去，可产生一条新的曲线。创建修剪曲线后，原始曲线将不可见。

如图 3.3.11 a 所示，曲线 1 是实体表面上的一条草绘曲线，FPNT0 是曲线 1 上的基准点，现需在点 FPNT0 处修剪该曲线，则操作步骤如下。

Step1. 将工作目录设置至 D：\proewf5.2\work\ch03.03，打开文件 curve_trim.prt。

Step2. 在图 3.3.11a 所示的模型中选取草绘曲线 1。

Step3. 选择下拉菜单 编辑(E) ➡ 修剪(I)... 命令，系统显示图 3.3.12 所示的"修剪"操控板。

a）修剪前   b）修剪后

图 3.3.11 用修剪创建基准曲线

图 3.3.12 "修剪"操控板

Step4. 选取基准点 FPNT0。此时基准点 FPNT0 处出现一方向箭头（如图 3.3.13 所示），该箭头指向修剪后的保留侧。

说明：

● 单击操控板中的 ![] 按钮，可切换箭头的方向，如图 3.3.14 所示，这是本例所要的方向。

● 再次单击 ![] 按钮，出现两个箭头（如图 3.3.15 所示），这意味着将保留整条曲线。

Step5. 在操控板中单击"完成"按钮 ![]，即产生图 3.3.11 b 所示的修剪曲线。

图 3.3.13　切换方向 1　　　　　图 3.3.14　切换方向 2　　　　　图 3.3.15　切换方向 3

3.3.6　沿曲面创建偏移基准曲线

可以沿曲面对现有曲线进行偏移来创建基准曲线，可使用正、负尺寸值修改偏移方向。如图 3.3.16 a 所示，曲线 1 是实体表面上的一条草绘曲线，现需要创建图 3.3.16 b 所示的偏距曲线，操作步骤如下。

Step1. 将工作目录设置至 D:\proewf5.2\work\ch03.03，打开文件 curve_along_ surface.prt。

Step2. 在图 3.3.16a 所示的模型中选取曲线 1。

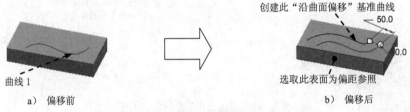

图 3.3.16　沿曲面创建偏移基准曲线

Step3. 选择下拉菜单 编辑(E) ➡ 偏移(O)... 命令，系统显示 "偏移"操控板。

Step4. 此时操控板中的"沿曲面偏移"类型按钮 ![] 自动按下，选取图 3.3.16b 所示的模型表面，并在操控板的文本框中输入偏移距离值 50.0，此时即产生图 3.3.16 b 所示的曲线；单击"完成"按钮 ![]。

3.3.7　垂直于曲面创建偏移基准曲线

可以垂直于曲面对现有曲线进行偏移来创建基准曲线。

如图 3.3.17a 所示，曲线 1 是实体表面上的一条草绘曲线，现需要垂直于该表面创建一条偏移曲线，其偏移值由一图形特征来控制，如图 3.3.18 所示。操作步骤如下。

图 3.3.17　垂直于曲面创建偏移基准曲线

Step1. 将工作目录设置至 D:\proewf5.2\work\ch03.03，然后打开文件 curve_offset_surface.prt。在打开的模型中，已经创建了一个图 3.3.18 所示的图形特征。

图 3.3.18　图形特征

Step2. 在图 3.3.17a 所示的模型中选取曲线 1。

Step3. 选择下拉菜单 编辑(E) ➡ 偏移(O)... 命令，此时系统弹出图 3.3.19 所示的"偏移"操控板。

图 3.3.19　"偏移"操控板

Step4. 在图 3.3.19 所示的操控板中，选择 按钮，然后单击 选项 按钮，在其界面中单击"图形"文本框中的"单位图形"字符，然后在模型树中选择 图形1 特征；再在操控板的文本框中输入偏移曲线的端点偏移平面的距离值60.0，即产生图 3.3.17 b 所示的偏移曲线；单击操控板中的"完成"按钮 。

注意:

- 用于创建偏移基准曲线的图形特征，其 X 轴的取值范围应该从 0 到 1。范围超出 1 时，只使用从 0 到 1 的部分。

● 图形特征中的曲线只能是单个图元。

3.3.8　由曲面边界创建偏移基准曲线

可以利用曲面的边界来创建偏移基准曲线。

如图 3.3.20 所示，现需要对一个曲面特征的边界进行偏移来创建基准曲线，操作步骤如下。

Step1. 将工作目录设置至 D:\proewf5.2\work\ch03.03，打开文件 curve_from_boundary.prt。

Step2. 在图 3.3.21 所示的模型中，选中曲面的一条边线，如图 3.3.21 所示。

图 3.3.20　由曲面边界创建基准曲线　　　　　　图 3.3.21　选中曲面的一条边线

Step3. 选择下拉菜单 编辑(E) ➡ 偏移(O)... 命令，出现"偏移"操控板，如图 3.3.22 所示。

Step4. 按住 Shift 键，将曲面的所有边线都选取；在操控板中输入偏距值 45.0，并单击"反向"按钮 ；即产生图 3.3.20 所示的基准曲线。

图 3.3.22　"偏移"操控板

注意：当选取的曲面边界为单条时，操控板的"量度"界面中的"距离类型"通常有下列选项，如图 3.3.23 所示。

● 垂直于边：垂直于边界边测量偏移距离。

● 沿边：沿测量边测量偏移距离。

● 至顶点：偏移曲线经过曲面上的某个顶点。

图 3.3.23 "量度"界面

Step5. 在操控板的"量度"界面中的空白处右击，选择 添加 命令，可增加新的偏距条目（如图 3.3.24 所示）。编辑新条目中的"距离""距离类型""边""参照"和"位置"等选项可改变曲线的形状。

点	距离	距离类型	边	参照	位置
1	45.0	垂直于边	边:F5(拉伸_1)	顶点:边:F5(拉伸_1)	0.0
2	45.0	垂直于边	边:F5(拉伸_1)	顶点:边:F5(拉伸_1)	1.0
3	45.0	垂直于边	边:F5(拉伸_1)	点:边:F5(拉伸_1)	0.5

此比例值用于确定"点：边：F5（拉伸_1）"在"边：F5（拉伸_1）"上的位置

图 3.3.24 增加新的偏距条目

3.3.9 创建投影基准曲线

通过将原有基准曲线投影到一个或多个曲面上，可创建投影基准曲线。投影基准曲线将"扭曲"原始曲线。

可将基准曲线投影到实体表面、曲面、面组或基准平面上。投影的曲面或面组不必是平面。

如果曲线是通过在平面上草绘来创建的，那么可对其阵列。

注意：剖面线基准曲线无法进行投影。如果对其进行投影，那么系统将忽略该剖面线。

如图 3.3.25 所示，曲线 1 是 DTM1 基准平面上的一条草绘曲线，现需在曲面特征 A 上创建其投影曲线，则操作步骤如下。

图 3.3.25 创建投影基准曲线

Step1. 将工作目录设置至 D:\proewf5.2\work\ch03.03，打开文件 curve_project.prt。

Step2. 在图 3.3.25 所示的模型中选取草绘曲线 1。

Step3. 选择下拉菜单 编辑(E) ➡ 投影(I)... 命令,此时系统显示图 3.3.26 所示的"投影"操控板。

图 3.3.26 "投影"操控板

Step4. 选取曲面特征 A,此时即产生图 3.3.25 所示的投影曲线。

Step5. 在操控板中单击"完成"按钮 ✔️。

3.3.10 创建包络基准曲线

通过将原有基准曲线印贴到曲面上,可创建包络(印贴)曲线,就像将贴花转移到曲面上一样。基准曲线只能在可展开的曲面(如平面、圆锥面和圆柱面)上印贴。包络曲线将保持原曲线的长度。

如图 3.3.27 所示,现需要将 DTM1 基准平面上的草绘曲线 1 印贴到圆柱面上,产生图中所示的包络曲线,操作步骤如下。

图 3.3.27 创建包络曲线

Step1. 将工作目录设置至 D:\proewf5.2\work\ch03.03,打开文件 curve_wrap.prt。

Step2. 在图 3.3.27 所示的模型中选取草绘曲线 1。

Step3. 选择下拉菜单 编辑(E) ➡ 包络(W)... 命令。

Step4. 此时出现图 3.3.28 所示的"包络"操控板,从该操控板中可看出,系统自动选取了圆柱面作为包络曲面,因而也产生了图 3.3.27 所示的包络曲线。

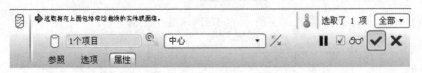

图 3.3.28 "包络"操控板

说明：系统通常在与原始曲线最近的一侧实体曲面上产生包络曲线。

Step5. 在操控板中单击"完成"按钮✓。

3.3.11 创建二次投影基准曲线

Pro/ENGINEER 可以利用不平行的草绘平面上的两条草绘曲线来创建一条二次投影曲线。

系统通过对两条草绘曲线分别进行投影（也就是由两条草绘曲线创建两个拉伸曲面），从而得到其在空间的交线，即二次投影的曲线。

如图 3.3.29a 所示，曲线 1 是基准平面 DTM1 上的草绘曲线，曲线 2 是基准平面 DTM2 上的草绘曲线，现需创建这两条曲线的二次投影曲线（如图 3.3.29b 所示），操作步骤如下。

Step1. 将工作目录设置至 D:\proewf5.2\work\ch03.03，打开文件 curve_2_project.prt。

Step2. 在图 3.3.29a 所示的模型中选取草绘曲线 1，按住 Ctrl 键选取草绘曲线 2。

Step3. 选择下拉菜单 编辑(E) ➡ 相交(I)... 命令，即产生图 3.3.29b 所示的二次投影曲线。

a）投影前　　　　　　　　　　　　b）投影后

图 3.3.29　创建二次投影基准曲线

3.3.12 基准曲线应用范例——在特殊位置创建筋特征

在下面的练习中，先创建基准曲线，然后借助于该基准曲线创建图 3.3.30 所示的筋（Rib）特征，操作步骤如下。

Step1. 将工作目录设置至 D:\proewf5.2\work\ch03.03，打开文件 curve_ex1.prt。

Step2. 创建基准曲线。

（1）按住 Ctrl 键，选取图 3.3.31 中的两个圆柱表面。

（2）选择下拉菜单 编辑(E) ➡ 相交(I)... 命令。

（3）按住 Ctrl 键，选取图 3.3.31 所示的 TOP 基准平面。

（4）单击 ✓ 60 按钮，预览所创建的基准曲线，然后单击"完成"按钮✓。

图 3.3.30　筋特征　　　　　　　　图 3.3.31　操作过程

Step3. 创建筋特征。选择下拉菜单 插入(I) ➡ 筋(I) ▶ ➡ 轮廓筋(P)... 命令；在图形区中右击，从系统弹出的快捷菜单中选择 定义内部草绘... 命令；设置 TOP 基准平面为草绘面，图 3.3.30 所示的模型表面为参照面，方向右；选择下拉菜单 草绘(S) ➡ 参照(R)... 命令，选取图 3.3.32 所示的基准曲线为草绘参照，绘制如该图所示的草绘截面；加材料的方向如图 3.3.33 所示；筋的厚度值为 2.0。

图 3.3.32　截面图形

图 3.3.33　定义加材料的方向

3.4　图　形　特　征

3.4.1　图形特征基础

1. 图形特征概述

图形特征允许将功能与零件相关联。图形用于关系中，特别是多轨迹扫描中。

Pro/ENGINEER 通常按其定义的 X 轴值计算图形特征。当图形计算超出定义范围时，Pro/ENGINEER 外推计算 Y 轴值：对于小于初始值的 X 值，系统通过从初始点延长切线的方法计算外推值；同样，对于大于终点值的 X 值，系统通过将切线从终点往外延伸计算外推值。

图形特征不会在零件上的任何位置显示——它不是零件几何，它的存在反映在零件信息中。

2. 图形特征的一般创建过程

Step1. 选择下拉菜单 插入(I) ➡ 模型基准 (D)▶ ➡ 图形 (G)... 命令。

Step2. 输入图形名称，系统进入草绘环境。

Step3. 在草绘环境中，选择下拉菜单 草绘(S) ➡ 坐标系(O)命令，创建一个坐标系。

Step4. 创建草图。注意：草图中应含有一个坐标系；草图必须为开放式，并且只能包含一个轮廓（链），该轮廓可以由直线、弧和样条等组成，沿 X 轴的每一点都只能对应一个 Y 值。

Step5. 单击"完成"按钮✓，退出"草绘环境"，系统即创建一个图形特征，如图 3.4.1 所示。

3.4.2 图形特征应用范例——凸轮的设计

本范例运用了一些很新颖、技巧性很强的创建实体的方法，首先利用从动件的位移数据表创建图形特征，然后利用该图形特征及关系式创建可变截面扫描曲面，这样便得到凸轮的外轮廓线，再由该轮廓线创建拉伸实体得到凸轮模型。零件模型如图 3.4.2 所示。

图 3.4.1　图形特征　　　　　　　　　　　图 3.4.2　零件模型

Step1. 先将工作目录设置至 D:\proewf5.2\work\ch03.04，然后新建一个零件模型，命名为 instance_cam.prt。

Step2. 利用从动件的位移数据表创建图 3.4.3 所示的图形特征（注：本步的详细操作过程请参见随书光盘中 video\ch03.04.02\reference\ 文件下的语音视频讲解文件 instance_cam-r01.avi）。

图 3.4.3　用位移数据表创建图形特征

Step3. 创建图 3.4.4 所示的基准曲线。单击"草绘"按钮⬚；选取 FRONT 基准平面为草绘平面，RIGHT 基准平面为参照平面，方向为 右；截面草图如图 3.4.5 所示，然后单击 ✓按钮。

图 3.4.4　创建基准曲线

图 3.4.5　截面草图（一）

Step4. 创建图 3.4.6 所示的基准点 PNT0。

（1）单击"点"按钮 ，系统弹出"基准点"对话框。

（2）选取基准曲线——圆，设置约束为"中心"；单击对话框中的 确定 按钮。

Step5. 创建图 3.4.7 所示的可变截面扫描曲面。

图 3.4.6　创建基准点　　　　　　　　图 3.4.7　创建可变截面扫描曲面

（1）选择下拉菜单 插入(I) ➡ 可变截面扫描(V)... 命令，此时出现图 3.4.8 所示的"可变截面扫描"操控板。

图 3.4.8　"可变截面扫描"操控板

（2）定义可变截面扫描特征类型。在操控板中按下"曲面"类型按钮 。

（3）定义扫描轨迹。单击操控板中的 参照 按钮，在弹出的界面中选择前面创建的基准曲线——圆作为原始轨迹。

（4）定义扫描中的截面控制。在 参照 界面的 剖面控制 下拉列表中选择 垂直于轨迹 选项。

（5）定义选项。在 选项 界面中选中 ◉ 可变截面 单选按钮。

（6）创建特征截面。

① 在操控板中单击"草绘"按钮；进入草绘环境后，选择下拉菜单 草绘(S) ➡

参照(R)...命令，选取基准点 PNT0 为参照，创建图 3.4.9 所示的截面——直线（直线段到基准点 PNT0 的距离值将由关系式定义）。

② 定义关系。选择下拉菜单 工具(T) ➡ 关系(R) 命令，在弹出的"关系"对话框（图 3.4.10）的编辑区输入关系式 sd5=evalgraph("cam1",trajpar*360)，并单击 确定 按钮；结果如图 3.4.10 和图 3.4.11 所示。

图 3.4.9　截面草图（二）

图 3.4.11　切换至符号状态

图 3.4.10　"关系"对话框

说明： 关系式中的 sd5 代号有可能与读者的不同，只要选择的是相应的尺寸即可。

③ 单击"草绘完成"按钮 ✔。

（7）单击操控板中的 ✔ 60° 按钮进行预览，然后单击"完成"按钮 ✔。

Step6. 创建图 3.4.12 所示的实体拉伸特征。选择下拉菜单 插入(I) ➡ 拉伸(E)... 命令；设置 FRONT 基准平面为草绘平面，RIGHT 基准平面为参照平面，方向为 右 ；利用"使用边"命令绘制图 3.4.13 所示的截面草图；选取深度类型为 ⊥ ，深度值为 30.0。

图 3.4.12　实体拉伸特征

图 3.4.13　截面草图（三）

Step7. 添加图 3.4.14 所示的零件特征——切削特征。单击"拉伸命令"按钮 ；按下 "移除材料"按钮 ；选取 FRONT 基准平面为草绘平面，RIGHT 基准平面为参照平面，方向为 右 ；截面草图如图 3.4.15 所示；深度类型为 。

Step8. 保存零件模型文件：选择下拉菜单 文件(F) ➡ 保存(S) 命令。

图 3.4.14　切削特征

图 3.4.15　截面草图（四）

3.5　参照特征

3.5.1　关于参照特征

参照特征是模型中现有边或曲面的自定义集合。与目的边或目的曲面类似，可以将参照特征用作另一特征的基础。例如，如果要在零件中根据一组边创建一个倒圆角，可以收集这一组边作为参照特征，然后创建倒圆角。参照特征会作为模型中的一项而存在，可重命名、删除、修改及查看。

3.5.2　参照特征应用范例

Step1. 将工作目录设置至 D：\proewf5.2\work\ch03.05，打开文件 ref.prt。

Step2. 创建参照特征。

（1）如图 3.5.1 所示，在屏幕右下方的"智能选择"栏中选择 几何 ，然后选取图 3.5.2 中的边线。

（2）按住 Ctrl 键，选取图 3.5.3 所示的其余 8 条边线，然后选择下拉菜单 插入(I) ➡ 模型基准(D)▶ ➡ 参照(R)... 命令，单击"基准参照"对话框中的 确定 按钮。

Step3. 对参照特征进行倒圆角。在模型树中选择 参考 1 ，然后选择下拉菜单 插入(I) ➡ 倒圆角(D)... 命令，即可一次性对 参考 1 中的 8 条边线同时进行倒圆角。

图 3.5.1　"智能选择"栏

图 3.5.2　选取一条边线

图 3.5.3　选择剩余的 8 条边线

3.6　计　算　特　征

3.6.1　关于计算特征

计算特征由一个或多个参数组成，其中每个参数都从对模型执行的测量中获得其值，再生特征时将更新测量参数值。

通过建立关系，可在创建其他特征时使用测量参数值。

在关系中，可使用下列格式访问测量值：

measurement_name:fid_N

或者 measurement_name:fid_feature_name

其中，measurement_name 是计算特征内测量参数的名称；N 是内部特征标识号（通过使用"信息"获取）；feature_name 是计算特征的名称。

3.6.2　创建计算特征

Step1. 选择下拉菜单 插入(I) ➡ 模型基准(D)▶ ➡ 评估(E)... 命令。

Step2. 在系统 输入估计特征名[退出] ✔ ✕ 的提示下，输入计算特征的名称后单击✔按钮，系统弹出图 3.6.1 所示带有下列命令选项的 ▼ MEASURE PARAM （量度参数）菜单。

● Create （创建）：创建并命名测量参数。输入参数名后，系统弹出图 3.6.2 所示的 ▼ GET MEASURE （得到测量）菜单。各命令选项说明如下。

图 3.6.1　"量度参数"菜单

图 3.6.2　"得到测量"菜单

☑ Edg/Crv Len （边/曲线长度）：测量边或曲线的长度。

☑ Edg/Crv Curv （边/曲线曲率）：测量边或曲线上点的边曲率或曲线曲率。

☑ Angle （角度）：测量选定平面、轴、平面边和曲线之间的角度。

☑ Distance （距离）：测量任意两个点、顶点、平面、轴线和坐标系组合之间的距离。

☑ Area （面积）：测量曲面或面组的面积。

- ☑ `Diameter (直径)`：测量零件任何旋转曲面的曲面直径。
- ☑ `Min Radius (最小半径)`：测量任何旋转曲面的最小半径。系统临时在最小半径的位置上放置一个红色圆圈或十字标记。
- ☑ `Srf Clearance (曲面间隙)`：测量两曲面间的间隙。
- ● `Delete (删除)`：删除一个现有的测量参数。
- ● `Redo (重做)`：重定义测量参数。
- ● `Info (信息)`：显示所有参数的测量信息。
- ● `Show (显示)`：加亮显示选定测量参数的参照。

Step3. 在 `▼ MEASURE PARAM (量度参数)` 菜单中选择 `Create (创建)` 命令，并命名量度参数。

Step4. 在 `▼ GET MEASURE (得到测量)` 菜单中选择相应的命令。

Step5. 完成所需测量后，从 `▼ MEASURE PARAM (量度参数)` 菜单中选择 `Done (完成)` 命令。

第4章　其他高级特征

本章提要　本章将介绍一些高级特征的应用，包括拔模特征、混合特征、扫描混合（Swept Blend）特征、可变截面扫描（Var Sec Sweep）特征，以及 插入(I) 下拉菜单中 高级(V)▶ 子菜单下的几个高级特征（轴特征、唇特征、法兰特征、环形槽特征、耳特征、槽特征、环形折弯特征和管道特征）。

4.1　复杂的拔模特征

4.1.1　草绘分割的拔模特征

图 4.1.1 a 为拔模前的模型，图 4.1.1 b 是进行草绘分割拔模后的模型。在此例中，拔模面被草绘图形分离成两个拔模区，这两个拔模区可以有独立的拔模角度和方向。下面以此模型为例，介绍如何创建一个草绘分割的拔模特征。

图 4.1.1　草绘分割的拔模特征

Step1.　将工作目录设置至 D:\proewf5.2\work\ch04.01，打开文件 draft_sketch.prt。

Step2.　选择下拉菜单 插入(I) ➡ 📐斜度(F)... 命令。

Step3.　选取图 4.1.2 中的模型表面为拔模面。

Step4.　单击操控板中 📐 图标后的 ●单击此处添加项目 字符，再选取图 4.1.3 中的模型表面为拔模枢轴平面。

Step5.　采用默认的拔模参照（枢轴平面），如图 4.1.4 所示。

图 4.1.2　拔模面

图 4.1.3　拔模枢轴平面

图 4.1.4　拔模方向

Step6. 选取分割选项，绘制分割草图。

（1）在图 4.1.5 所示的"拔模"操控板中单击 分割 按钮，在其界面的 分割选项 列表中选择 根据分割对象分割 方式。

图 4.1.5　"拔模"操控板

（2）在 分割 界面中单击 定义... 按钮，进入草绘环境；设置图 4.1.6 中的拔模面为草绘平面，图中另一表面为参照平面，方向为 左 ；绘制图 4.1.6 所示的草图（三角形）。

Step7. 在操控板的相应区域修改两个拔模区的拔模角度和方向，也可在模型上动态修改拔模角度，如图 4.1.7 所示。

Step8. 单击操控板中的 ✓ 按钮，完成特征的创建。

图 4.1.6　定义草绘属性

图 4.1.7　修改拔模角度和方向

4.1.2　根据枢轴曲线拔模

图 4.1.8a 为拔模前的模型，图 4.1.8b 是进行枢轴曲线拔模后的模型。下面以此为例，介绍如何创建一个枢轴曲线拔模特征。

先在模型上绘制一条基准曲线（图 4.1.8a），方法为：单击"草绘"按钮 ，草绘一条由数个线段构成的基准曲线，注意曲线的两端点必须与模型边线重合。

Step1. 将工作目录设置至 D：\proewf5.2\work\ch04.01，打开文件 draft_curve.prt。

Step2. 选择下拉菜单 插入(I) ➡ 斜度 (F)... 命令。

Step3. 选取图 4.1.9 中的模型表面为拔模面。

图 4.1.8　枢轴曲线的拔模

Step4. 单击操控板中 图标后的 ● 单击此处添加项目 字符，再选取图 4.1.10 中的草绘曲线为拔模枢轴曲线，此时模型如图 4.1.11 所示。

图 4.1.9　选取拔模面　　图 4.1.10　选取拔模枢轴曲线前　　图 4.1.11　选取拔模枢轴曲线后

Step5. 单击 图标后的 ● 单击此处添加项目 字符，再选取图 4.1.12 中的模型表面为拔模方向参照。

Step6. 动态修改拔模角度，如图 4.1.13 所示；也可在"拔模"操控板中修改拔模角度和方向，如图 4.1.14 所示。

Step7. 单击操控板中的"完成"按钮 ，完成操作。

图 4.1.12　选取拔模方向参照　　　　　　图 4.1.13　调整拔模角度

图 4.1.14　"拔模"操控板

4.1.3　拔模特征的延伸相交

图 4.1.15 a 所示的模型有两个特征（实体拉伸特征和旋转特征），现需对拉伸特征的表面

进行拔模，该拔模面势必会遇到旋转特征的边。此时如果在操控板中选择了合适的选项和拔模角，可以创建图 4.1.15 b 所示的延伸相交拔模特征。下面说明其操作过程。

图 4.1.15　拔模特征的延伸相交

Step1. 将工作目录设置至 D:\proewf5.2\work\ch04.01，打开文件 draft_extend.prt。

Step2. 选择下拉菜单 插入(I) ➡️ 🔷 斜度(F)... 命令。

Step3. 选取图 4.1.16 中的模型表面为拔模面。

Step4. 单击操控板中 图标后的 ● 单击此处添加项目 字符，然后用"列表选取"的方法选取图 4.1.17 中的模型底面为拔模枢轴平面。

Step5. 采用默认的拔模参照（枢轴平面），如图 4.1.18 所示。

图 4.1.16　选取拔模面　　　　　　　图 4.1.17　选取拔模枢轴平面

图 4.1.18　拔模参照平面

Step6. 在"拔模"操控板的"选项"界面中选中 ☑延伸相交曲面 复选框，如图 4.1.19 所示。注意：如果不选中 ☐延伸相交曲面 复选框，结果会如图 4.1.20 所示。

图 4.1.19　"拔模"操控板（一）

Step7. 在"拔模"操控板中修改拔模角度和方向，拔模角度值为 10.0，如图 4.1.21 所示。

注意：如果拔模角度太大，拔模面将超出旋转特征的圆锥面，此时即使选中了 ☑延伸相交曲面复选框，系统也将创建悬垂在模型边上的拔模斜面，与未选中 □延伸相交曲面复选框的结果一样。

Step8. 单击操控板中的 ☑按钮，完成特征的创建。

图 4.1.20　结果　　　　　　　　　图 4.1.21　"拔模"操控板（二）

4.2　混合特征的选项

4.2.1　混合选项简述

选择下拉菜单 插入(I) ➡ 混合(B) ➡ 伸出项(P)... 命令，系统会弹出图 4.2.1 所示的"（BLEND OPTS）混合选项"菜单，该菜单分为 A、B、C 三个部分，各部分的基本功能介绍如下。

A 部分的作用是用于确定混合类型。

☑ Parallel（平行）：所有混合截面在相互平行的多个平面上。

☑ Rotational（旋转的）：混合截面绕 Y 轴旋转，最大角度可达 120°。每个截面都单独草绘并用截面坐标系对齐。

☑ General（一般）：一般混合截面可以绕 X 轴、Y 轴和 Z 轴旋转，也可以沿这三个轴平移。每个截面都单独草绘，并用截面坐标系对齐。

B 部分的作用是定义混合特征截面的类型。

☑ Regular Sec（规则截面）：将在草绘平面上绘制的截面草图作为特征截面。

☑ Project Sec（投影截面）：将截面草图在选定曲面上的投影作为特征截面。该命令只用于平行混合。

C 部分的作用是定义截面的来源。

☑ Select Sec（选取截面）：选择截面图元。该命令对平行混合无效。

☑ Sketch Sec（草绘截面）：草绘截面图元。

4.2.2　混合选项应用举例

1. [Parallel (平行)] 和 [Project Sec (投影截面)] 选项

下面以图 4.2.2 所示的模型为例，说明使用 [Parallel (平行)] 和 [Project Sec (投影截面)] 选项创建平行投影混合特征的一般操作过程。

Step1. 将工作目录设置至 D:\proewf5.2\work\ch04.02，再打开文件 project.prt。

Step2. 选择下拉菜单 [插入(I)] ➡ [混合(B)▶] ➡ [伸出项(P)...] 命令。

Step3. 在系统弹出的菜单中选择 [Parallel (平行)] ➡ [Project Sec (投影截面)] ➡ [Sketch Sec (草绘截面)] ➡ [Done (完成)] 命令。

Step4. 创建混合特征的截面。

（1）定义草绘平面及参照面。选择 [Plane (平面)] 命令，选取图 4.2.3 中的模型表面 1 为草绘平面；选择 [Okay(确定)] ➡ [Top (顶)] 命令，选择图 4.2.3 中的模型表面 2 为参照平面。

（2）创建混合特征的第一个截面。进入草绘环境后，采用默认的草绘参照，绘制图 4.2.4 所示的截面图形。

图 4.2.1　"混合选项"菜单

图 4.2.2　平行投影混合特征

图 4.2.3　草绘平面

（3）创建混合特征的第二个截面。右击，从系统弹出的快捷菜单中选择 [切换截面(T)] 命令；绘制图 4.2.5 所示的截面图形，完成绘制后，单击"完成"按钮 ✓。

（4）在系统 [选取两曲面为交截边界] 的提示下，按住 Ctrl 键不放，选取图 4.2.6 中的模型表面 1 和模型表面 2 为投影表面。

注意：选取投影曲面时，顺序不能调换。

图 4.2.4　第一个截面

图 4.2.5　第二个截面

图 4.2.6　选取投影表面

（5）单击 [预览] 按钮，预览所创建的混合特征，然后单击 [确定] 按钮。

2. Rotational （旋转的）选项

下面以图 4.2.7 所示的模型为例，说明使用 Rotational （旋转的）选项创建旋转混合特征的一般操作过程。

Step1. 将工作目录设置至 D:\proewf5.2\work\ch04.02，再打开文件 rotate.prt。

Step2. 选择下拉菜单 插入(I) ➤ 混合(B)▶ ➤ 伸出项(P)... 命令。

Step3. 在系统弹出的菜单中选择 Rotational （旋转的） ➤ Regular Sec （规则截面） ➤ Sketch Sec （草绘截面） ➤ Done （完成）命令。

Step4. 选择 ▼ ATTRIBUTES （属性）菜单中的 Smooth （光滑） ➤ Open （开放） ➤ Done （完成）命令。

Step5. 创建混合特征的截面。

（1）定义草绘平面及参照面。选择 Plane. （平面）命令，选取图 4.2.8 所示的模型表面为草绘平面；选择 Okay （正向） ➤ Right （右）命令，选取图 4.2.8 中的 RIGHT 基准平面为参照平面。

（2）创建混合特征的第一个截面。进入草绘环境后，采用默认的草绘参照；选择下拉菜单 草绘(S) ➤ 坐标系(O)命令，创建坐标系；绘制图 4.2.9 所示的截面图形（一个圆），完成绘制后，单击"完成"按钮 ✓。

图 4.2.7 旋转混合特征

图 4.2.8 草绘平面

图 4.2.9 第一个截面

（3）创建第二个截面。在系统 为截面2 输入y_axis 旋转角(范围: 0 - 120) `90` ✓ ✕ 的提示下，输入角度值 90.0 后按<Enter>键；绘制图 4.2.10 所示的截面图形（需先选择下拉菜单 草绘(S) ➤ 坐标系(O)命令，创建坐标系），完成绘制后，单击"完成"按钮 ✓。

（4）创建第三个截面。在系统弹出的"确认"对话框中单击 是(Y) 按钮；在系统 为截面3 输入y_axis 旋转角(范围: 0 - 120) `100` ✓ ✕ 的提示下，输入角度值 100.0 后按<Enter>键；绘制图 4.2.11 所示的截面图形（要创建坐标系），完成绘制后，单击"完成"按钮 ✓。

图 4.2.10 第二个截面

图 4.2.11 第三个截面

（5）在系统弹出的"确认"对话框中单击 否(N) 按钮。

（6）单击 预览 按钮，预览所创建的混合特征，然后单击 确定 按钮。

3. General (一般) 选项

下面以图 4.2.12 所示的模型为例，说明使用 General (一般) 选项创建混合特征的一般操作过程。

Step1. 将工作目录设置至 D:\proewf5.2\work\ch04.02，再打开文件 general.prt。

Step2. 选择下拉菜单 插入(I) ➡ 混合(B)▶ ➡ 伸出项(P)... 命令。

Step3. 在系统弹出的菜单中选择 General (一般) ➡ Regular Sec (规则截面) ➡ Sketch Sec (草绘截面) ➡ Done (完成) 命令。

Step4. 选择 ▼ ATTRIBUTES (属性) 菜单中的 Smooth (光滑) ➡ Done (完成) 命令。

Step5. 创建混合特征的截面。

（1）定义草绘平面及参照面。选择 Plane (平面) 命令，选取图 4.2.13 所示的表面为草绘平面；选择 Okay (确定) ➡ Right (右) 命令，选取图 4.2.13 中的 RIGHT 基准平面为参照平面。

参照平面　　　草绘平面

RIGHT

图 4.2.12 一般混合特征　　　　　图 4.2.13 草绘平面

（2）创建混合特征的第一个截面。进入草绘环境后，选择下拉菜单 草绘(S) ➡ 参照(R)... 命令，选取 TOP 基准平面和图 4.2.14 所示的边线为草绘参照；绘制图 4.2.14 所示的截面图形（需先选择下拉菜单 草绘(S) ➡ 坐标系(O) 命令，创建坐标系），完成绘制后，单击"完成"按钮 ✓。

（3）创建第二个截面。在系统 给截面2 输入 x_axis旋转角度（范围:±120） | 100 | ✓ ✕ 的提示下，输入角度值 100.0 后按<Enter>键；在 给截面2 输入 y_axis旋转角度（范围:±120） | 30 | ✓ ✕ 的提示下，输入角度值 30.0 后按<Enter>键；在 给截面2 输入 z_axis旋转角度（范围:±120） | 100 | ✓ ✕ 的提示下，输入角度值 100.0 后按<Enter>键；绘制图 4.2.15 所示的截面图形（需先选择下拉菜单 草绘(S) ➡ 坐标系(O) 命令，创建坐标系），然后单击"完成"按钮 ✓。

注意：两截面的起始点应对应。

（4）在系统弹出的"确认"对话框中单击 否(N) 按钮。

（5）在系统 输入截面2的深度 | 11 | ✓ ✕ 的提示下，输入深度值 11.0 后按<Enter>键。

（6）单击 预览 按钮，预览所创建的混合特征，然后单击 确定 按钮。

此边线为草绘参照

图 4.2.14 第一个截面

图 4.2.15 第二个截面

4.3 扫描混合特征

4.3.1 扫描混合特征简述

将一组截面的边用过渡（渐变）曲面沿某一条轨迹线进行连接，就形成了扫描混合（Swept Blend）特征，它既具扫描特征的特点，又有混合特征的特点。扫描混合特征需要一条扫描轨迹和至少两个截面。图 4.3.1 所示的扫描混合特征是由三个截面和一条轨迹线扫描混合而成的。

图 4.3.1 扫描混合特征

4.3.2 创建扫描混合特征的一般过程

下面将以图 4.3.2 所示的例子来介绍创建扫描混合特征的一般过程。

Step1. 设置工作目录和打开文件。将工作目录设置至 D:\proewf5.2\work\ch04.03，然后打开文件 sweepblend_nrmtoorigintraj.prt。

a）扫描前　　　　　　　　　　　　b）扫描后

图 4.3.2 扫描混合特征

Step2. 选择下拉菜单 插入(I) ➡ 扫描混合(S)... 命令，系统弹出图 4.3.3 所示的"扫描混合"操控板，在操控板中按下"实体"类型按钮 □。

Step3. 定义扫描轨迹：选取图 4.3.4 所示的曲线，箭头方向如图 4.3.5 所示。

图 4.3.3　"扫描混合"操控板

图 4.3.4　选取曲线　　　　　　　　图 4.3.5　扫描方向

Step4. 定义扫描中的截面控制。在操控板中单击 参照 按钮，在其界面的 剖面控制 列表中选择 垂直于轨迹 选项（此为默认选项）。

Step5. 创建扫描混合特征的第一个截面。

（1）定义第一个截面上 X 轴的方向。在操控板中单击 截面 按钮，在图 4.3.6a 所示的"截面"界面中单击 截面 X 轴方向 文本框中的 缺省 字符，然后选取图 4.3.7 所示的边线，接受图 4.3.7 所示的箭头方向。

（2）定义第一个截面在轨迹线上的位置点。在 截面 界面中单击 截面位置 文本框中的 单击此处添加项目 字符，选取图 4.3.8 所示的轨迹的起始点作为该截面在轨迹线上的位置点。

a）操作前

b）操作后

图 4.3.6　"截面"界面（一）

图 4.3.7　定义截面 X 轴方向

图 4.3.8　选取轨迹线的起始点

（3）在 截面 界面中，将"截面 1"的 旋转 角度值设置为 0.0。

（4）在 截面 界面中单击 草绘 按钮，此时系统进入草绘环境。

（5）进入草绘环境后，绘制和标注图 4.3.9 所示的截面，然后单击"草绘"工具栏中的"完成"按钮 ✓。

图 4.3.9　第一个截面图形

Step6. 创建扫描混合特征的第二个截面。

（1）在 截面 界面中单击 插入 按钮。

（2）定义第二个截面上 X 轴的方向。在图 4.3.10a 所示的"截面"界面中单击 截面 X 轴方向 文本框中的 缺省 字符，然后选取图 4.3.11a 所示的边线；此时该边线上的箭头方向如图 4.3.11a 所示，在"截面"界面中单击 ⅛ 按钮（图 4.3.10b），将箭头方向切换到图 4.3.11b 所示。

a）操作前

b）操作后

图 4.3.10　"截面"界面（二）

a）正向　　　　　　　　　　　　　　　b）反向

图 4.3.11　切换方向

（3）定义第二截面在轨迹线上的位置点。在 截面 界面中单击 截面位置 文本框中的
单击此处添加项目 字符，选取如图 4.3.12 所示的轨迹线的终点作为该截面在轨迹线上的位
置点。

（4）在 截面 界面中，将"截面 2"的 旋转 角度值设置为 0.0。

（5）在 截面 界面中单击 草绘 按钮，此时系统进入草绘环境。

（6）绘制和标注图 4.3.13 所示的截面图形，然后单击"完成"按钮 ✔。

图 4.3.12　选取轨迹线的终点　　　　　　　图 4.3.13　第二个截面图形

Step7. 在操控板中单击 ☑ 6◦ 按钮，预览所创建的扫描混合特征。

Step8. 在操控板中单击 ✔ 按钮，完成扫描混合特征的创建。

Step9. 编辑特征。

（1）在模型树中选择 ⌁扫描混合 1，右击，从系统弹出的快捷菜单中选择 编辑 命令。

（2）在图 4.3.14 a 所示的图形中双击 0Z，然后将该值改为-90（图 4.3.14b）。

（3）选择下拉菜单 编辑(E) ➡ ⊟ 再生(G) 命令，对模型进行再生。

a）修改前　　　　　　　　　　　　　　　b）修改后

图 4.3.14　编辑特征

Step10. 验证原始轨迹是否与截面垂直。

（1）选择下拉菜单 分析(A) ➡ 测量(M) ▸ ➡ ◁ 角度(N) 命令。

（2）在系统弹出的"角"对话框中打开 分析 选项卡（如图 4.3.15 a 所示）。

（3）定义起始参照。单击 起始 文本框中的"选取项目"字符，在"智能选取"栏中选取 曲线 ，然后选取图 4.3.16 所示的曲线部分。

（4）定义至点参照。在"智能选取"栏中选取 曲面 ，然后选取图 4.3.16 所示的模型表面。

（5）此时在图 4.3.15b 所示的"角"对话框中显示角度值为 90°，这个结果表示原始轨迹与截面垂直，验证成功。

a）测量前   b）测量后

图 4.3.15 "分析"选项卡

图 4.3.16 操作过程

4.3.3 重定义扫描混合特征的轨迹和截面

下面举例说明如何重新定义扫描混合特征的轨迹和截面。

Step1. 设置工作目录和打开文件。将工作目录设置至 D:\proewf5.2\work\ch04.03，然后打开文件 sweepblend_redefine.prt。

Step2. 在模型树中选择 🖊️扫描混合 1，右击，从系统弹出的快捷菜单中选择 编辑定义 命令，系统弹出图 4.3.17 所示的"扫描混合"操控板。

图 4.3.17　"扫描混合"操控板

Step3. 重定义轨迹。

（1）在"扫描混合"操控板中单击 参照 按钮，在系统弹出的"参照"界面中单击 细节... 按钮，此时系统弹出"链"对话框。

（2）在"链"对话框中单击 选项 选项卡，在 排除 文本框中单击 单击此处添加项 字符，在系统 ➡选取一个或多个边或曲线以从链尾排除。 的提示下，选取图 4.3.18 所示的曲线部分为要排除的链。

选取此加粗的曲线部分为要排除的曲线

图 4.3.18　选取要排除的曲线

（3）在"链"对话框中单击 确定 按钮。

Step4. 重定义第二个截面。

（1）在"扫描混合"操控板中单击 截面 按钮，在图 4.3.19 所示的"截面"界面中单击"截面"列表中的 截面 2 。

（2）"截面 2"的 旋转 角度值为 90.0。

（3）重定义截面形状。在"剖面"界面中单击 草绘 按钮进入草绘环境；将图 4.3.20a 所示的截面四边形改成图 4.3.20b 所示的梯形，单击"完成"按钮 ✔️。

Step5. 在操控板中单击 ✔️∞ 按钮，预览所创建的扫描混合特征；单击 ✔️ 按钮，完成扫描混合特征的创建。

图 4.3.19 "截面"界面

a) 修改前   b) 修改后

图 4.3.20 截面草图

4.3.4 扫描混合特征选项说明

1. 剖面控制

其三个选项的说明如下。

（1）**垂直于轨迹**：特征的每个截面在扫描过程中保持与"原始轨迹"垂直，如图 4.3.21 a 所示。此选项为系统默认的设置。如果用"截面"界面中的 **截面 X 轴方向** 确定截面的 X 向量，则截面的 X 向量（截面坐标系的 X 轴方向）可与某个平面的法向、某个边线/轴线方向或坐标系的某个坐标轴方向一致，如图 4.3.21b 所示。

查看模型 D:\proewf5.2\work\ch04.03\sweepblend_normtotraj_ok.prt。

a）扫描混合特征   b）X 轴与边线方向一致

图 4.3.21 垂直于轨迹

（2）垂直于投影：沿投影方向看去，特征的每个截面在扫描过程中保持与"原始轨迹"垂直，Z 轴与指定方向上的"原始轨迹"的投影相切，此时需要首先选取一个方向参照，并且截面坐标系的 Y 轴方向与方向参照一致，如图 4.3.22b 所示。

查看模型 D:\proewf5.2\work\ch04.03\ sweepblend_normtopro_ok.prt。

（3）恒定法向：每个截面的 Z 轴方向在扫描过程中始终平行于所选参照的方向，此时需要先选取一个方向参照，如图 4.3.23b 所示。

查看模型 D:\proewf5.2\work\ch04.03\sweepblend_consnormdire_ok.prt。

a）扫描混合特征　　　　　　　　　　　　b）Y 轴与边线方向一致

图 4.3.22　垂直于投影

a）扫描混合特征　　　　　　　b）Z 轴平行于所选参照的方向

图 4.3.23　恒定法向

2．混合控制

在"扫描混合"操控板中单击 选项 按钮，系统将弹出图 4.3.24 所示的界面，通过在该界面中选中不同的选项，可以控制特征截面的形状。

（1）□封闭端点 复选框：设置曲面的封闭端点。

图 4.3.24　"扫描混合"操控板

（2）无混合控制单选按钮：将不设置任何混合控制。

（3）设置周长控制单选按钮：混合特征中各截面的周长将沿轨迹线呈线性变化，这样通过修改某个已定义截面的周长便可以控制特征中各截面的形状。当选中设置周长控制时，"选项"界面如图 4.3.25 所示，如选中 ✓ 通过折弯中心创建曲线复选框，可将曲线放置在扫描混合的中心。

（4）设置剖面面积控制单选按钮：可以通过修改某位置的截面面积来调整特征的形状。

在下面的例子中，我们将通过调整轨迹上基准点 PNT0 处的截面面积来调整特征的形状，如图 4.3.26 所示。

图 4.3.25 "选项"界面（一）　　　　图 4.3.26 调整特征形状

Step1. 设置工作目录和打开文件。将工作目录设置至 D:\proewf5.2\work\ch04.03，然后打开文件 sweepblend_area.prt。

Step2. 在模型树中选择 扫描混合 1，右击，从系统弹出的快捷菜单中选择编辑定义命令。在"扫描混合"操控板中单击 选项 按钮，在"选项"界面中选中 设置剖面面积控制单选按钮（图 4.3.27）。

Step3. 定义控制点。

（1）在系统➪在原点轨迹上选择一个点或顶点以指定区域。的提示下，选取图 4.3.28 所示的基准点 PNT0。

图 4.3.27 "选项"界面（二）

图 4.3.28 选取基准点

（2）在图 4.3.29 所示的"选项"界面中，将"PNT0：F6（基准点）"的"面积"改为 300.0。

a）修改前　　　　　　　　　　　　　　b）修改后

图 4.3.29　"选项"界面（三）

Step4. 在"扫描混合"操控板中单击"预览"按钮 ，预览所创建的扫描混合特征。单击"完成"按钮 ，完成扫描混合特征的创建。

3．相切

在"扫描混合"操控板中单击 相切 按钮，系统弹出图 4.3.30 所示的"相切"界面，用于控制扫描混合特征与其他特征的相切过渡，如图 4.3.31 所示。

图 4.3.30　"相切"界面（一）　　　　　　　图 4.3.31　相切

Step1. 设置工作目录和打开文件。将工作目录设置至 D:\proewf5.2\work\ch04.03，然后打开文件 sweepblend_tangent.prt。

Step2. 在模型树中选择 扫描混合 ，右击，从系统弹出的快捷菜单中选择 编辑定义 命令。在"扫描混合"操控板中单击 相切 按钮，系统弹出"相切"界面。

Step3. 在图 4.3.32 所示的"相切"界面中选择"终止截面"，将"终止截面"设置为"相切"，此时模型中（图 4.3.33）所示的边线被加亮显示。

Step4. 在模型上依次选取图 4.3.34 和图 4.3.35 所示的曲面为相切面。

Step5. 单击操控板中的 按钮，预览所创建的扫描混合特征；单击 按钮，完成扫描混合特征的创建。

图 4.3.32　"相切"界面（二）

图 4.3.33　边线被加亮显示　　　图 4.3.34　选取一相切的面　　　图 4.3.35　选取另一相切的面

　　说明：要注意特征截面图元必须位于要选取的相切面上。本例中，可先在轨迹的端点处创建一个与轨迹垂直的 DTM1 基准平面，然后用"相交"命令得到 DTM1 与混合特征的交线（如图 4.3.36 所示），以交线作为扫描混合特征的截面（图 4.3.37），这样便保证了扫描混合特征的截面图元位于要相切的混合特征的表面上。

图 4.3.36　创建交线　　　　　　　　　　图 4.3.37　扫描混合特征的一个截面

4.3.5　扫描混合特征的应用

　　零件模型及模型树如图 4.3.38 所示。

图 4.3.38　零件模型及模型树

　　Step1. 新建一个零件模型，将其命名为 INSTANCE_CONNECT_PORT.PRT。

　　Step2. 创建图 4.3.39 所示的基准曲线 1。单击工具栏中的"草绘"按钮；选取 TOP

基准平面为草绘平面，采用模型中默认的黄色箭头方向，选取 RIGHT 基准平面为参照平面，选取 右 作为参照平面方向；绘制图 4.3.40 所示的样条曲线。

图 4.3.39　创建基准曲线 1

图 4.3.40　截面草图（一）

Step3. 创建图 4.3.41 所示的基准曲线 2。单击"草绘"按钮；选取 FRONT 基准平面为草绘平面，采用模型中默认的黄色箭头方向，选取 RIGHT 基准平面为参照平面，选取 右 作为参照平面方向；接受系统默认的草绘参照，绘制图 4.3.42 所示的圆，用 中的分割命令 ，将圆分割成 4 个部分，单击"完成"按钮。

图 4.3.41　创建基准曲线 2

图 4.3.42　截面草图（二）

Step4. 创建图 4.3.43 所示的基准平面 DTM1。单击"平面"按钮；选取 RIGHT 基准平面为偏移参照面，偏移距离值为 362.0。

Step5. 创建图 4.3.44 所示的基准点 PNT0。单击"点"按钮；如图 4.3.44 所示，选取曲线 1 的端点，此端点处即产生一个基准点 PNT0。

图 4.3.43　创建基准平面 DTM1

图 4.3.44　创建基准点 PNT0

Step6. 创建图 4.3.45 所示的基准曲线 3。单击"草绘"按钮；选取 DTM1 基准平面为草绘平面，采用模型中默认的黄色箭头方向，选取 TOP 基准平面为参照平面，设置参照的方向；选取 底部 作为参照平面方向；单击 TOP 基准平面、PNT0 基准点为草绘环境的参照，然后绘制图 4.3.46 所示的截面草图（要绘制对称中心线）。

图 4.3.45　创建基准曲线 3

图 4.3.46　截面草图（三）

Step7. 创建扫描混合特征。创建图 4.3.47 所示的扫描混合特征，相关操作如下。

（1）选择下拉菜单 命令，系统弹出图 4.3.48 所示的"扫描混合"操控板，在操控板中按下"实体"类型按钮 □。

图 4.3.47　扫描混合特征

图 4.3.48　"扫描混合"操控板

（2）定义扫描轨迹。选取图 4.3.49 所示的曲线为扫描的轨迹，箭头方向如图 4.3.49 所示。

选择此曲线为扫描轨迹

图 4.3.49　选取扫描轨迹

（3）定义混合类型。在"扫描混合"操控板中单击 参照 按钮，在"参照"界面的 剖面控制 下拉列表中选择 垂直于轨迹 。由于 垂直于轨迹 为默认的选项，此步可省略。

（4）定义第一个混合截面。

① 在"扫描混合"操控板中单击 截面 按钮，在图 4.3.50 所示的"截面"界面中选中 ● 所选截面 单选项。

② 在系统 ➡ 选取一个链曲线/边 的提示下，单击图 4.3.51 中的圆弧。

图 4.3.50　"截面"界面

单击此段圆弧

图 4.3.51　选取此圆弧

③ 定义起始点。在图 4.3.50 所示的"截面"界面中单击 细节... 按钮，在"链"对话框中单击 选项 选项卡，然后单击图 4.3.52 所示的"链"对话框。单击图 4.3.53 中的顶点，接受图中所示的起始点的箭头方向（可以在"链"对话框的 方向 区域单击 反向 按钮，以调整箭头的方向），然后在"链"对话框中单击 确定 按钮。

图 4.3.52　"链"对话框

图 4.3.53　选择起始点

（5）定义第二个混合截面。

① 在"截面"界面中单击 插入 按钮，在"截面"界面中选中 所选截面 单选项。

② 在系统 选取一个链曲线/边 的提示下，单击图 4.3.54 中的矩形曲线。

③ 调整该截面的混合起点和方向，使两个截面的混合起点接近且方向相同，这样才不会使特征扭曲，起始点的箭头方向如图 4.3.55 所示。

（6）在"扫描混合"操控板中单击"预览"按钮 ，预览所创建的扫描混合特征；单击"完成"按钮 ，完成扫描混合特征的创建。

图 4.3.54　选取矩形曲线　　　　　　　　　　　　图 4.3.55　设置起始点

Step8. 创建图 4.3.56 所示的圆角。圆角边线为图 4.3.57 所示的 4 条边线（*R*=10mm）。

图 4.3.56　创建圆角特征

图 4.3.57　选取模型边线

Step9. 创建图 4.3.58 所示的抽壳特征，厚度值为 9.0。

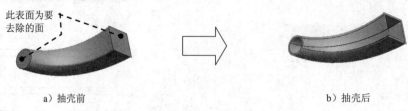

a）抽壳前　　　　　　　　　　　　　　　　b）抽壳后

图 4.3.58　抽壳特征

Step10. 创建图 4.3.59 所示的基准点 PNT1。单击工具栏中的"草绘"按钮 ⌒；单击图 4.3.59 中的圆弧边线，然后在"基准点"对话框中选择 居中 选项，系统立即在此圆弧的圆心处产生一个基准点 PNT1。

图 4.3.59　创建基准点 PNT1

Step11. 创建图 4.3.60 所示的基准轴 A_1，该基准轴经过 PNT1 基准点，并且与图中所示的端面垂直，相关操作如下：单击工具栏中的"轴"按钮 ⁄；单击基准点 PNT1；按住 Ctrl 键，单击图 4.3.60 中模型的端面，系统即创建经过 PNT1 基准点且垂直于该端面的 A_1 基准轴。

图 4.3.60　创建基准轴 A_1

Step12. 创建图 4.3.61 所示的基准平面 DTM2。单击"平面"按钮 ▱；单击基准轴 A_1；按住 Ctrl 键，单击 RIGHT 基准平面；将旋转角度值改为 30.0。

图 4.3.61　创建基准平面 DTM2

Step13. 添加图 4.3.62a 所示的零件的实体拉伸特征。单击"拉伸"按钮 ，确认"实体"类型按钮 被按下；选取图 4.3.62b 中的模型端面为草绘平面，参考平面为基准平面 DTM2，方位为"顶"；选取 A_1 轴及 DTM2 基准平面作为草绘环境的参照，再绘制图 4.3.63 所示的特征截面；在操控板中选取深度类型 ，再在深度文本框中输入深度值 20.0。

a）拉伸特征　　　　　　　　　　　　　　　　　　　b）选取草绘平面

图 4.3.62　添加拉伸特征

图 4.3.63　截面草图（四）

Step14. 添加图 4.3.64 所示的完全圆角特征。选择下拉菜单 插入(I) ➡ 倒圆角 (D)... 命令；在模型上选取图 4.3.65 中的两条边线，操作方法：先选取一条边线，然后按住 Ctrl 键，再选取另一条边线；在操控板中先单击 集 按钮，然后在系统弹出的界面中单击 完全倒圆角 按钮；在操控板中单击"完成"按钮 ，完成特征的创建。

图 4.3.64　添加完全圆角特征　　　　　　　　图 4.3.65　选取参照边线

Step15. 添加图 4.3.66 所示的拉伸孔特征。单击"拉伸"按钮 ，确认"实体"类型按钮 被按下，再按下"移除材料"按钮 ；选取图 4.3.66 中的模型端面（圆形端面）为草绘平面，草绘平面的参考方位是"顶"，参考平面是 DTM2；选取图 4.3.67 所示的边线作为草绘参照，再绘制图 4.3.67 所示的特征截面；去材料的箭头方向如图 4.3.68 所示；在操控板中先选取深度类型 ，然后再选择图 4.3.68 中模型的背面为拉伸的终止面。

图 4.3.66　添加拉伸孔特征　　　　　　　　图 4.3.67　截面草图（五）

Step16. 添加图 4.3.69 所示的特征阵列，相关操作如下。

（1）创建组。按住 Ctrl 键，选取图 4.3.70a 所示的模型树中的 DTM2、拉伸 1、倒圆角 2 及拉伸 2 为一组；选择下拉菜单 编辑(E) ➡ 组 命令，此时 DTM2、拉伸 1、倒圆角 2 及拉伸 2 特征合并为 组LOCAL_GROUP；先单击 组LOCAL_GROUP，然后右击，从系统弹出的快捷菜单中选择 重命名 命令，将 组LOCAL_GROUP 重名为组 F。完成组的创建后，模型树如图 4.3.70b 所示。

（2）进行阵列。在模型树中单击"组 F"，再右击，从系统弹出的快捷菜单中选择 阵列... 命令；在操控板中选择 轴 选项，选择模型中的轴 A_1，阵列个数为 6，角度增量值为 60.0。

图 4.3.68　选取去材料方向　　　　　　　　　图 4.3.69　添加阵列特征

a）创建"组"前　　　　　　　　　　　　b）创建"组"后

图 4.3.70　模型树

Step17. 保存零件模型文件。

4.4　可变截面扫描特征

4.4.1　可变截面扫描特征简述

可变截面扫描（Var Sec Sweep）特征是一种在扫描过程中，截面的方向和形状由若干轨迹线所控制的特征。如图 4.4.1 所示，可变截面扫描特征一般要定义一条原始轨迹线、一条 X 轨迹线、多条一般轨迹线和一个截面。其中，原始轨迹是截面经过的路线，即截面开始于原始轨迹的起点，终止于原始轨迹的终点；X 轨迹线决定截面上坐标系的 X 轴方向；多条一般轨迹线用于控制截面的形状。另外，还需要定义一条法向轨迹线以控制特征截面的法向，法向轨迹线可以是原始轨迹线、X 轨迹线或某条一般轨迹线。

a）扫描前　　　　　　　　　　　　　　　　b）扫描后

图 4.4.1　可变截面扫描特征

4.4.2　可变截面扫描特征选项说明

选择下拉菜单 插入(I) ➡ 可变截面扫描(V)... 命令（或单击 按钮），系统显示图 4.4.2 所示的"可变截面扫描"操控板。

图 4.4.2　"可变截面扫描"操控板

1.　截面方向控制

在"可变截面扫描"操控板中单击 参照 选项卡，在其界面中可看到， 剖面控制 列表中有如下三个选项：

- 垂直于轨迹 ：扫描过程中，特征截面始终垂直于某个轨迹，该轨迹可以是原始轨迹线、X 轨迹线或某条一般轨迹线。
- 垂直于投影 ：扫描过程中，特征截面始终垂直于一条假想的曲线，该曲线是某个轨迹在指定平面上的投影曲线。
- 恒定法向 ：截面的法向与指定的参照方向保持平行。

2.　截面形状控制

在操控板中单击 选项 选项卡，出现如下选项：

- ⊙ 可变截面 单选按钮：草绘截面在扫描过程中可变。
- ⊙ 恒定剖面 单选按钮：草绘截面在扫描过程中不变。

4.4.3 用"垂直于轨迹"确定截面的法向

在图 4.4.3 a 中，特征的截面在扫描过程中始终与曲线 2 垂直，该特征的创建过程如下。

Step1. 设置工作目录和打开文件。将工作目录设置至 D:\proewf5.2\work\ch04.04，然后打开文件 varsecsweep_normtraj.prt。

图 4.4.3 截面垂直于轨迹

Step2. 选择下拉菜单 插入(I) ➡ ⬛ 可变截面扫描(V)... 命令。

Step3. 在操控板中按下"实体"类型按钮 ⬜。

Step4. 选取轨迹曲线。第一个选取的轨迹必须是原始轨迹，在图 4.4.3 所示的模型中先选取基准曲线 1，然后按住 Ctrl 键选取基准曲线 2。

Step5. 定义截面的控制。

（1）选择控制方式。在操控板中单击 参照 选项卡，在其界面的 剖面控制 列表中选择 垂直于轨迹（此为默认选项）。

（2）选择控制轨迹。在 参照 界面中选中"链 1"的 N 栏，如图 4.4.4 所示。

Step6. 创建特征截面。在操控板中单击"草绘"按钮 ⬛；进入草绘环境后，创建图 4.4.5 所示的截面草图，然后单击"完成"按钮 ✓。

Step7. 单击操控板中的 ✓ 按钮，完成特征的创建。

图 4.4.4 "参照"界面

图 4.4.5 截面草图

4.4.4　用"垂直于投影"确定截面的法向

在图 4.4.6 中，特征的截面在扫描过程中始终垂直于曲线 2 的投影，该特征的创建过程如下。

Step1. 设置工作目录和打开文件。将工作目录设置至 D:\proewf5.2\work\ch04.04，然后打开文件 varsecsweep_normproject.prt。

曲线 1（此曲线为原始轨迹）

此曲线为曲线 2 在 DTM1 基准平面上的投影，这是一条假想的曲线

DTM1　　　曲线 2

图 4.4.6　垂直于投影

Step2. 选择下拉菜单 插入(I) ➡ 可变截面扫描(V)... 命令。

Step3. 在操控板中按下"实体"类型按钮 □。

Step4. 选取轨迹曲线。第一个选取的轨迹必须是原始轨迹，在图 4.4.6 中先选取基准曲线 1，然后按住 Ctrl 键选取基准曲线 2。

Step5. 定义截面的控制。

（1）选择控制方式。在操控板中单击 参照 选项卡，在 剖面控制 列表中选择 垂直于投影。

（2）选择方向参照。在图 4.4.6 所示的模型中选取基准平面 DTM1，此时 参照 界面如图 4.4.7 所示。

Step6. 创建特征截面。在操控板中单击 按钮，进入草绘环境；创建图 4.4.8 所示的截面草图，然后单击"完成"按钮 ✓。

Step7. 单击操控板中的 ✓ 按钮，完成特征的创建。

图 4.4.7　"参照"界面

图 4.4.8　截面草图

4.4.5 用"恒定法向"确定截面的法向

在图 4.4.9 中，特征截面的法向在扫描过程中是恒定的，该特征的创建过程如下。

Step1. 设置工作目录和打开文件。将工作目录设置至 D:\proewf5.2\work\ch04.04，然后打开文件 varsecsweep_const.prt。

Step2. 选择下拉菜单 插入(I) ➜ 可变截面扫描(V)... 命令。

Step3. 在操控板中按下"实体"类型按钮 。

Step4. 选取轨迹曲线。第一个选取的轨迹必须是原始轨迹，在图 4.4.9 中，先选取基准曲线 1，然后按住 Ctrl 键选取基准曲线 2。

Step5. 定义截面的控制。

（1）选择控制类型。在操控板中单击 参照 选项卡，在 剖面控制 下拉列表中选择 恒定法向 。

（2）选择方向参照。在图 4.4.9 所示的模型中选取基准平面 DTM2，此时"参照"界面如图 4.4.10 所示。

图 4.4.9　恒定的法向 　　　　　　　　　　　图 4.4.10　"参照"界面

Step6. 创建可变截面扫描特征的截面。在操控板中单击"草绘"按钮 ，进入草绘环境后，创建图 4.4.11 所示的可变截面扫描特征的截面，然后单击"完成"按钮 。

Step7. 改变特征长度。单击曲线 2，使其两端显示 T＝0.0，将其左端的 T 值改为 50.0，如图 4.4.12 所示。

图 4.4.11　截面草图 　　　　　　　　　　　图 4.4.12　改变特征长度

Step8. 单击操控板中的 按钮，完成特征的创建。

4.4.6　使用 X 轨迹线

在图 4.4.13 中，特征截面坐标系的 X 轴方向在扫描过程中由曲线 2 控制，该特征的创建过程如下。

Step1. 设置工作目录和打开文件。将工作目录设置至 D:\proewf5.2\work\ch04.04，然后打开文件 varsecsweep_xvector.prt。

Step2. 选择下拉菜单 插入(I) ➡ 可变截面扫描(V)... 命令。

Step3. 在操控板中按下"实体"类型按钮 ▢。

Step4. 选取轨迹曲线。第一个选取的轨迹必须是原始轨迹，在图 4.4.13 中先选取基准曲线 1，然后按住 Ctrl 键选取基准曲线 2。

曲线 1（此曲线为原始轨迹）

曲线 2（该曲线是一个具有 90°旋转角的螺旋曲线，选择该曲线为 X 轨迹）

图 4.4.13　使用 X 轨迹线

Step5. 定义截面控制。在操控板中单击 参照 选项卡，在图 4.4.14 所示的界面中选中"链 1"的 X 栏。

Step6. 创建特征截面。在操控板中单击 ▨ 按钮进入草绘环境；创建图 4.4.15 所示的特征截面，然后单击"完成"按钮 ✔。

Step7. 单击操控板中的 ✔ 按钮，完成特征的创建。从完成后的模型中可看到前后两个截面成 90°，如图 4.4.16 所示。

Step8. 单击操控板中的 ✔ 按钮，完成特征的创建。

图 4.4.14　"参照"界面

图 4.4.15　截面草图

图 4.4.16　完成后的模型结果

4.4.7　使用轨迹线控制特征的形状

在图 4.4.17 中，特征的形状由曲线 2 和曲线 3 控制，该特征的创建过程如下。

Step1. 将工作目录设置至 D:\proewf5.2\work\ch04.04，打开文件 varsecsweep_traj.prt。

Step2. 选择下拉菜单 插入(I) ➡ 可变截面扫描(V)... 命令。

Step3. 在操控板中按下"实体"类型按钮 ▢。

Step4. 选取轨迹曲线。第一个选取的轨迹必须是原始轨迹，在图 4.4.17 中先选取基准曲线 1，然后按住 Ctrl 键选取基准曲线 2 和曲线 3，此时 参照 界面如图 4.4.18 所示。

图 4.4.17　用轨迹线控制特征的形状

图 4.4.18　"参照"界面

Step5. 创建可变截面扫描特征的截面。在操控板中单击"草绘"按钮 ，进入草绘环境后，创建图 4.4.19 所示的截面草图。注意：点 P0、P1 是曲线 2 和曲线 3 的端点，为了使曲线 2 和曲线 3 能够控制可变扫描特征的形状，截面草图必须与点 P0、P1 对齐。绘制完成后，单击"完成"按钮 。

Step6. 单击操控板中的 按钮，完成特征的创建。

a）草绘平面与屏幕平行　　　　　　　　　　b）草绘平面与屏幕不平行

图 4.4.19　截面草图

4.4.8　可变截面扫描特征应用范例 1——异形壶的设计

图 4.4.20 所示的模型是用可变截面扫描特征创建的异形壶，这是一个关于可变截面扫描特征的综合练习，下面介绍其操作过程。

Step1. 将工作目录设置至 D:\proewf5.2\work\ch04.04，打开文件 tank.prt。在打开的文件中，基准曲线 0、基准曲线 1、基准曲线 2、基准曲线 3 和基准曲线 4 是一般的平面草绘曲线，基准曲线 5 是用方程创建的螺旋基准曲线。

Step2. 创建可变截面扫描特征。选择下拉菜单 插入(I) ➡ 可变截面扫描(V)... 命令；在操控板中按下"实体"类型按钮 ；在图 4.4.21 中，先选取基准曲线 0，然后按住 Ctrl 键选取基准曲线 1～基准曲线 5；在操控板中单击 参照 选项卡，选中"链 5"中的 X 栏，此时的"参照"界面如图 4.4.22 所示；在操控板中单击"草绘"按钮 ，进入草绘环境后，创建图 4.4.23 所示的截面草图；完成后单击"完成"按钮 ☑；在操控板中单击 ☑∞ 按钮，预览所创建的特征；单击"完成"按钮 ☑。

图 4.4.20　练习

图 4.4.21　选择曲线

注意：

- P1、P2、P3 和 P4 是曲线 1、曲线 2、曲线 3 和曲线 4 的端点，为了使这 4 条曲线能够控制可变扫描特征的形状，截面草图必须与点 P1、P2、P3 和 P4 对齐。

- 曲线 5 是一条具有 15° 旋转角的螺旋曲线。

图 4.4.22　"参照"界面

图 4.4.23　截面草图

Step3. 对模型的侧面进行圆角。选择下拉菜单 插入(I) ➡ 倒圆角(D)... 命令；选取图 4.4.24 所示的 4 条边线，圆角半径值为 15.0。

Step4. 对图 4.4.25 所示的模型底部进行圆角，圆角半径值为 20.0。

Step5. 创建抽壳特征。选择下拉菜单 插入(I) ➡ 壳(L)... 命令；要去除的面如图 4.4.26 所示，抽壳厚度值为 8.0。

图 4.4.24　侧面圆角

图 4.4.25　底部圆角

图 4.4.26　抽壳特征

4.4.9 可变截面扫描特征应用范例 2——转向盘的设计

练习概述：转向盘中的波浪造型是通过可变截面扫描特征创建的，其截面是由关系式控制的，运用得很巧妙。零件模型如图 4.4.27 所示。

图 4.4.27 零件模型

说明：本范例的详细操作过程请参见随书光盘中 video\ch04.04.09\文件下的语音视频讲解文件。模型文件为 D:\proewf5.2\work\ch04.04\INSTANCE_WHEEL。

4.5 轴 特 征

在 插入(I) 下拉菜单的 高级(V)▶ 子菜单下有 6 个工程特征，分别为 轴(S)...、唇(L)...、法兰(G)...、环形槽(K)...、耳(E)... 和 槽(L)... 特征，如图 4.5.1 所示。这些特征是一些基本特征的组合，使用起来并不复杂而且可以加快建模时间。与圆角、倒角、抽壳等构建类特征相似，这 6 个特征也属于构建特征，需要在其他伸出项特征（如伸出项拉伸特征）之上进行构建，所以当模型中没有任何伸出项特征时，这 6 个特征在菜单上呈灰色，不可使用。

另外，在默认情况下，这 6 个特征命令在 高级(V)▶ 子菜单中是不可见的，要使它们可见，需在配置文件 config.pro 中配置选项 allow_anatomic_features，并且在"选项对话框"中将该选项的值设为 yes，如图 4.5.2 所示。

图 4.5.1 "高级"子菜单

图 4.5.2 "选项"对话框

说明：

● 选择下拉菜单 工具(T) ➡ 选项(O) 命令，可以设置文件 config.pro。

● 可将文件 config.pro 保存在 Pro/ENGINEER 安装目录下的\text 子目录中。

下面首先介绍 插入(I) 的 高级(V)▶ 子菜单下的 轴(S)... 特征。

创建轴（Shaft）特征与草绘孔（Hole）特征较相似，都必须先草绘旋转截面图，然后将其放置在模型上产生特征。与草绘孔不同的是，轴特征是从模型上长出材料，而草绘孔特征是从模型中移除材料。下面以图 4.5.3 所示的"轴"特征为例进行说明。

图 4.5.3　"轴"特征

Step1. 设置工作目录和打开文件。

（1）选择下拉菜单 文件(F) ➡ 设置工作目录(W)... 命令，将工作目录设置至 D:\proewf5.2\work\ch04.05。

（2）选择下拉菜单 文件(F) ➡ 打开(O)... 命令，打开文件 shaft.prt。

Step2. 选择下拉菜单 插入(I) ➡ 高级(V)▶ ➡ 轴(S)... 命令，系统弹出图 4.5.4 所示的"轴:草绘"对话框。

Step3. 选取中心轴线的定位方式，在图 4.5.5 所示的菜单管理器中选择 Linear (线性) ➡ Done (完成) 命令。

Step4. 绘制图 4.5.6 所示的截面图形，完成后单击 ✓ 按钮。

创建截面图形时，应注意：

● 必须先绘制一条竖直中心线；

● 截面图形只能在中心线一侧绘制；

● 特征完成后，系统将特征截面的最顶层置于放置平面上。

图 4.5.4　"轴:草绘"对话框

图 4.5.5　菜单管理器

图 4.5.6　截面图形

Step5. 在系统 选取放置平面 的提示下，选取图 4.5.3 所示的圆轴特征的放置平面（此处的放置平面与草绘截面的顶面对齐）。

Step6. 在系统 为标尺寸选择两边，轴，平曲面或基准 的提示下，选取图 4.5.3 所示的第一参照面，然后在 与参考的距离 的文本框中输入距离值 40.0，并单击 ✓ 按钮。

Step7. 在系统 选取第二参照 的提示下，选取图 4.5.3 所示的第二参照面，然后在 与参考的距离 的文本框中输入距离值 35.0，并单击 ✓ 按钮。

Step8. 单击特征信息对话框中的 预览 按钮，再单击"重画"命令按钮 📷，预览所创建的轴特征，然后单击 确定 按钮。

Step9. 保存零件模型文件。

说明：在图 4.5.5 所示的菜单管理器中，若选择 Linear（线性） 或 Radial(径向) 命令，则需在信息窗口内输入相应的数值以定位中心轴线。若选择 Coaxial（同轴） 或 On Point（在点上） 命令，则需选取所需的轴线或点以定位中心轴线。

4.6 唇 特 征

4.6.1 唇特征的一般创建过程

唇（Lip）特征是通过沿着所选模型边偏移匹配曲面来构建的，唇特征既可以是切削（减材料）特征，也可以是伸出项（加材料）特征。在产品设计中，唇特征通常用于上下两个零件边缘的连接。

在下面的例子中，将在两个相互配合的零件上分别创建唇特征，然后将这两个零件装配起来检查其配合的情况，下面说明其操作过程。

Stage1. 在 lip_inner.prt 上创建图 4.6.1 所示的外唇特征

Step1. 将工作目录设置至 D:\proewf5.2\work\ch04.06，打开文件 lip_inner.prt。

Step2. 选择下拉菜单 插入(I) ➡ 高级(V)▸ ➡ 唇(L)... 命令。

Step3. 选取形成唇的轨迹边。

（1）在图 4.6.2 所示的"边选取"菜单中选择 Chain（链） 命令。

图 4.6.1 创建外唇特征 图 4.6.2 "边选取"菜单

（2）在系统 从链中选取一条边。 的提示下，选取图 4.6.3 中的模型外侧的边线为轨迹边，然后选择 Done (完成) 命令。

Step4. 选取要偏移的匹配曲面。在系统 选取要偏移的曲面(与加亮的边相邻). 的提示下，选取图 4.6.4 中的模型表面。

Step5. 输入从所选曲面开始的唇偏移（即唇高）。在系统 输入偏移值(abs.值> 0.0237) 的提示下，输入偏距值 6，并单击 ✓ 按钮。

Step6. 输入从所选边到拔模曲面侧的偏移。在 输入从边到拔模曲面的距离(abs.值> 0.0237) 的提示下，输入距离值 5，并单击 ✓ 按钮。

Step7. 选取拔模参照平面。系统弹出图 4.6.5 所示的"设置平面"菜单，在系统 选取拔模参照曲面. 的提示下，选取图 4.6.4 中的模型表面。

Step8. 输入拔模角度。在系统 输入拔模角 的提示下，输入拔模角度值 10，并单击 ✓ 按钮。

图 4.6.3　选取"边"

图 4.6.4　选取"面"

图 4.6.5　"设置平面"菜单

说明：

- 如果唇高输入正值，则唇特征为伸出项（加材料）特征；如果唇高输入负值，则唇特征为切口特征（减材料）。在本例中，由于唇高输入正值，所以唇特征创建后的模型的总高为 76（模型的原始高为 70），唇的高度值为 6。

- 图 4.6.6 所示为唇特征参数的示意图。

  ☑ 生成的唇特征的表面⑥具有与匹配曲面相同的形状。

  ☑ 唇的偏移的方向是由垂直于参照平面的方向确定的。拔模角度是参照平面法向和唇的侧曲面之间的角度。

①形成唇的轨迹边
②匹配曲面
③唇偏移（唇高）
④侧偏移
⑤拔模角度
⑥唇的表面

图 4.6.6　唇特征参数

- 如果唇特征的匹配曲面是平面，可以选取匹配曲面作为拔模参照平面（本例中的拔模参照平面就是匹配曲面）。但如有下列情况，则必须选择其他的平面为拔模参照平面。

  ☑ 匹配曲面不是平面。

  ☑ 欲使唇特征的创建方向不垂直于匹配曲面，此时唇特征会被扭曲。匹配曲面的法线与参照平面的法线的夹角越小，唇特征几何扭曲就越小。

Stage2. 在 lip_outer.prt 上创建图 4.6.7 所示的内唇特征

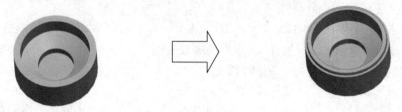

图 4.6.7　创建内唇特征

打开文件 lip_outer.prt，选择下拉菜单 插入(I) ➡ 高级(V)▶ ➡ 唇(L)... 命令。后面的操作可以采用如下两种方法进行。

方法一（推荐）：选取图 4.6.8 中模型外面的边线为轨迹边，唇高值为 - 6.0，侧偏移距离值为 5.0，其他参数与 Stage1 相同。采用该方法将两个零件装配后，装配模型的总高度为两个零件高度之和（140.0）。

方法二（可选）：选取图 4.6.8 中模型里面的边线为轨迹边，唇高值为 6，侧偏移距离值为 9.06，其他参数与方法一相同。采用该方法装配后，装配模型的总高度为两个零件高度之和再加上唇高 6.0（146.0）。

关于侧偏移距离值 9.06 的计算说明。

- 本例中的侧偏移距离值设为 9.06 时，两个零件装配后会正好吻合（参见 Stage3）。侧偏移距离值 9.06 的计算方法参见图 4.6.9 所示的截面草图，该草图是在 Pro/ENGINEER 的二维截面草绘模块中绘制的，是前面已完成的唇特征 lip_inner.prt 的截面图。

  ☑ 需在系统配置文件 config.pro 中将选项 sketcher_dec_places 的值设为 2，草绘尺寸才会显示两位小数。

  ☑ 由于未加尺寸 9.06 前，图 4.6.9 所示的草图已经完全约束，所以要么尺寸 9.06 以参照尺寸的形式进行标注，要么先将草图中的任意某个尺寸变为参照尺寸，然后再正常标注尺寸 9.06。

- 使用 Pro/ENGINEER 的测量分析功能，对已完成唇特征的 lip_inner.prt 进行距离测量，也能获得侧偏移距离值 9.06（即 9.05682 的四舍五入值），如图 4.6.10 所示。（注意：在"距离"对话框中取消选中 □ 使用中心 复选框，如图 4.6.10b 所示）

图 4.6.8　选取"边线"

图 4.6.9　截面草图

a）测量模型

b）"距离"对话框

图 4.6.10　偏移距离值 9.06 的测量

Stage3．装配检验

Step1．新建一个装配体模型，文件名为 lip_asm.asm，采用 `mmns_asm_design` 模板。

Step2．装配第一个零件。选择下拉菜单 `插入(I)` ➡ `元件(C)▸` ➡ `装配(A)...` 命令，然后打开文件 lip_inner_ok.prt，在"元件放置"操控板的"约束"类型下拉列表中选择 `缺省` 选项将其固定，然后单击 按钮。

Step3．装配第二个零件。选择下拉菜单 `插入(I)` ➡ `元件(C)▸` ➡ `装配(A)...` 命令，打开文件 lip_outer_ok.prt，依次定义第一个约束 `对齐`、第二个约束 `配对`，如图 4.6.11 a 所示。

Step4．单击操控板中的 按钮。

Step5．创建一个装配体的 X 截面（剖切面），从图 4.6.11b 中可以看出两个带有唇特征的零件完全吻合。

约束 2：这两个平面匹配

约束 1：这两条轴线对齐

a）装配前   b）装配后

图 4.6.11   装配零件

4.6.2   唇特征应用范例——显示器唇口的设计

下面以图 4.6.12 所示的唇特征为例进行练习。

放大图

图 4.6.12   唇特征提高练习

Step1. 设置工作目录和打开文件。

（1）选择下拉菜单 `文件(F)` ➡ `设置工作目录(W)...` 命令，将工作目录设置至 D:\proewf5.2\work\ch04.06。

（2）选择下拉菜单 `文件(F)` ➡ `打开(O)...` 命令，打开文件 display.prt。

Step2. 选择下拉菜单 `插入(I)` ➡ `高级(V)▶` ➡ `唇(L)...` 命令。

Step3. 选取形成唇的轨迹边。

（1）在菜单管理器中选择 `Chain（链）` 命令。

（2）选取图 4.6.13 中的整圈边线，并选择 `Done（完成）` 命令。

Step4. 选取要偏移的曲面。选取图 4.6.14 中的模型表面。

放大图   选取此面

放大图

选取此整圈边

图 4.6.13   选取"轨迹边"   图 4.6.14   选取"偏移的面"

Step5. 输入从所选曲面开始的唇偏距值 3.0，并单击 ☑ 按钮。

Step6. 输入侧偏移（从所选边到拔模曲面）距离值 2.8，并单击 ☑ 按钮。

Step7. 选取 FRONT 基准平面为拔模参照平面。

Step8. 输入拔模角度值 5.0，并单击 ✔ 按钮。

Step9. 保存零件模型文件。

4.7　法　兰　特　征

法兰（Flange）特征是附着在模型其他旋转表面上的旋转特征。在零件建模中，法兰特征经常用于在模型上构建旋转形的伸出项（加材料）特征（如轴上的轴肩）。图 4.7.1 所示是一个法兰特征，下面介绍其创建过程。

Step1. 将工作目录设置至 D:\proewf5.2\work\ch04.07，打开文件 flange.prt。

Step2. 选择下拉菜单 插入(I) ➡ 高级(V)▶ ➡ 法兰(G)... 命令。

图 4.7.1　法兰特征

Step3. 设定截面的旋转角度和旋转类型。系统弹出图 4.7.2 所示的"选项"菜单，选择 360 (360) ➡ One Side (单侧) ➡ Done (完成) 命令。

Step4. 定义草绘平面。

（1）在图 4.7.3 所示的"设置平面"菜单中选择 Setup New (新设置) ➡ Plane (平面) 命令，此时系统提示 ⇩选取或创建一个草绘平面。，选取 FRONT 基准平面为草绘平面；选择 Okay(确定) ➡ Default (缺省) 命令。

（2）在草绘环境中，绘制一条中心线作为特征的旋转轴，然后绘制图 4.7.4 所示的截面草图（截面必须开放，且其端点须与附着特征的表面对齐）；单击"完成"按钮 ✔，完成法兰特征的创建。

图 4.7.2　"选项"菜单

图 4.7.3　"设置平面"菜单

图 4.7.4　截面草图

4.8 环形槽特征

环形槽（Neck）特征的特性、创建方法和步骤与法兰特征基本相同，两者的区别在于：环形槽特征是切削（减材料）特征，即从模型上减去材料，而法兰特征是在模型上增加材料。环形槽特征常常用于创建轴上的轴颈、退刀槽和密封槽等。图 4.8.1 所示是一个带有环形槽特征的曲轴，下面介绍该环形槽特征的创建过程。

图 4.8.1　环形槽特征

Step1. 将工作目录设置至 D:\proewf5.2\work\ch04.08，打开文件 neck.prt。

Step2. 选择下拉菜单 插入(I) ➡ 高级(V)▶ ➡ 环形槽(K)... 命令。

Step3. 设定截面的旋转角度、旋转类型。系统弹出图 4.8.2 所示的菜单管理器中的"选项"菜单，选择 360 (360) ➡ One Side (单侧) ➡ Done (完成) 命令。

Step4. 定义草绘平面。

（1）在菜单管理器中选择 Setup New (新设置) ➡ Plane (平面) 命令，选取 RIGHT 基准平面为草绘平面；选择 Okay(确定) ➡ Default (缺省) 命令。

（2）在草绘模式下，绘制一条中心线作为特征的旋转轴，然后绘制图 4.8.3 所示的截面草图（截面必须开放，且其端点须与附着特征的表面对齐）；单击"完成"按钮 ☑，完成环形槽特征的创建。

图 4.8.2　"选项"菜单

图 4.8.3　截面草图

4.9 耳 特 征

耳（Ear）特征是附着在模型某个特征的表面上，并从该表面的边线处向外产生一个类似拉伸特征的伸出项特征，该特征在边线处可以折弯，类似钣金折弯。图 4.9.1 所示是一个耳特征，下面介绍其创建过程。

Step1. 将工作目录设置至 D:\proewf5.2\work\ch04.09，打开文件 ear.prt。

Step2. 选择下拉菜单 插入(I) ➡ 高级(V)▶ ➡ 耳(E)... 命令。

Step3. 选择需要的耳类型。此时系统弹出图 4.9.2 所示的菜单管理器中的"选项"菜单，选择该菜单中的 Variable (可变的) ➡ Done (完成) 命令。

该带弯曲的伸出项特征就是耳特征

图 4.9.1 耳特征

菜单管理器
▼ OPTIONS (选项)
Variable (可变的)
90 deg tab (90度角)
Done (完成)
Quit (退出)

图 4.9.2 "选项"菜单

图 4.9.2 所示的"选项"菜单说明如下。

- Variable (可变的)：耳以用户指定的、可修改的角度折弯。
- 90 deg tab (90度角)：指定耳以 90° 折弯。

Step4. 定义特征截面。

（1）选择 Setup New (新设置) ➡ Plane (平面) 命令，系统提示 ➪选取或创建一个草绘平面，选取的草绘平面和方向如图 4.9.3 所示；选择 Okay (确定) ➡ Default (缺省) 命令。

（2）在草绘模式下绘制图 4.9.4 所示的截面草图，然后单击"完成"按钮 ✓。

草绘平面

此表面的背面是耳的附着面

"方向"箭头

图 4.9.3 定义草绘平面和方向

图 4.9.4 截面草图

注意：

- 耳特征的草绘平面可以与耳的附着面成任意角度。
- 耳的截面必须开放，且其端点应与耳的附着面的边线对齐，并且与该边线连接的两条直线必须同该边线垂直。
- 耳特征的长度必须足够用来折弯。

Step5. 输入耳的厚度。在系统 输入耳的深度 的提示下，输入耳的厚度值 1.5，然后按
<Enter>键。

Step6. 输入耳的折弯半径。在 输入耳的折弯半径 的提示下，输入耳的折弯半径值 3，然后按
<Enter>键。

Step7. 输入耳的折弯角。在 输入耳折弯角 的提示下，输入耳的折弯角度值 45，然后按
<Enter>键。

Step8. 完成"耳"特征的创建，保存零件模型文件。

4.10　槽　特　征

槽（Slot）特征是一种去除模型上材料的特征，去除材料的方式有很多，例如用拉伸的
方法去除材料、用旋转的方法去除材料等。图 4.10.1 所示是一个用拉伸的方法去除材料的
槽特征范例，下面介绍其创建过程。

图 4.10.1　槽特征

Step1. 将工作目录设置至 D:\proewf5.2\work\ch04.10，打开文件 slot.prt。

Step2. 选择下拉菜单 插入(I) ➡ 高级(V)▶ ➡ 槽(L)... 命令。

Step3. 选择开槽类型。

（1）在系统弹出的图 4.10.2 所示的菜单管理器中选择 Extrude (拉伸) ➡ Solid (实体)
➡ Done (完成) 命令。

（2）此时系统弹出图 4.10.3 所示的"开槽：拉伸"对话框，在图 4.10.4 所示的菜单管
理器的"属性"菜单中选择 One Side (单侧) ➡ Done (完成) 命令。

图 4.10.2　菜单管理器　　　图 4.10.3　"开槽：拉伸"对话框　　　图 4.10.4　"属性"菜单

Step4. 定义截面草图和开槽深度。

（1）定义截面草绘平面。选择 `Setup New (新设置)` ➡ `Plane (平面)` 命令，此时系统提示 `选取或创建一个草绘平面`，选取的草绘平面和方向如图 4.10.5 所示；选择 `Okay (确定)` ➡ `Default (缺省)` 命令。

（2）在草绘模式下，绘制图 4.10.6 所示的截面草图；单击"完成"按钮 ☑。

（3）在图 4.10.7 所示的菜单管理器中选择 `Blind (盲孔)` ➡ `Done (完成)` 命令，在系统 `输入深度` 的提示下，输入开槽深度值 5，并单击 ☑ 按钮。

Step5. 完成槽特征。在"开槽：拉伸"对话框中单击 `预览` 按钮，再单击"重画"命令按钮 ☑，预览创建的槽特征，然后单击 `确定` 按钮，完成操作。

图 4.10.5　定义草绘平面和方向

图 4.10.6　截面草图

图 4.10.7　菜单管理器

4.11　环形折弯特征

环形折弯（Toroidal Bend）命令是一种改变模型形状的操作，它可以对实体特征、曲面和基准曲线进行环状的折弯变形。图 4.11.1 所示的模型是使用环形折弯命令产生的汽车轮胎，轮胎的创建方法是先在平直的实体上构建切削花纹并进行阵列，然后用环形折弯命令将模型折弯成环形，再镜像成为一个整体轮胎模型。下面介绍其操作过程。

图 4.11.1　模型及模型树

Step1. 新建一个零件模型，命名为 INSTANCE_TYRE.PRT。

Step2. 创建图 4.11.2 所示的实体拉伸特征。选择下拉菜单 命令；设置 FRONT 基准平面为草绘平面，RIGHT 基准平面为参照平面，方向为 右；特征截面草图如图 4.11.3 所示；选择"深度"类型 ⬣，深度值为 600.0。

图 4.11.2　创建实体拉伸特征　　　　　　　图 4.11.3　截面草图（一）

Step3. 添加图 4.11.4 所示的切削特征。单击"拉伸"按钮 ▣ ，然后单击"移除材料"按钮 ▨ ；草绘平面及参照平面如图 4.11.4 所示，参照平面方向为 右；选取图 4.11.5 所示的两条边线为参照；特征截面草图如图 4.11.5 所示；深度类型为 ⬣ ，深度值为 3.0。

图 4.11.4　添加切削特征

图 4.11.5　截面草图（二）

Step4. 创建图 4.11.6 所示的平移复制特征。

（1）选择下拉菜单 编辑(E) ➡ 特征操作(O) 命令。

（2）在菜单管理器中选择 Copy（复制） ➡ Move（移动） ➡ Select（选取） ➡ Independent（独立） ➡ Done（完成）命令，然后选取上一步创建的要复制的切削特征，再选择 Done（完成）命令。

（3）在菜单管理器中选择 Translate（平移） ➡ Plane（平面）命令，再选取图 4.11.7 所示的面作为平移方向参考面，正方向如图 4.11.7 所示；平移距离值为 12.0；选择Done Move（完成移动） ➡ Done（完成） ➡ Done（完成）命令。

（4）在"组元素"对话框中单击 确定按钮，完成复制。

图 4.11.6　平移复制特征

图 4.11.7　平移方向

Step5. 添加图 4.11.8 所示的阵列特征。在模型树中单击 Step4 创建的平移复制特征，再右击，从系统弹出的快捷菜单中选择 阵列... 命令；在操控板中单击 尺寸 按钮，然后单击图 4.11.9 中的引导尺寸 12.0，在"方向 1"的"增量"栏中输入角度增量值 12.0；在操控板的第一方向的阵列个数文本框中输入 49。

Step6. 创建图 4.11.10 所示的环形折弯特征，操作步骤如下。

图 4.11.9　选择引导尺寸　　　　　　　图 4.11.10　创建环形折弯特征

图 4.11.8　添加阵列特征

（1）选择下拉菜单 插入(I) ➡ 高级(V) ➡ 环形折弯(T)... 命令。

（2）在图形区右击，然后在系统弹出的快捷菜单中选择 定义内部草绘... 命令。

（3）选取图 4.11.11 所示的端面为草绘平面，方向如图 4.11.11 所示，接受默认的草绘参照。

（4）进入草绘环境后，先选取图 4.11.12 所示的边线为参照，然后绘制特征截面草图。

（5）创建图 4.11.12 所示的草绘坐标系（几何坐标系）。

图 4.11.11　选取草绘平面　　　　　　图 4.11.12　截面草图（三）

（6）单击 ✓ 按钮，退出草绘环境。

（7）在图 4.11.13 所示的"环形折弯"操控板的"折弯类型"下拉列表中选择 360 度折弯；然后分别单击其后的 单击此处添加项目 字符，并分别选取图 4.11.14 所示的两个端面。

（8）在操控板中单击 参照 按钮，选中 ☑ 实体几何 复选框，单击 ✓ 按钮。

图 4.11.13　"环形折弯"操控板

Step7. 创建图 4.11.15 中所示的 DTM1 基准平面。单击工具栏中的"平面"按钮 ；选取环形折弯特征的端面为参照（图 4.11.16），设置为"偏移"，并输入偏移值 0.0。

图 4.11.14 选取端面

图 4.11.15 创建 DTM1 基准平面

Step8. 添加图 4.11.17 所示的镜像复制特征，操作步骤如下。

（1）选择下拉菜单 `编辑(E)` ➡ `特征操作(O)` 命令。

（2）在菜单管理器中选择 `Copy（复制）` ➡ `Mirror（镜像）` ➡ `All Feat（所有特征）` ➡ `Independent（独立）` ➡ `Done（完成）` 命令。

（3）选择 `Plane（平面）` 命令，再选取 DTM1 基准平面为镜像中心平面；选择 `Done（完成）` 命令。

图 4.11.16 选取曲面

图 4.11.17 添加镜像特征

4.12 管 道 特 征

顾名思义，管道（Pipe）特征命令当然是用来创建管道的，但实际上管道特征命令还可以用来创建实心的（诸如绳索、圆钢之类）特征。管道特征的主要应用，是在装配体中创建连接两个或多个部件的管道零件或实心连接件。创建管道的方法是，当选取一系列点（或创建一系列基准点）后，系统根据此轨迹和用户所给的一些参数（如管道的直径、壁厚和弯曲半径等），自动生成所需要的管道。创建管道的关键是选取基准点，但由于基准点的各种创建方法在前面的章节中已讲述过了，所以本节将不介绍基准点的创建。

在下面的例子中（图 4.12.1），简述了在一个装配体中创建管道零件的基本过程，其主要操作步骤如下。

Step1. 将工作目录设置至 D:\proewf5.2\work\ch04.12，打开文件 pipe.asm。

Step2. 在装配环境下，根据管道的走向创建一系列基准点。为了提高学习效率，读者可以使用装配文件中已经创建好了的基准点 P1、P2、P3、P4、P5、P6、P7 和 P8，如图 4.12.2

所示（需按下"基准点显示"按钮 ，方可看到这些点）。

图 4.12.1　创建管道特征　　　　　　　　图 4.12.2　创建管道前的模型

Step3. 在装配环境下创建管道零件。

（1）新建一个零件。

① 选择下拉菜单 插入(I) ➡ 元件(C)▸

➡ 创建(C)... 命令。

② 在系统弹出的图 4.12.3 所示的"元件
创建"对话框中选中 零件 单选按钮，输入
零件名 pline，然后在该对话框中单击 确定
按钮。

图 4.12.3　"元件创建"对话框

③ 在系统弹出的"创建选项"对话框中选中 复制现有 单选按钮，在 复制自... 区域中
单击 浏览... 按钮，在系统弹出的"选择模板"对话框中打开文件 start.prt，然后在"创建
选项"对话框中单击 确定 按钮。

④ 在图 4.12.4 所示的"元件放置"操控板的 约束类型 下拉列表中，选择 缺省 选项将
其固定，然后在该操控板中单击 ✓ 按钮。

图 4.12.4　"元件放置"操控板

（2）激活零件 pline.prt。在模型树中选择 PLINE.PRT ，然后右击，在系统弹出的快捷菜
单中选择 激活 命令。

（3）在新建零件中创建管道特征。

① 选择下拉菜单 插入(I) ➡ 高级(V)▸ ➡ 管道(P)... 命令。

② 定义管道属性。在系统弹出的图 4.12.5 所示的 ▼ OPTIONS（选项） 菜单中，依次选择 Geometry（几何）➡ Hollow（空心）➡ Constant Rad（常数半径）➡ Done（完成）命令。

③ 定义管道的外径。在系统 输入外部直径 的提示下，输入管道的外径值 23，并按<Enter>键。

④ 定义管道的壁厚。在系统 输入侧壁厚度 的提示下，输入管道的壁厚值 3，并按<Enter>键。

⑤ 定义管道的连接类型（软件中为连接）。在系统弹出的图 4.12.6 所示的 ▼ CONNECT TYPE（连结类型） 菜单中，选择 Single Rad（单一半径）➡ Whole Array（整个阵列）➡ Add Point（添加点）命令。

⑥ 定义管道的折弯半径。依次单击选择基准点 P1、P2 和 P3，在系统 输入折弯半径 的提示下输入管道的折弯半径值 30，并按<Enter>键。

⑦ 完成管道的创建。继续单击选择 P4、P5、P6、P7 和 P8，然后选择 Done（完成）命令。

图 4.12.5 "选项"菜单

图 4.12.6 "连结类型"菜单

Step4. 在新建的管道零件上添加其他特征。

（1）在装配模型树中选取管道零件 □ PLINE.PRT ，然后右击，从系统弹出的快捷菜单中选择 打开 命令。

（2）管道零件 □ PLINE.PRT 被打开，系统便进入零件模式。在零件模式下，在管道零件模型中添加其他特征，如对管道零件两端进行倒角或将两端的壁去薄等。

Step5. 保存管道零件模型，关闭管道零件窗口。

Step6. 保存装配体模型。

4.13 特征阵列的高级操作

4.13.1 填充阵列

填充阵列就是用阵列的成员来填充草绘的区域，如图 4.13.1 所示。

a）阵列前   b）阵列后

图 4.13.1 创建填充阵列

以下说明填充阵列的创建过程。

Step1. 将工作目录设置至 D:\proewf5.2\work\ch04.13，打开文件 pattern_2.prt。

Step2. 在模型树中单击"拉伸 2"切削特征，再右击，在系统弹出的快捷菜单中选择 阵列... 命令。

Step3. 选取阵列类型。在"阵列"操控板 选项 界面的 再生选项 下拉菜单中选择 一般 。

Step4. 选取控制阵列方式。在"阵列"操控板中选择以"填充"方式来控制阵列，此时"阵列"操控板界面如图 4.13.2 所示。

图 4.13.2　"阵列"操控板

图 4.13.2 中各区域的功能说明如下。

A 区域用来为阵列选取不同的栅格模板。

- ▦：以正方形阵列方式来排列成员。
- ◈：以菱形阵列方式来排列成员。
- ▦：以六边形阵列方式来排列成员。
- ⊙：以同心圆形阵列方式来排列成员。
- ◉：以螺旋形阵列方式来排列成员。
- ▦：沿填充区域边界来排列成员。

B 区域用来设置阵列成员中心之间的间距。

C 区域用来设置阵列成员中心和草绘边界之间的最小距离。如果为负值，则表示中心位于草绘边界之外。

D 区域用来设置栅格绕原点的旋转角度。

E 区域用来设置圆形或螺旋栅格的径向间距。

Step5. 绘制填充区域。

（1）在图形区中右击，从系统弹出的快捷菜单中选择 定义内部草绘... 命令，选取图 4.13.3 所示的表面为草绘平面，接受系统默认的参照平面和方向。

（2）进入草绘环境后，绘制图 4.13.4 所示的草绘图作为填充区域。

图 4.13.3　选取草绘平面　　　　　　　图 4.13.4　绘制填充区域

说明：图 4.13.4 所示的圆的定位在此并没有作严格的要求，用户如有需要可对其进行精确定位。

Step6. 设置填充阵列形式并输入控制参数值。在操控板的 A 区域中选择"正方形"作为排列阵列成员的方式；在 B 区域中输入阵列成员中心之间的距离 3.0；在 C 区域中输入阵列成员中心和草绘边界之间的最小距离 0.0；在 D 区域中输入栅格绕原点的旋转角度 0.0。

Step7. 在操控板中单击 ✔ 按钮，完成操作。

4.13.2　表阵列

图 4.13.5 中的几个孔是用"表阵列"的方法创建的。下面介绍其操作方法。

图 4.13.5　创建表阵列

Step1. 将工作目录设置至 D：\proewf5.2\work\ch04.13；打开文件 table.prt。

Step2. 在模型树中选择 中 🗗 拉伸 2 特征，右击，在系统弹出的快捷菜单中选择 阵列... 命令。

Step3. 在图 4.13.6 所示的"阵列"操控板的下拉列表中选择"表"。

Step4. 选择表阵列的尺寸。在操控板中单击 表尺寸 按钮，系统弹出图 4.13.6 所示的"阵列"操控板界面；按住 Ctrl 键，在图 4.13.7 中分别选取尺寸 Φ7、15、10，此时"表尺寸"界面如图 4.13.8 所示。

图 4.13.6　"阵列"操控板

图 4.13.7　选取尺寸

图 4.13.8　"表尺寸"界面

Step5. 编辑表。在操控板中单击 编辑 按钮，系统弹出图 4.13.9 a 所示的"Pro/TABLE"窗口，按照图 4.13.9b 所示的窗口修改值，修改完毕后退出窗口。

Step6. 在操控板中单击 ✓ 按钮，完成操作。

a）修改前　　　　　　　　　　　　　　　　b）修改后

图 4.13.9　"Pro/TABLE"窗口

第5章　特征的变形工具

本章提要　在实际的产品设计过程中，有些零件模型的形状特别复杂，通过一般的特征命令可能很难创建，这就需要用到特征的变形工具。本章将主要介绍几种特征的变形操作工具，包括特征的扭曲、实体自由形状、局部推拉、半径圆顶和剖面圆顶。

5.1　特征的扭曲

5.1.1　进入扭曲操控板

使用特征的扭曲（Warp）命令可以对实体、曲面和曲线的结构与外形进行变换。为了便于学习扭曲命令的各项功能，下面先打开一个图 5.1.1 所示的模型，然后启动扭曲命令，进入其操控板。具体操作如下。

Step1. 设置工作目录和打开文件。将工作目录设置至 D:\proewf5.2\work\ch05.01，打开文件 instance.prt。

Step2. 选择下拉菜单 插入(I) ➡ 🏵 扭曲(W)... 命令。

Step3. 此时屏幕上出现"扭曲"操控板（此时操控板中的各按钮以灰色显示，表示其未被激活）。在系统 选取要扭曲的实体、面组、小平面或曲线。 的提示下，选取图 5.1.1 中的模型。

Step4. 此时，"扭曲"操控板中的各按钮加亮显示（如图 5.1.2 所示），然后就可以选择所需工具按钮进行模型的各种扭曲操作了。

图 5.1.1　模型　　　　　　　　　图 5.1.2　"扭曲"操控板

图 5.1.2 所示"扭曲"操控板中的各按钮说明如下。

A: 启动变换工具;　　B: 启动扭曲工具;　　C: 启动骨架工具;　　D: 启动拉伸工具;

E: 启动折弯工具;　　　F: 启动扭转工具;　　　G: 启动雕刻工具。

- 参照 : 单击该按钮, 在打开的面板中可以设定要进行扭曲操作的对象及其操作参考。
  - ☑ ✓隐藏原件 : 在扭曲操作过程中, 隐藏原始几何体。
  - ☑ 复制原件 : 在扭曲操作过程中, 仍保留原始几何体。
  - ☑ 小平面预览 : 启用小平面预览。
- 列表 : 单击该按钮, 在打开的面板中将列出所有的扭曲操作过程, 选择其中的一项, 图形窗口中的模型将显示在该操作状态时的形态。
- 选项 : 单击该按钮, 在打开的面板中可以进行一些扭曲操作的设置。选择不同的扭曲工具, 面板中显示的内容各不相同。

5.1.2　特征的变换工具

使用变换工具, 可对几何体进行平移、旋转或缩放。下面以打开的文件模型 instance.prt 为例, 说明其操作过程。

Step1. 在操控板中按下"变换"按钮, 操控板进入图 5.1.3 所示的"变换"操作界面, 同时图形区中的模型周围出现图 5.1.4 所示的控制杆和选取框。

图 5.1.3　"变换"操作界面

Step2. "变换"操作。利用控制杆和选取框, 可进行旋转和缩放操作(操作中, 可用多级撤销功能), 下面分别介绍。

- "旋转"操作: 拖动控制杆的某个端点(如图 5.1.5 所示), 可对模型进行旋转。
- "缩放"操作分以下几种情况。
  - ☑ 三维缩放操作: 用鼠标拖动选取框的某个拐角, 如图 5.1.6 a 所示, 可以对模型进行三维缩放。

图 5.1.4 进入"变换"环境

图 5.1.5 "旋转"操作

说明：用鼠标拖动某点的操作方法是，将指针移至某点处，按下左键不放，同时移动鼠标，将该点移至所需位置后再松开左键。

- ☑ 二维缩放：用鼠标拖动边线上的边控制滑块，可以对模型进行二维缩放。
- ☑ 一维缩放：将鼠标指针移至边线上的边控制滑块时，立即显示图 5.1.6b 所示的操作手柄，若只拖动图 5.1.6 b 中的操作手柄的某个箭头，则相对于该边的对边进行一维缩放。

注意：若在进行缩放操作的同时按住<Alt+Shift>键（或在操控板的 缩放 下拉列表中选择 中心 ），则将相对于中心进行缩放。

Step3. 在操控板中单击"完成"按钮 ☑ 。

a）三维缩放　　　　　　　　　　　　　　b）一维和二维缩放

图 5.1.6 "缩放"操作

5.1.3 特征的扭曲工具

使用扭曲（Warp）工具可改变所选对象的形状，如使对象的顶部或底部变尖、偏移对象的重心等。下面以打开的文件模型 instance.prt 为例，说明其操作过程。

Step1. 在操控板中按下"扭曲"按钮 ，操控板进入图 5.1.7 所示的"扭曲"操作界面，同时图形区中的选取框上出现图 5.1.8 所示的控制滑块。

Step2."扭曲"操作。利用选取框可进行不同的扭曲，下面分别介绍。

- ● 将鼠标指针移至选取框的某个拐角处时，该拐角处即显示操作手柄（如图 5.1.9 所示），拖动各箭头可调整模型的形状，其中沿某个边拖动控制滑块的边箭头，可调整模型的形状，如图 5.1.10 所示。

图 5.1.7　"扭曲"操作界面

图 5.1.8　进入"扭曲"环境　　　　　图 5.1.9　在选取框的拐角处操作

- 将鼠标指针移至边线上的边控制滑块时，立即显示图 5.1.11 所示的操作手柄，在平面中或沿边拖动箭头可调整模型的形状。

图 5.1.10　拖动控制滑块的边箭头　　　　图 5.1.11　在选取框的拐角处操作

注意：

若在拖动的同时按住<Alt>键（或在操控板的 扭曲 下拉列表中选择 自由 ），可以进行自由拖动；若按住<Alt+Shift>键（或在操控板的 扭曲 下拉列表中选择 中心 ），则可以相对于中心进行拖动。

Step3. 在操控板中单击"完成"按钮 ✓ 。

5.1.4　骨架工具

骨架（Spline）操作是通过选取模型上的某边线而对模型进行变形操作。下面以打开的文件模型 instance.prt 为例，说明其操作过程。

Step1. 在操控板中按下"骨架"按钮 ，操控板进入图 5.1.12 所示的"骨架"操作界面。

图 5.1.12 "骨架"操作界面

图 5.1.12 所示"骨架操作"界面中的各按钮说明如下。

A: 相对于矩形罩框扭曲。

B: 从中心快速扭曲。

C: 沿轴快速扭曲。

Step2. 定义参照。

（1）在"骨架"操作界面中按下 ⬚ 按钮，然后单击操控板中的 参照 按钮，在图 5.1.13 所示的"参照"界面中单击 细节 按钮，此时系统弹出图 5.1.14 所示的"链"对话框。

图 5.1.13 "参照"界面

图 5.1.14 "链"对话框

（2）选取图 5.1.15 a 所示的模型边线，并单击"链"对话框中的 确定 按钮。

Step3. 完成以上操作后，在图形区的所选边线上出现图 5.1.15 b 所示的若干控制点和控制线。

a）选取模型边线   b）操作前   c）操作后

图 5.1.15 "骨架"操作

Step4. 骨架操作：拖动控制点和控制线可使模型发生变形。

Step5. 在操控板中单击"完成"按钮 ✔。

5.1.5　特征的拉伸工具

使用拉伸（Stretch）工具，可在指定的坐标轴方向对选择的对象进行拉长或缩短。下面以打开的模型 instance.prt 为例，说明其操作过程。

Step1. 在操控板中按下"拉伸"按钮，操控板进入图 5.1.16 所示的"拉伸"操作界面，同时图形区中出现图 5.1.17 所示的选取框和控制柄。

图 5.1.16　"拉伸"操作界面

Step2. 在该界面中选中 比例 复选框，然后输入拉伸比例值 2.0，并按<Enter>键，此时模型如图 5.1.18 所示。

Step3. 可进行如下"拉伸"操作。

- 拖动选取框可以进行定位或调整大小（按住<Shift>键不放，进行法向拖动）。
- 拖动控制柄可以对模型进行拉伸，如图 5.1.19 所示。
- 拖动加亮面，可以调整拉伸的起点和长度。

Step4. 在操控板中单击"完成"按钮。

图 5.1.17　"拉伸"环境　　　图 5.1.18　设置拉伸比例值后　　　图 5.1.19　操作过程

5.1.6　特征的折弯工具

使用折弯（Bend）工具，可以沿指定的坐标轴方向对所选对象进行弯曲，下面说明其操作过程。"折弯"操作界面如图 5.1.20 所示。

图 5.1.20 所示"折弯"操作界面中的各按钮说明如下。

A：切换到下一个轴。

B：反转轴的方向。

C：以 90°增大倾角。

图 5.1.20 "折弯"操作界面

Step1. 将工作目录设置至 D:\proewf5.2\work\ch05.01，打开文件 bend.prt。

Step2. 选择下拉菜单 插入(I) ➡️ 🌀 扭曲(W)... 命令。

Step3. 在系统 ➡️ 选取要根的实体、面组、小平面或曲线。 的提示下，选取图形区中图 5.1.21 a 所示的模型；单击操控板中的 参照 按钮，在"参照"界面的 方向 区域下单击 PRT_CSYS_DEF:F4 (坐标系) 字符，再在模型树中选取 ⬜ RIGHT 基准平面。

Step4. 此时"扭曲"操控板被激活，在操控板中按下"折弯"按钮 🗃️，操控板进入图 5.1.20 所示的"折弯"操作界面，同时图形区中的模型进入"折弯"环境，如图 5.1.21b 所示。

a）选取实体和参照平面   b）进入"折弯"环境   c）设置折弯角度值后   d）操作过程

图 5.1.21 "折弯"操作

Step5. "折弯"操作。

- 在操控板中选中 角度 复选框，输入折弯角度值 120°，并按<Enter>键。此时模型按指定的角度折弯，如图 5.1.21c 所示。

- 拖动控制柄（如图 5.1.22 所示），可以控制折弯角度的大小。

- 拖动图 5.1.21 d 中的面，可以调整拉伸的起点和长度。

- 拖动选取框（按住键盘上的<Alt>键，进行法向拖动）。

图 5.1.22 "折弯"环境中的各元素

- 拖动轴心点或拖动斜箭头（如图 5.1.22 所示），可以旋转选取框。

Step6. 在操控板中单击"完成"按钮 ✔️。

5.1.7　特征的扭转工具

使用扭转（Twist）工具可将所选对象进行扭转。下面以模型 instance.prt 为例，说明其操作过程。

Step1. 将工作目录设置至 D:\proewf5.2\work\ch05.01，打开文件 instance.prt。

Step2. 选择下拉菜单 插入(I) ➡ 扭曲(W)... 命令。

Step3. 在系统 选取要扭曲的实体、面组、小平面或曲线。 的提示下，选取图形区中的模型；单击操控板中的 参照 按钮，在"参照"界面的 方向 区域下单击 PRT_CSYS_DEF:F4(坐标系) 字符，再在模型树中选取 RIGHT 基准平面。

Step4. 在操控板中按下"扭转"按钮，操控板进入图 5.1.23 所示的"扭转"操作界面，同时图形区中的模型进入"扭转"环境，如图 5.1.24 a 所示。

图 5.1.23　"扭转"操作界面

图 5.1.23 所示"扭转"操作界面中的各按钮说明如下。

A：切换到下一个轴。

B：反转轴的方向。

Step5. 扭转操作。

● 拖动图 5.1.24 b 中的控制柄可以进行扭转。

● 拖动面调整拉伸的起点和长度，拖动选取框进行定位（按住<Shift>键不放，进行法向拖动），如图 5.1.24 c 所示。

Step6. 在操控板中单击"完成"按钮。

a）进入"扭转"环境　　　　b）"扭转"操作　　　　c）进行定位

图 5.1.24　"扭转"操作

5.1.8　特征的雕刻工具

雕刻（Sculpt）操作是通过拖动网格的点而使模型产生变形。下面以打开的文件模型

instance.prt 为例，说明其操作过程。

Step1. 在操控板中按下"雕刻"按钮，操控板进入图 5.1.25 所示的"雕刻"操作界面，同时图形区中的模型进入"雕刻"环境，如图 5.1.26 a 所示。

图 5.1.25 "雕刻"操作界面

图 5.1.25 所示"雕刻"操作界面中的各按钮说明如下。

A：将雕刻网格的方位切换到下一选取框面。

B：应用到选定项目的一侧。

C：应用到选定项目的双侧。

D：对称应用到选定项目的双侧。

E：雕刻网格的行数。

F：雕刻网格的列数。

Step2. 雕刻操作。

（1）在操控板中按下按钮，然后在 文本框中输入雕刻网格的行数 3，在 文本框中输入雕刻网格的列数 3。

（2）拖动网格控制点进行雕刻操作，如图 5.1.26 b 所示。

Step3. 在操控板中单击"完成"按钮。

a）操作前

拖动此控制点进行操作

b）操作后

图 5.1.26 "雕刻" 操作

5.2 实体自由形状

实体自由形状（Solid Free Form）命令是通过网格对实体表面进行变形的一种工具，下面以一个例子说明其一般操作过程。

Step1. 将工作目录设置至 D:\proewf5.2\work\ch05.02，打开文件 solid_free.prt。

Step2. 选择下拉菜单 插入(I) ➡ 高级(V)▶ ➡ 实体自由形状(F)... 命令。

Step3. 系统弹出图 5.2.1 所示的 ▼ FORM OPTS (形式选项) 菜单，选择 Pick Surf (选出曲面)
➡ Done (完成) 命令。

通过在平面上草绘图形来定义自由形状的边界
通过选取某个曲面来定义自由形状的边界

图 5.2.1　"形式选项"菜单

Step4. 此时系统弹出图 5.2.2 所示的信息对话框，并提示 ⇨ 为自由印贴特征选取基础曲面. ，选取图 5.2.3 所示的模型表面为要变形的曲面。

图 5.2.2　信息对话框

选取此模型表面

图 5.2.3　选取变形表面

Step5. 在系统 输入在指定方向的控制曲线号 ☑✕ 的提示下，分别输入所选曲面上第一、第二方向的网格线数量 7 和 6。

Step6. 在 移动平面 平面区域选中 ☑ 法向 复选框。

Step7. 定义变形区域。

（1）系统弹出图 5.2.4 所示的"修改曲面"对话框，在 ▼ 区域 栏的 第一方向 中选中 区域 复选框，此时系统提示 ⇨ 在绿色箭头所指的方向上选取两条控制曲线. ，按住<Ctrl>键，在变形曲面上选取第一方向的两条控制曲线，如图 5.2.5 所示。

（2）在 第二方向 中选中 区域 复选框，并在 ⇨ 在暗红色箭头所指的方向上选取两条控制曲线. 的提示下，按住 Ctrl 键，在曲面上选取第二方向的两条控制曲线，如图 5.2.6 所示。

Step8. 系统提示 ⇨ 选取要移动的点. ，在曲面上拖移控制点，如图 5.2.7 所示。完成以上操作后，在"修改曲面"对话框中单击 ✔ 按钮。

Step9. 单击信息对话框中的 预览 按钮，再单击"重画"命令按钮 ▣ ，预览所创建的"实体自由形状"特征；然后单击 确定 按钮，完成特征的创建，结果如图 5.2.8 所示。

图 5.2.4　"修改曲面"对话框

图 5.2.6　选取第二方向的两条控制曲线

图 5.2.7　拖移控制点

图 5.2.5　选取第一方向的两条控制曲线

图 5.2.8　特征创建结果

5.3　局　部　推　拉

　　局部推拉（Local Push）命令是通过绘制草图而对模型表面进行局部变形，下面以一个例子说明其一般操作过程。

　　Step1. 将工作目录设置至 D:\proewf5.2\work\ch05.03，打开文件 local_push.prt。

　　Step2. 选择下拉菜单 插入(I) ➡ 高级(V)▶ ➡ 局部推拉(O)... 命令。

　　Step3. 草绘局部推拉边界。在系统 ⇨选取或创建一个草绘平面· 的提示下，选择 DTM1 基准平面为草绘平面（如图 5.3.1 所示），然后单击 Default (缺省) 命令，进入草绘器后，绘制图 5.3.2 所示的圆，然后单击"完成"按钮 ✔，退出草绘器。

　　Step4. 选取应用局部推拉的曲面。在系统 ⇨选取受拉伸影响的曲面· 的提示下，选取图 5.3.3 所示的模型表面为局部推拉的曲面。

　　Step5. 修改局部推拉。在模型树中选择 局部拉伸 标识101，然后右击，在系统弹出的快

捷菜单中选择 编辑 命令。此时，模型上显示图 5.3.4 所示的尺寸值。

图 5.3.1　设置草绘平面

图 5.3.2　截面草图

图 5.3.3　选取局部推拉的曲面

说明：尺寸 7.5 为凸起物的顶点到 DTM1 的距离，而变形平面到 DTM1 的距离值为 9。

（1）将尺寸 7.5 改为 4.0 时，由于距离更小，所以凸起物更高，模型再生后，如图 5.3.5 所示。

（2）将尺寸 7.5 改为 13.0 时，由于 13.0 大于距离 7.5，所以变形后凹下，如图 5.3.6 所示。

图 5.3.4　修改局部推拉

图 5.3.5　尺寸值小

图 5.3.6　尺寸值大

5.4　半 径 圆 顶

使用半径圆顶（Radius Dome）命令可以对模型表面产生具有一定半径的圆顶盖状的变形，下面以一个例子说明其一般操作过程。

Step1. 将工作目录设置至 D:\proewf5.2\work\ch05.04，打开文件 radius_dome.prt。

Step2. 选择下拉菜单 插入(I) ➡ 高级(V)▶ ➡ 半径圆顶(R)... 命令。

Step3. 选取要创建圆顶的曲面。在系统 ◆选取圆顶的曲面· 的提示下，选取图 5.4.1 所示的表面 1 为要创建圆顶的曲面。

注意：圆顶曲面必须是平面、圆环面、圆锥或圆柱。

Step4. 选取基准平面、平面曲面或边，作为其参照。在系统 ◆选择基准平面或边· 的提示下，选取图 5.4.1 所示的表面 2 为参照。

Step5. 输入圆盖半径。在系统 圆面的半径 28 ☑ × 的提示下，输入圆盖的半径值 28.0，并按<Enter>键；结果如图 5.4.2 所示。

注意：

● 半径值为负，生成凹的圆顶。

● 如图 5.4.3 所示，Pro/ENGINEER 使用两个尺寸创建圆顶曲面，即圆顶弧半径和从该弧到参照基准平面或边的距离。圆顶半径是穿过圆顶曲面两边的弧半径。因此，较大的半径值导致原始曲面形成更小的仰角。放置尺寸将影响圆顶陡度。圆顶弧与圆顶曲面中间越近，圆顶仰角就越小。

● 在非矩形曲面上，Pro/ENGINEER 把圆顶裁剪到零件边。

图 5.4.1　选取要创建圆顶的曲面以及参照

图 5.4.2　操作结果

图 5.4.3　半径圆顶特征

5.5　剖　面　圆　顶

使用剖面圆顶（Section Dome）命令可以对模型表面产生具有一定剖面形状的圆顶变形，根据圆顶的剖面形状，剖面圆顶分为扫描类型的剖面圆顶和混合类型的剖面圆顶。

5.5.1　扫描类型的剖面圆顶

下面以图 5.5.1 中的模型为例，说明扫描类型的剖面圆顶的一般创建过程。

a）"剖面圆顶"前　　　　　　　　b）"剖面圆顶"后

图 5.5.1　扫描类型的剖面圆顶

Step1. 将工作目录设置至 D:\proewf5.2\work\ch05.05，打开文件 sweep_dome.prt。

Step2. 选择下拉菜单 插入(I) ➡ 高级(V)▶ ➡ 剖面圆顶(C)...命令。

Step3. 系统弹出图 5.5.2 所示的 ▼ OPTIONS（选项）菜单，选择默认的 Sweep（扫描）➡ One Profile（一个轮廓）➡ Done（完成）命令。

Step4. 在系统 ➡ 选取圆顶的曲面. 的提示下，选取图 5.5.3 所示的模型表面 1。

Step5. 创建圆顶的"轮廓"——曲线 1。圆顶的"轮廓"其实就是扫描的轨迹。

（1）在系统 ➡ 选取或创建一个草绘平面. 的提示下，选取图 5.5.3 所示的模型表面 2 为草绘平面，然后在菜单管理器中选择 Okay(确定) ➡ Default（缺省）命令。

（2）接受默认参照，再选取图 5.5.4 所示的三个平面为草绘参照。

（3）用"样条曲线"命令绘制曲线 1（如图 5.5.4 所示），然后单击 ✓ 按钮，完成"轮廓"的绘制。

图 5.5.2　"选项"菜单

图 5.5.3　选取平面

Step6. 创建圆顶的"剖面"——曲线 2。

（1）系统接着提示 ⇨选取或创建一个草绘平面. ，选取图 5.5.3 所示的模型表面 3 为草绘平面，然后在菜单管理器中选择 Okay（确定） ➡ Default（缺省）命令。

（2）选取图 5.5.5 中的三个平面为参照，然后用样条曲线命令绘制曲线 2，并单击 ✔ 按钮，完成"剖面"的绘制。"剖面圆顶"后的模型如图 5.5.1 b 所示。

图 5.5.4　"轮廓"草图

图 5.5.5　"剖面"草图

5.5.2　混合类型的剖面圆顶

下面以图 5.5.6 中的模型为例，说明混合类型的剖面圆顶的一般创建过程。

a）"剖面圆顶"前　　　　　　　　b）"剖面圆顶"后

图 5.5.6　混合类型的剖面圆顶

Step1. 将工作目录设置至 D：\proewf5.2\work\ch05.05，打开文件 blend_dome.prt。

Step2. 选择 插入(I) ➡ 高级(V)▶ ➡ 剖面圆顶(C)...命令，然后在 ▼OPTIONS（选项）菜单中选择 Blend（混合） ➡ No Profile（无轮廓） ➡ Done（完成）命令。

Step3. 在系统 ⇨选取圆顶的曲面. 的提示下，选取图 5.5.7 中的模型表面 1。

Step4. 创建圆顶的混合曲线 1。

（1）系统提示 ，选取图 5.5.7 所示的模型表面 2 为草绘平面，然后在菜单管理器中选择 **Okay (确定)** ➡ **Default (缺省)** 命令。

（2）选取图 5.5.8 中的三个平面为参照，然后用样条曲线命令绘制曲线 1，完成后单击 ☑ 按钮。

Step5. 创建圆顶的混合曲线 2。

（1）系统弹出 ▼ OFFSET (偏移) 菜单，选择 **Enter Value (输入值)** 命令，并在 ▭ 的提示下输入偏距值 30.0，并按<Enter>键。

图 5.5.7 选择平面

图 5.5.8 圆顶的混合曲线 1

（2）选取图 5.5.9 中的三个平面为参照，绘制曲线 2，完成后单击 ☑ 按钮。

（3）在图 5.5.10 所示的"确认"对话框的提示下，单击 **否(N)** 按钮。结果如图 5.5.6 b 所示。

选择这三个平面为草绘参照

图 5.5.9 圆顶的混合曲线 2

图 5.5.10 "确认"对话框

第6章　装配高级功能

┌─────────┐
│ **本章提要** │ 　本章将先介绍如何在装配体中创建零件，然后介绍装配的几个高级功
└─────────┘
能，包括挠性元件的装配、装配中的布尔运算操作、元件的替换和骨架零件模型。通过本
章的学习，读者可以进一步掌握装配的技巧，提高产品设计水平。

6.1　在装配体中创建零件

6.1.1　概述

在实际产品开发过程中，产品中的一些零部件的尺寸、形状可能依赖于产品中其他零
部件，这些零件如果在零件模块中单独进行设计，会存在极大的困难和诸多不便，同时也
很难建立各零部件间的相关性。Pro/ENGINEER 软件提供了在装配体中直接创建零部件的功
能，下面用实例说明在装配体中创建零部件的一般操作过程。

6.1.2　在装配体中创建零件举例

如图 6.1.1 所示，现需要在装配体 asm_exercise2.asm 中创建一个用于固定 Socket 零件
的紧固螺钉，操作过程如下。

Step1. 先将工作目录设置至 D:\proewf5.2\work\ch06.01，然后打开文件 ASM_
EXERCISE2.ASM。

Step2. 打开装配体模型文件后，为了使图形区简洁，可关闭除 Body 以外的所有模型中
的基准面；也可使用简化表示功能，保留零件 Socket 和 Body，将其他元件从图形区移去。

Step3. 在图 6.1.2 所示的装配体模型树中，右击 ASM_EXERCISE2.ASM，从弹出的图
6.1.3 所示的快捷菜单中选择 `激活` 命令（如果该对象已经是激活状态，则没有此命令）；
选择下拉菜单 `插入(I)` ➡ `元件(C)▶` ➡ `创建(C)...` 命令。

图 6.1.1　练习 1　　　　　　　　图 6.1.2　模型树　　　　　　　图 6.1.3　快捷菜单

相关说明： 在模型树中启动元件的创建命令，要注意选取合适的对象，否则会出现不同的结果。如图 6.1.4、图 6.1.5 所示，如果通过激活模型树中的 ASM_EXERCISE2.ASM 创建零件固定螺钉 fixing_bolt，则该螺钉属于装配体 ASM_EXERCISE2.ASM；如果通过激活 BOTTLE_ASM.ASM，则该螺钉属于子装配体 BOTTLE_ASM.ASM。

图 6.1.4 结果 1 　　　　　　　　　　　　　　　图 6.1.5 结果 2

Step4. 定义元件的类型及创建方法。

（1）此时系统弹出图 6.1.6 所示的"元件创建"对话框，选中 类型 选项组中的 零件 单选项，选中 子类型 选项组中的 实体 单选项，然后在 名称 文本框中输入文件名 fixing_bolt；单击 确定 按钮。

（2）此时系统弹出图 6.1.7 所示的"创建选项"对话框，选中 创建特征 单选项，并单击 确定 按钮。

图 6.1.6 "元件创建"对话框 　　　　　　　　　图 6.1.7 "创建选项"对话框

相关说明： 在装配体中，零件的创建有如下几种方式（参见图 6.1.7 所示的"创建选项"对话框）。

- 复制现有 单选按钮：从已有的零件中创建一个新的零件，新零件与原零件没有相关关系。通过这种方式创建新零件，可选中 ✓ 不放置元件 复选框（如图 6.1.8 所示），以在装配体中"包装"放置新零件，以后再将新零件装配约束。

- 定位缺省基准 单选按钮：可创建一个零件并进行装配约束。通过这种方式创建新零件，可以避免建立外部参照元素。用户可从装配体中选取参照，以便定位新零件的默认基准平面，选取装配体的参照有三个命令，如图 6.1.9 所示。

- ☑ 三平面 单选按钮：从装配体中选取三个正交基准平面，作为新零件的默认基准平面。

- ☑ 轴垂直于平面 单选按钮：从装配体中选取一个基准平面和垂直于它的轴来定位新零件。

- ☑ 对齐坐标系与坐标系 单选按钮：从装配体的顶级组件中选取一个坐标系来定位新零件。

- 空 单选按钮：创建一个无初始几何形状的空零件，空零件的名称会在模型树中列出。通过这种方式创建新零件，可选中 ☑ 不放置元件 复选框，以在装配体中"包装"放置新零件，以后可添加零件中的特征并创建新零件的装配约束。

- ◎ 创建特征 单选按钮：创建新零件的特征。通过这种方式创建新零件，常常会产生外部参照元素。

图 6.1.8　"复制现有"方式

图 6.1.9　"定位缺省基准"方式

Step5. 创建旋转特征。单击"旋转"按钮 ⊕，设置零件 Body 的 FRONT 基准平面为草绘平面（如图 6.1.10 所示），TOP 基准平面为参照平面，方向为 右 ；选取螺孔特征的边线为草绘参照；绘制图 6.1.11 所示的截面草图；选取旋转角度类型为 ⊥ （即草绘平面以指定的角度值旋转），角度值为 360°。

Step6. 创建该螺钉的其他特征（例如螺钉的螺纹修饰、倒角等）。在模型树中右击FIXING_BOLT.PRT，在系统弹出的快捷菜单中选择 打开 命令，系统进入零件模型环境，即可添加其他零件特征，然后保存。

Step7. 在该装配体中需要两个同样的紧固螺钉 fixing_bolt，其中一个已在装配体中创建并装配完毕，另一个紧固螺钉可装配到装配体上，方法如下。

注意：操作此步骤前，请切换到总装配模型下。

（1）选择 插入(I) ➡ 元件(C)▶ ➡ 装配(A)... 命令，打开 FIXING_BOLT.PRT 文件。

（2）如图 6.1.12 所示，定义第一个装配约束：选择 对齐 ；定义第二个装配约束：选

择 ▇▇配对，偏距值为 14.5。

（3）创建装配体 asm_exercise2.asm 的文件副本。选择 文件(F) ➡️ 保存副本(A)... 命令，在"保存副本"对话框中输入副本文件名 asm_exercise3，单击 确定 按钮。

螺钉的顶部端面与 Body 的此基准面偏距配对

两轴线对齐

图 6.1.10　选取草绘平面　　　　图 6.1.11　截面草图　　　　图 6.1.12　定义装配约束

6.2　挠性元件的装配

Pro/ENGINEER 软件的野火版提供了挠性元件的装配功能。最常见的挠性元件为弹簧，由于弹簧零件在装配前后的形状和尺寸均会产生变化，所以装配弹簧需要较特殊的装配方法和技巧。下面以图 6.2.1 中的弹簧装配为例，说明挠性元件装配的一般操作过程。

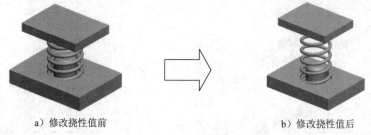

a）修改挠性值前　　　　　　　　　　b）修改挠性值后

图 6.2.1　挠性元件的装配

Stage1. 设置目录

将工作目录设置至 D:\proewf5.2\work\ch06.02，打开文件 spring.prt。

Stage2. 建立关系（注：本步的详细操作过程请参见随书光盘中 video\ch06.02\reference\ 文件下的语音视频讲解文件 spring-r01.avi）

Stage3. 装配图 6.2.2 所示的弹簧

Step1. 打开装配体文件 spring_asm.asm（打开时可以将基准平面全部隐藏）。

Step2. 选择下拉菜单 插入(I) ➡️ 元件(C)▶ ➡️ 装配(A)... 命令，打开零件模型文件 spring.prt。

图 6.2.2　装配弹簧

Step3. 如图 6.2.3 所示，定义第一个约束 ██ 对齐 （SPRING 零件的 TOP 基准平面和
BASE_DOWN 零件的圆柱形特征周围的凹面）；定义第二个约束 ██ 对齐 （两轴线对齐），
在"元件放置"操控板中单击 ✅ 按钮。

Stage4. 将弹簧变成挠性元件（如图 6.2.4 所示）（注：本步的详细操作过程请参见
随书光盘中 video\ch06.02\reference\文件下的语音视频讲解文件 spring-r02.avi）

图 6.2.3 定义装配约束   图 6.2.4 将弹簧变成挠性元件

Stage5. 验证弹簧的挠性

Step1. 在模型树中右击 ┅☐ BASE_UP.PRT 零件，在系统弹出的快捷菜单中选择 编辑定义
命令。

Step2. 系统弹出"元件放置"操控板，在"元件放置"操控板中单击 放置 按钮，系统弹
出图 6.2.5 所示的界面，在此界面中单击 配对 ，然后将"配对偏移值"修改为 50，单击 ✅ 按钮。

图 6.2.5 验证挠性

Step3. 在系统工具栏中单击"再生模型"按钮 ，此时图形区的弹簧零件模型将按新"偏移值"拉长，表明挠性元件——弹簧已成功装配。

6.3　装配中的布尔运算操作

6.3.1　元件合并

元件合并操作就是将装配体中的两个零件合并成一个新的零件。下面以图 6.3.1 为例，说明元件合并操作的一般方法和过程。

a）零件 1 与零件 2　　　　b）装配后进行合并　　　　c）合并后（零件 1+零件 2）

图 6.3.1　元件的合并

Stage1. 设置目录

将工作目录设置至 D: \proewf5.2\work\ch06.03。

Stage2. 创建装配

Step1. 新建一个装配体模型，命名为 merge，采用 `mmns_asm_design` 模板。

Step2. 装配第一个零件（可以将总装配文件的基准平面隐藏）。

Step3. 选择下拉菜单 插入(I) ➡ 元件(C)▶ ➡ 装配(A)... 命令，打开零件 1（PART1）模型文件 part1.prt。

Step4. 在系统弹出的"元件放置"操控板的 放置 界面中，选择 约束类型 下拉列表中的 缺省 选项，将其固定，然后单击 ✓ 按钮。

Step5. 装配第二个零件。

（1）选择下拉菜单 插入(I) ➡ 元件(C)▶ ➡ 装配(A)... 命令，打开零件 2（PART2）模型文件 part2.prt。

（2）如图 6.3.2 所示，定义第一个约束 对齐 （PART1 的 RIGHT 基准平面与 PART2 的 RIGHT 基准平面对齐）；定义第二个约束 对齐 （PART1 的 TOP 基准平面与 PART2 的 FRONT 基准平面对齐），定义第三个约束 配对 （选择图 6.3.2a 所示的两个面）；在"元件放置"操控板中单击 ✓ 按钮。

a）装配前　　　　　　　　　　　　　　　　　b）装配后

图 6.3.2　装配元件

Stage3. 创建合并

Step1. 选择下拉菜单 编辑(E) ➡ 元件操作(0) 命令，系统弹出"元件"菜单，选择 Merge（合并）命令。

Step2. 在系统 选取要对其执行合并处理的零件。 的提示下，选取零件模型 PART1（建议从模型树上选取），并单击"选取"对话框中的 确定 按钮。

Step3. 在系统 为合并处理选取参照零件。 的提示下，选取零件模型 PART2（建议从模型树上选取），并单击"选取"对话框中的 确定 按钮。

Step4. 在弹出的"选项"菜单中选择 Reference（参照）➡ No Datums（无基准）➡ Done（完成）命令。

Step5. 在弹出的"确认"对话框中单击 否(N) 按钮，此时系统再次弹出"确认"对话框，单击 否(N) 按钮，系统返回"元件"菜单中。

Step6. 在"元件"菜单中选择 Done/Return（完成/返回）命令。

Step7. 保存装配体模型。

"选项"菜单中的各选项说明如下。

- 选择 Reference（参照）选项，零件之间保持父子关系，即合并后的新零件将是合并零件的子零件。
  - ☑ No Datums（无基准）：合并时，不包含用来进行合并的零件中的所有基准。
  - ☑ Copy Datums（复制基准）：合并时，将要复制合并零件中的所有基准。
- 选择 Copy（复制）选项，零件之间不保持父子关系。此时菜单中的 No Datums（无基准）和 Copy Datums（复制基准）选项不可以使用。

Stage4. 验证结果

打开零件模型 PART1，可看到此时的 PART1 是由原来的 PART1 和 PART2 合并而成的，如图 6.3.1 c 所示。

6.3.2 元件切除

元件切除操作就是将装配体中的一个零件的体积从另一个零件中减去，从而生成新的零件。下面以图 6.3.3 为例，说明元件切除操作的一般方法和过程。

a）零件 1 与零件 2 　　　　　b）装配后进行切除 　　　　　c）切除后（零件 1－零件 2）

图 6.3.3　元件的切除

Stage1.　设置目录

将工作目录设置至 D:\proewf5.2\work\ch06.03。

Stage2.　创建装配

详细操作过程参见 6.3.1 节中的 Stage2（装配体的文件名为 cut_out）。

Stage3.　创建切除

Step1. 选择下拉菜单 编辑(E) ➡ 元件操作(O) 命令，然后在菜单中选择 Cut Out（切除）命令。

Step2. 在系统 ➡选取要对其执行切出处理的零件 的提示下，从模型树中选取 PART1.PRT，并单击"选取"对话框中的 确定 按钮。

Step3. 在系统 ➡为切出处理选取参照零件 的提示下，从模型树中选取 PART2.PRT，并单击"选取"对话框中的 确定 按钮。

Step4. 在系统弹出的"选项"菜单中选择 Reference（参照） ➡ Done（完成）命令。

Step5. 此时系统弹出"确认"对话框，单击 否(N) 按钮；系统返回"元件"菜单，选择 Done/Return（完成/返回）命令。

Stage4.　验证结果

打开零件模型 PART1，可看到此时的零件 PART1 如图 6.3.3 c 所示。

6.3.3 创建相交零件

创建相交零件就是将装配体中的两个零件互为重叠的体积部分生成新的零件。下面以图 6.3.4 为例，说明其一般操作方法和过程。

a）零件 1 与零件 2   b）装配后创建相交零件   c）零件 3 为相交零件

图 6.3.4　创建相交零件

Stage1. 设置目录

将工作目录设置至 D:\proewf5.2\work\ch06.03。

Stage2. 创建装配

详细操作过程参见 6.3.1 节中的 Stage2（装配体的文件名为 intersect）。

Stage3. 创建相交零件

Step1. 选择下拉菜单 插入(I) ➡ 元件(C)▶ ➡ 创建(C). 命令，在图 6.3.5 所示的对话框中选中 类型 选项组中的 零件 单选项，选中 子类型 选项组中的 相交 单选项，输入文件名 PART3，然后单击 确定 按钮。

Step2. 在 选取第一个零件。 的提示下，在模型树中选取 PART1.PRT 。

Step3. 在 选取零件求交。 的提示下，在模型树中选取 PART2.PRT ，然后单击"选取"对话框中的 确定 按钮，此时系统提示 已经创建交集零件PART3。 。

Step4. 保存装配模型。

Stage4. 验证结果

打开零件模型 PART3，可看到此时的零件模型 PART3 如图 6.3.4c 所示。

6.3.4　创建镜像零件

创建镜像零件就是将装配体中的某个零件相对一个平面进行镜像，从而产生另外一个新的零件。首先打开"元件创建"对话框，如图 6.3.5 所示。然后以图 6.3.6 为例，说明其一般操作方法和过程。

图 6.3.5　"元件创建"对话框

图 6.3.6　创建镜像零件

Stage1. 设置目录

将工作目录设置至 D:\proewf5.2\work\ch06.03。

Stage2. 创建装配

Step1. 新建一个装配体模型，命名为 mirror，选用 `mmns_asm_design` 模板。

Step2. 装配第一个零件。

（1）选择下拉菜单 `插入(I)` ➡ `元件(C)▶` ➡ `装配(A)...` 命令，打开零件模型文件 block.prt。

（2）在系统弹出的"元件放置"操控板的 `放置` 界面中，选择 `约束类型` 下拉列表中的 `缺省` 选项，将其固定，然后单击 `✓` 按钮。

Stage3. 创建镜像零件

Step1. 新建零件。

（1）选择下拉菜单 `插入(I)` ➡ `元件(C)▶` ➡ `创建(C)...` 命令。

（2）在系统弹出的"元件创建"对话框中，选中 `类型` 选项组中的 `● 零件` 单选项，选中 `子类型` 选项组中的 `● 镜像` 单选项，输入文件名 BLOCK_MIR，单击 `确定` 按钮。

Step2. 系统弹出"镜像零件"对话框，并且提示 `选取要进行镜像的零件。`，在模型树中选取 `BLOCK.PRT`。

Step3. 在"镜像零件"对话框的 `平面参照` 区域中单击 `单击此处添加项目` 字符，在系统 `选择一个平面或创建一个基准以其作参照。` 的提示下，选取图 6.3.7 中的 RIGHT 基准平面（此时可以隐藏总装配文件的基准平面），并单击"镜像零件"对话框中的 `确定` 按钮，此时系统提示 `● 成功创建镜像零件。`。

图 6.3.7 选取镜像平面

6.4 元件的替换

下面以装配体 asm_exercise3.asm 为例，说明元件替换的概念。如图 6.4.1 所示，假如当含有零件 body 的装配体创建完毕后，发现零件 body 形状或结构不合适，而此时另一个设计师已经设计好了另一个与 body 作用相同的零件 body_sweep，并且零件 body_sweep 的设计更符合要求，所以希望用该零件替代 body，替换后要求装配体中的装配约束关系、父子关系保持不变，这就是装配体中元件替换的概念。元件的替换也叫元件的互换。

图 6.4.1　元件的替换

6.4.1　元件替换的一般操作过程

下面以在装配体 asm_exercise3.asm 中替换零件 body 为例，说明元件替换的一般操作过程。

Stage1. 创建一个 Interchange（互换）装配模式下的装配文件

Step1. 将工作目录设置至 D:\proewf5.2\work\ch06.04。

Step2. 单击"新建"按钮 ；在"新建"对话框中，选中 类型 选项组中的 组件 单选项，选中 子类型 选项组中的 互换 单选项，然后输入文件名 body_interchange，单击 确定 按钮。

Step3. 分别添加有替换关系的两个元件。

（1）添加 body.prt。选择下拉菜单 插入(I) ➡ 元件(C) ▶ ➡ 装配(A) ▶ ➡ 功能(F) 命令，然后打开文件 body.prt。

（2）添加 body_sweep.prt。

① 继续选择下拉菜单 插入(I) ➡ 元件(C) ▶ ➡ 装配(A) ▶ ➡ 功能(F) 命令。

② 系统弹出文件"打开"对话框，打开文件 body_sweep.prt。

③ 此时系统弹出"元件放置"操控板，在这里可以不对两个元件进行装配约束，而直接单击 ✔ 按钮。

Step4. 定义参照标签。

元件装配实际是通过一系列元件参照和组件参照的对齐、配对等来实现的，所以在一个已装配完成的元件要被替换时，系统需要知道新旧元件间的所有装配参照的对应关系。参照标签正是指明这种对应关系。

特别注意： 定义参照标记前，一定要在原来的装配模型中查看被替换的元件（比如 body.prt）中哪些点、线、面曾被用于参照（包括元件参照和组件参照），在定义的参照标签中要一一将它们与新元件（比如 body_sweep .prt）中相应的点、线、面对应起来，不能有遗漏和弄错，否则在后面的元件替换时，会出现某些元件"丢失参照"的错误提示。

本例中要定义的各参照标签如图 6.4.2 所示。

- mate_tag1：这个标签中的两个平面控制本体盖（body_cap）与本体（body 或 body_sweep）的配对约束装配关系。

- mate_tag2：这个标签中的两个平面控制瓶口座（socket）与本体的配对约束装配关系。

- align_tag1：这个标签中的两条轴线控制本体盖（body_cap）、瓶口座（socket）与本体的轴向对齐约束。

● align_tag2：这个标签中的两条轴线控制瓶口座（socket）与本体的径向对齐约束。

图 6.4.2　定义各参照标签

（1）选择下拉菜单 插入(I) ➡ 📖 参照配对表 (P) 命令，系统弹出图 6.4.3 所示的"参照配对表"对话框。

（2）定义参照标签。

① 在"参照配对表"对话框中单击 ➕ 按钮，在 标签 文本框中输入第一个参照标签名 MATE_TAG1，并按<Enter>键。

② 按住<Ctrl>键，分别选取图 6.4.2 中模型的两个端部平面（图中左边的端面）。

③ 定义其余三个标签。重复与步骤①、②相似的操作。

④ 单击"参照配对表"对话框中的 确定 按钮。

Step5. 保存该"互换"装配模式下的装配文件。

图 6.4.3　"参照配对表"对话框

Stage2．用新元件替换旧元件

Step1．打开装配文件 asm_exercise3.asm。

Step2．选择下拉菜单 编辑(E) ➡ 替换(A)... 命令，系统弹出图 6.4.4 所示的"替换"对话框。

Step3．选取要被替换的元件：在模型树或模型中选择本体（body）。

Step4．进行替换操作。

（1）在图 6.4.4 所示的"替换"对话框中选中 互换 单选按钮。

（2）单击该对话框中的 按钮，系统弹出图 6.4.5 所示的"族树"对话框，将 body_interchange.asm 展开，从中选取 body_sweep.prt，单击 确定 按钮。

图 6.4.4　"替换"对话框　　　　　　图 6.4.5　"族树"对话框

（3）单击"替换"对话框中的 确定 按钮。如果替换失败，请参见下一节的介绍。

6.4.2　替换失败的处理

在上节的 Stage1 中，如果在定义 align_tag2 参照标签时，body.prt 上的轴线选另一个孔的轴线，如图 6.4.2 所示，那么在进行元件替换时，会出现图 6.4.6 所示的"诊断失败"错误提示窗口，一般说来，解决这类问题有下面两种方法。

图 6.4.6　错误提示窗口

注意：图 6.4.2 中的两个孔轴线虽然在同一条直线上，但它们是两个特征孔的轴线，在装配瓶口座（socket）零件时，其中一个孔的轴线在装配体中被用作组件参照，如果创建标签时，选取的不是该孔的轴线，就会产生替换失败。另外，假如这两个孔是同一个特征，就不会出现这种替换失败的问题。

方法一：重新定义缺少的参照。

Step1. 在图 6.4.6 所示的错误提示窗口中单击 确定 按钮，然后在模型树中选中 ☐ **SOCKET.PRT** 并右击，在弹出的快捷菜单中选择 编辑定义 命令。

Step2. 选取缺少的参照：此时系统弹出图 6.4.7 所示的"元件放置"操控板，从该操控板中可看到，瓶口座（socket）与零件 body_sweep 的对齐装配约束中缺少"组件参照"，原因是在定义 align_tag2 参照标签时，body.prt 上的孔的轴线选择有误，从而导致替换后的组件缺少参照。解决办法是，查询选取零件 body_sweep 中相应孔的轴线作为组件对齐参照，在"元件放置"操控板中单击 ✔ 按钮，此时系统提示 成功重定义元件。。

Step3. 参照 Step1 和 Step2 对 body_cap.prt 进行定义。

图 6.4.7   "元件放置"操控板

方法二：重定义参照标签。

Step1. 切换窗口。选择下拉菜单 窗口(W) ➡ BODY_INTERCHANGE.ASM 命令，切换到其窗口环境下。

Step2. 重定义参照标签。

（1）选择下拉菜单 插入(I) ➡ ▦ 参照配对表(T) 命令。

（2）在弹出的对话框中选择 ALIGN_TAG2 参照标签，再选择 参照 区域中的 body，然后查询选取图 6.4.4 所示的孔的轴线；按住<Ctrl>键，选取图 6.4.2 所示的 body_sweep 中的孔的轴线；并保存该"互换"装配模式下的装配文件。

（3）选择下拉菜单 窗口(W) ➡ ASM_EXERCISE3.ASM 命令，切换到其窗口环境下；然后单击 ▣ 按钮，此时系统提示 零件的自动再生己经完成。。

6.5　骨架零件模型简介

6.5.1　概述

骨架零件模型是根据一个装配体内各元件之间的关系而创建的一种特殊的零件模型，或者说骨架是一个装配体的 3D 布局。它是自顶向下设计（Top_Down Design）的一个强有力的工具。如图 6.5.1 所示，图中下面部分是前面练习中的一个装配体，图中上面的部分是该装配体的骨架零件模型，该骨架主要由一些基准面和轴线组成。下面简要介绍一下骨架零件模型的主要作用。

1．作为装配体中各元件的装配参照

例如，图 6.5.1 所示骨架零件中的轴线 CENTER_AXIS，可以作为元件 body、body_cap、socket、bottle_asm 装配约束的中心轴对齐的公共参照，这样可以减少装配体中的父子关系，便于设计的调整和更改。

2．控制装配体的总体尺寸以及为装配体中各元件分配空间尺寸

例如，图 6.5.1 所示的骨架零件中的 DTM3、DTM5 基准平面可以控制开启机的总体高度尺寸，TOP 和 DTM2 基准平面决定了零件 body 的设计空间，DTM4 和 DTM5 基准平面决定了子装配的 bottle_asm 的设计空间。

图 6.5.1　骨架零件模型

通过这种功能，在开始设计一个复杂的产品前，就可以先通过骨架零件确定产品的总体尺寸，并且为产品中的各元件分配好空间尺寸，然后再对各元件进行详细的设计。在进行元件的详细设计时，可以将骨架零件中确定的设计意图传递过来，这就是自顶向下设计的概念和方法。

3．作为装配体中元件的设计界面

例如，电话机的外壳一般是由上、下两个外壳组成，它们都是一个独立的零件模型。在电话机的设计过程中，可以创建一个骨架零件模型，在该骨架中创建一个曲面，作为上、下外壳的设计界面。在设计上、下外壳时，可以分别复制骨架零件模型中的边界面、曲面，这样既可以减少设计工作量，又能保证上、下外壳好好地装配在一起。

4．控制装配体的运动

在骨架零件中可以提前定义一个装配体中各元件间的运动位置关系，并把骨架中的这种运动位置关系传递到实际的装配体中，这样在实际的装配体设计完成以后，可以通过修改骨架中的运动位置关系，就能迅速完成实际装配体的运动修改。

6.5.2　骨架零件模型的创建和应用

下面以图 6.5.2 为例，说明如何创建和使用骨架零件模型。

1．创建一个普通的零件模型

Step1. 新建一个零件模型，文件名为 skeleton，选用 `mmns_part_solid` 模板。

Step2. 将 RIGHT 基准平面改名为 CENTER。

Step3. 创建 CENTER_AXIS 基准轴。单击"创建基准轴"按钮 ；选取 FRONT 和 CENTER 基准平面为参照；将创建的基准轴改名为 CENTER_AXIS。

Step4. 创建基准平面 DTM1。

（1）单击"创建基准平面"按钮 ；选取 TOP 基准平面为参照，偏移值为 20.0。

（2）创建 FIXING_BOLT_AXIS 基准轴。单击"创建基准轴"按钮 ；选取 FRONT 基准平面和 DTM1 基准平面为参照；将创建的基准轴改名为 FIXING_BOLT_AXIS。

Step5. 创建 DTM2 基准平面，参照为 TOP 基准平面，偏移值为 225.5。

Step6. 创建 DTM3 基准平面，DTM3 与 DTM2 基准平面的偏移值为 5.0。

Step7. 创建 DTM4 基准平面，DTM4 与 TOP 基准平面的偏移值为 - 45.0。

Step8. 创建 DTM5 基准平面，DTM5 与 DTM4 基准平面的偏移值为 200.0。

Step9. 保存该零件模型。

图 6.5.2　骨架零件模型

2．创建一个含骨架零件的装配体

Step1. 新建一个装配体模型，文件名为 asm_skeleton，选用 `mmns_asm_design` 模板。

Step2. 在装配体中创建骨架零件模型。

（1）选择下拉菜单 `插入(I)` ➡ `元件(C)▶` ➡ `创建(C)...`命令；在"元件创建"对话框中选中 `骨架模型` 单选按钮，接受系统默认的名称 ASM_SKELETON_SKEL，然后单击 `确定` 按钮。

（2）在弹出的"创建选项"对话框中选中 `复制现有` 单选按钮，再单击 `浏览...` 按钮，查找到前面创建的 skeleton.prt 零件模型，将其打开，然后单击 `确定` 按钮。此时系统在装配体中创建了一个骨架零件模型，模型树如图 6.5.3 所示。

图 6.5.3　模型树

3．传递骨架零件中的设计意图

下面将在含有骨架零件的装配体中创建一个本体零件（body_test）。在创建该本体零件时，将骨架中的设计意图传递给该零件。

Step1. 在装配体中创建一个零件 body_test。

（1）选择下拉菜单 `插入(I)` ➡ `元件(C)▶` ➡ `创建(C)...`命令，要确保 asm_skeleton.asm 处于激活状态。

（2）在弹出的"元件创建"对话框中选中 `零件` 单选项，选中 `子类型` 选项组中的 `实体` 单选按钮，输入零件名 body_test，单击 `确定` 按钮。

（3）在弹出的"创建选项"对话框中选中 `空` 单选项；然后在 `放置` 区域中取消选中 `不放置元件` 复选框；单击 `确定` 按钮。

Step2. 将骨架零件中的设计意图传递给刚创建的本体零件（body_test）。

（1）在模型树中右击 BODY_TEST.PRT，在系统弹出的快捷菜单中选择 `激活` 命令。

（2）选择下拉菜单 `插入(I)` ➡ `共享数据(D)▶` ➡ `复制几何(G)...`命令，系统弹出图 6.5.4

所示的"复制几何"操控板，在该操控板中进行下列操作。

图 6.5.4 "复制几何"操控板

① 在图 6.5.4 所示的"复制几何"操控板中，先确认"将参照类型设置为组件上下文"按钮 被按下，然后单击"仅限发布几何"按钮 （使此按钮为弹起状态）。

② 复制几何。

a）在"复制几何"操控板中单击 参照 按钮，系统弹出图 6.5.5 所示的"参照"界面。

b）单击 参照 文本框中的 单击此处添加项目 字符。

c）在"智能选取栏"中选择"基准平面"，然后选取骨架零件模型中的基准平面 CENTER、TOP、FRONT 和 DTM2。

d）在"智能选取栏"中选择"轴"，然后选取骨架零件模型中的基准轴 FIXING_BOLT _AXIS 和 CENTER_AXIS。

③ 在"复制几何"操控板中单击 选项 按钮，将"选项"设置为 按原样复制所有曲面 。

④ 在"复制几何"操控板中单击"完成"按钮 。

⑤ 完成操作后，所选的基准平面和基准轴便复制到 body_test.prt 中，这样就把骨架零件模型中的设计意图传递到零件 body_test.prt 中。

4. 继续创建含有骨架设计意图的零件

下面将利用从骨架零件模型传递过来的信息（基准面和基准轴），进行本体零件（body_test）其他特征的创建。由于篇幅有限，本例中将只介绍一个薄壁拉伸基础特征和一个孔特征的创建。

Step1. 打开零件 body_test.prt，可看到图 6.5.6 所示的基准平面和基准轴，它们都是从骨架传递过来的信息。

图 6.5.5　"参照"界面　　　　　　　　　　　图 6.5.6　骨架零件

Step2. 创建图 6.5.7 所示的零件基础特征——薄壁实体拉伸特征。单击"拉伸"命令按钮 <kbd>📄</kbd>；按下"薄板"类型按钮 <kbd>□</kbd>；设置 TOP 基准平面为草绘面，FRONT 基准平面为参照面，方向为 <kbd>顶</kbd>；草图的参照为 CENTER 和 FRONT 基准平面；特征截面草图是直径为 29.0 的一个圆；壁厚为 3.0；拉伸方式为 <kbd>⊥</kbd>（即"至曲面"），选取基准平面 DTM2 为终止曲面。

Step3. 创建图 6.5.8 所示的孔特征。选择下拉菜单 <kbd>插入(I)</kbd> ➡ <kbd>🔧 孔(H)...</kbd> 命令；孔放置的主参照为 CENTER 基准平面，然后按住 Ctrl 键选取轴线 fixing_bolt_axis，系统设置放置类型为 <kbd>同轴</kbd>；孔的直径为 4.0，侧 1 和侧 2 的选项均为 <kbd>⇟</kbd>（穿透）。

图 6.5.7　薄壁实体拉伸特征　　　　　　　　图 6.5.8　孔特征

6.6　自顶向下设计鼠标

本节介绍了一个简易鼠标（如图 6.6.1 所示）的主要设计过程，采用的设计方法是自顶向下（Top_down）的方法。许多家用电器（如手机、吹风机和固定电话）都可以采用这种方法进行设计，以获得较好的整体造型。

图 6.6.1　零件模型及模型树

鼠标的设计流程图如图 6.6.2 所示。

图 6.6.2 设计流程图

说明：本节的详细操作过程请参见随书光盘中 video\ch06.06\文件下的语音视频讲解文件。模型文件为 D:\proewf5.2\work\ch06.06\MOUSE。

第7章 模型的外观设置与渲染

本章提要 产品的三维建模完成以后，为了更好地观察产品的造型、结构和外观颜色及纹理情况，需要对产品模型进行外观设置和渲染处理。本章重点介绍渲染过程中的光源、材质和贴图等设置。

7.1 概　　述

7.1.1 关于模型的外观设置与渲染

在创建零件和装配三维模型时，通过单击工具按钮 ⬚、⬚、⬚ 和 ⬚，可以使模型显示为不同的线框（Frame）状态和着色（Shading）状态，但在实际的产品设计中，这些显示状态是远远不够的，因为它们无法表达产品的颜色、光泽和质感等外观特点。要表达产品的这些外观特点，还需要对模型进行必要的外观设置，然后再对模型进行进一步的渲染处理。

1. 模型的外观

在 Pro/ENGINEER 中，可以为产品赋予各种不同的外观，以表达产品材料的颜色、表面纹理、粗糙度、反射、透明度、照明效果及表面图案等。

在实际的产品设计中，可以为产品（装配模型）中的各个零件设置不同的材料外观，其作用如下：

- 不同的零件以不同的颜色表示，则更容易进行分辨；
- 对于内部结构复杂的产品，可以将产品的外壳设置为透明材质，这样便可查看产品的内部结构；
- 为模型赋予纹理外观，可以使产品的图像更加丰富，也使产品的立体感增强；
- 为模型的渲染做准备。

2. 模型的渲染

"渲染"（Rendering）是一种高级的三维模型外观处理技术，就是使用专门的"渲染器"模拟出模型的真实外观效果。在模型渲染时，可以设置房间、设置多个光源、设置阴影、反射及添加背景等，这样渲染后的效果非常真实。

为了使产品的效果图更加具有美感，可以将渲染后的图形文件拿到一些专门的图像处理软件（如 Photoshop）中进行进一步的编辑和加工。

模型渲染时，由于系统需要进行大量的计算，并且在渲染后需要在屏幕上显示渲染效果，所以要求计算机的显卡、CPU 和内存等硬件的性能要比较高。

7.1.2　外观与渲染的主要术语

- Alpha：图像文件中可选的第四信道，通常用于处理图像，就是将图像中的某种颜色处理成透明。注意：只有 TIFF、TGA 格式的图像才能设置 Alpha 通道，常用的 JPG、BMP、GIF 格式的图像不能设置 Alpha 通道。
- 凹凸贴图：单信道材料纹理图，用于建立曲面凹凸不平的效果。
- 凹凸高度：凹凸贴图的纹理高度或深度。
- 颜色纹理：三信道纹理贴图，由红、绿和蓝的颜色值组成。
- 贴花：四信道纹理贴图，由标准颜色纹理贴图和透明度（如 Alpha）信道组成。
- 光源：所有渲染均需要光源，模型曲面对光的反射取决于它与光源的相对位置。光源具有位置、颜色和亮度。有些光源还具有方向性、扩散性和汇聚性。光源的 4 种类型为环境光、远光源（平行光源）、灯泡（点光源）和聚光灯。
- 环境光源：平均作用于渲染场景中所有对象各部分的一种光。
- 远光源（平行光）：远光源会投射平行光线，以同一个角度照亮所有曲面（无论曲面的方位是怎样的）。此类光照模拟太阳光或其他远光源。
- 灯泡（点光源）：光源的一种类型，光从灯泡的中心辐射。
- 聚光灯：一种光源类型，其光线被限制在一个锥体中。
- 环境光反射：一种曲面属性，用于决定该曲面对环境光源光的反射量，而不考虑光源的位置或角度。
- RGB：红、绿、蓝的颜色值。
- 像素：图像的单个点，通过三原色（红、绿和蓝）的组合来显示。
- 颜色色调：颜色的基本阴影或色泽。
- 颜色饱和度：颜色中色调的纯度。"不饱和"的颜色以灰阶显示。
- 颜色亮度：颜色的明暗程度。
- Gamma：计算机显示器所固有的对光强度的非线性复制。
- Gamma 修正：修正图像数据，使图像数据中的线性变化在所显示图像中产生线性变化。

- PhotoRender：Pro/ENGINEER 提供的一种渲染程序（渲染器），专门用来建立场景的光感图像。

- Photolux：Pro/ENGINEER 提供的另一种高级渲染程序（渲染器），实际应用中建议采用这种渲染器。

- 房间：模型的渲染背景环境。房间分为长方体和圆柱形两种类型。一个长方体房间具有四个壁、一个天花板和一个地板。一个圆柱形房间具有一个壁、一个地板和一个天花板。可以对房间应用材质纹理。

7.1.3　外观与渲染的操作菜单

外观的操作菜单位于下拉菜单 工具(T) 中，如图 7.1.1 所示。

渲染的操作菜单位于下拉菜单 视图(V) 中，如图 7.1.2 所示。

图 7.1.1　"工具"下拉菜单

图 7.1.2　"视图"下拉菜单

7.2　模型的外观

7.2.1　"外观管理器"对话框

模型的外观设置是通过"外观管理器"对话框进行的，选择下拉菜单 工具(T) ➡
外观管理器(A)... 命令，系统弹出图 7.2.1 所示的"外观管理器"对话框，下面对各区域的功能分别说明。

1. 下拉菜单区

"外观管理器"中的下拉菜单区包括"视图选项"和"工具选项"，各菜单的解释分别见图 7.2.2 和图 7.2.3。

图 7.2.1 "外观管理器"对话框

图 7.2.2 "视图选项"

图 7.2.3 "工具选项"

2．外观过滤器

外观过滤器可用于在"我的外观""模型"和"库"调色板中查找外观，要过滤调色板中显示的外观列表，可以在外观过滤器文本框中指定关键字符串，然后单击 🔍，单击 ✖ 可取消搜索，并显示调色板中的所有外观。

3．调色板

（1）"我的外观"调色板。

每次进入 Pro/ENGINEER 野火版 5.0 后，打开"外观管理器"对话框，其"我的外观"调色板中会载入 15 种默认的外观以供选用（如图 7.2.4 所示），当鼠标指针移至某个外观球（外观的缩略图）上，系统将显示该外观的名称。用户可将所需的外观文件载入外观库中，还可对某一外观进行修改（第一个外观 ref_color1 为默认的外观，不能被修改及删除）或创建新的外观。

图 7.2.4 "我的外观"调色板

（2）"模型"调色板。

"模型"调色板会显示在活动模型中存储和使用的外观。如果活动模型没有任何外观，则"模型"调色板显示缺省外观。新外观应用到模型后，它会显示在"模型"调色板中。

（3）"库"调色板。

"库"调色板将 Photolux 库和系统库中的预定义外观显示为缩略图颜色样本。

说明： 如果没有安装系统图形库（或者安装了系统图形库，但没有对 Pro/ENGINEER 进行正确的配置），那么"外观管理器"对话框的"库"调色板下的外观球不显示或者显示不完全。

4．外观编辑器

如图 7.2.5 所示，"外观编辑器"对话框主要包含 基本 和 图 两个选项卡。当外观库中的某种外观被选中时，该外观的示例（外观球）即出现在外观预览区，在外观预览区下方的 名称 文本框中可修改其外观名称，在 基本 和 图 选项卡中可对该外观的一些参数进行修改，修改过程中可从外观预览区方便地观察到变化。但在默认情况下，外观预览区不显示某些外观特性（如凹凸高度、光泽和光的折射效果等）。

图 7.2.5 "外观编辑器"对话框

7.2.2 "基本"外观

1. 关于"基本"外观

现在人们越来越追求产品的颜色视觉效果，颜色设置合理的产品往往更容易吸引消费者的目光，这就要求产品设计师在产品设计中，不仅要注重产品的功能，还要注意产品的颜色外观。在 Pro/ENGINEER 的外观管理器中，"基本"外观便是用于表达产品的颜色。

2. "基本"外观设置界面——基本选项卡

基本选项卡（如图 7.2.6 所示）用于设置模型的基本外观，该选项卡中包含 颜色 和 加亮颜色 两个区域。注意：须先从"外观库"中选取一个外观（除第一个外观 ref_color1）或新建一个外观，才能激活 颜色 和 加亮颜色 两个区域的所有选项。

- 颜色 区域：该区域用于设置模型材料本体的颜色、强度和环境效果。

☑ "颜色"按钮：单击该按钮，将弹出图 7.2.7 所示的"颜色编辑器"对话框，用于定义模型材料本体的颜色。

☑ 强度 选项：控制模型表面反射光源（包括点光源、定向光或聚光源）光线程度，反映在视觉效果上是模型材料本体的颜色变明或变暗。调整时，可移动该项中的调整滑块或在其后面的文本框中输入值。

☑ 环境 选项：控制模型表面反射环境光的程度，反映在视觉效果上是模型表面变明或变暗。调整时，可移动该项的调整滑块或在其后的文本框中输入值。

● 加亮颜色 区域：用于控制模型的加亮区。当光线照射在模型上时，一般会在模型表面上产生加亮区（高光区）。

☑ "颜色"按钮：单击该按钮，将弹出"颜色编辑器"对话框，可定义加亮区的颜色。对于金属，加亮区的颜色为金属的颜色，所以其颜色应设置成与金属本身的颜色相近，这样金属在光线的照射下更有光泽；而对于塑料，加亮区的颜色则是光源的颜色。

☑ 光亮度 选项：控制加亮区的范围大小。加亮区越小，则模型表面越有光泽。

☑ 加亮 选项：控制加亮区的光强度，它与光亮度和材质的种类直接相关。高度抛光的金属应设置成较"明亮"，使其具有较小的明加亮区；而蚀刻过的塑料应设置成较"暗淡"，使其具有较大的暗加亮区。

☑ 反射 选项：控制局部对空间的反射程度。阴暗的外观比光亮的外观对空间的反射要少，例如织品比金属反射要少。

☑ 透明 选项：控制透过曲面可见的程度。

图 7.2.6　"基本"选项卡

3．关于"颜色编辑器"对话框

在 基本 选项卡的 颜色 和 加亮颜色 区域中单击"颜色"按钮，系统均会弹出图 7.2.7 所示的"颜色编辑器"对话框，该对话框中包含下列几栏。

- "当前颜色"区域：显示当前选定的颜色，如图 7.2.7 a 所示。
- ▼ 颜色轮盘 栏：可在"颜色轮盘"中选取一种颜色及其亮度级，如图 7.2.7 a 所示。
- ▼ 混合调色板 栏：可创建一个多达 4 种颜色的连续混合调色板，然后从该混合调色板中选取所需要的颜色，如图 7.2.7 b 所示。
- ▼ RGB/HSV滑块 栏：该区域包括 RGB 和 HSV 两个子区域，如图 7.2.7 c 所示。
  - ☑ 如果选中 ☐ RGB 复选框，则可采用 RGB（红绿蓝）三原色定义颜色，RGB 值的范围为 0~255。将 RGB 的值均设置为 0，定义黑色；将 RGB 的值均设置为 255，定义白色。
  - ☑ 如果选中 ☐ HSV 复选框，可采用 HSV（即色调、饱和度和亮度）来定义颜色。色调用于定义主光谱颜色，饱和度则决定颜色的浓度，亮度可控制颜色的明暗。色调值的范围为 0~360，而饱和度和亮度值的范围是 0~100（这里的值为百分值）。

说明：在"场景"对话框的"光源"选项卡中，单击"颜色"按钮，也可打开"颜色编辑器"（Color Editor）对话框。

图 7.2.7　"颜色编辑器"对话框

4．将某种外观设置应用到零件模型和装配体模型上

（1）选定某种外观后，在"外观管理器"对话框中单击 关闭 按钮。

（2）在工具栏中单击 ● ˙ 按钮，此时鼠标在图形区显示为"毛笔"状态。

（3）选取要设置此外观的对象，然后单击"选取"对话框中的 确定 按钮。

☑　在零件模式下，"智能选取栏"的下拉列表如图 7.2.8 b 所示。如果选择列表中的"零件"，则系统将对整个零件模型应用指定的外观；如果选择列表中的"曲面"，则系统将仅对选取的模型表面应用指定的外观。

☑　在装配（组件）模式下，"智能选取栏"下拉列表如图 7.2.8 c 所示。如果选择列表中的"全部"，则系统将对整个装配体应用指定的外观；如果选择列表中的"元件"，则系统仅对装配体中的所选零件（或子装配）应用外观。

a）基本界面　　　　　　b）在零件模式下　　　　　c）在装配模式下

图 7.2.8　智能选取栏

（4）如果要清除所选外观，可单击工具栏中外观库按钮 ● ˙ 中的 ˙ 按钮，在弹出的界面中单击 ✐清除外观 ▾ 按钮（如果要清除所有外观，选择 ✐清除外观 ▾ 下拉列表中的 ✎清除所有外观 命令，在弹出的"确认"对话框中单击 是(Y) 按钮），然后选取此前设置外观的对象，单击"选取"对话框中的 确定 按钮。

5．控制模型颜色的显示

当定义的外观颜色应用到模型上后，可用下面两种方法控制模型上的外观颜色的显示。

方法一：选择下拉菜单 工具(T) ➡ ● 环境(E)命令，系统弹出图 7.2.9 所示的"环境"对话框，该对话框中的 ☑ ▐▐ 颜色 复选框用于控制外观颜色的显示。

方法二：选择下拉菜单 视图(V) ➡ 显示设置(Y)▸ ➡ 模型显示(M)...命令，系统弹出图 7.2.10 所示的"模型显示"对话框，该对话框中的 ☑ ▐▐ 颜色 复选框用于控制外观颜色的显示。

6．基本外观设置练习

在 Pro/ENGINEER 野火版 5.0 中，系统提供了 15 种外观，用户可直接使用。在本练习中，将从"外观库"中选取系统提供的外观 ptc-metallic-gold，将其应用到零件模型上。操作步骤如下。

Step1. 设置工作目录和打开文件。

（1）选择下拉菜单 文件(F) ➡ 设置工作目录(W)...命令，将工作目录设置至 D:\proewf5.2

\work\ch07.02.02\ex1。

（2）选择下拉菜单 文件(F) ➡ 📂打开 (0)...命令，打开文件 plate.prt。

Step2. 在调色板中选取一种外观设置。选择下拉菜单 工具(T) ➡ 🗅 外观管理器 (A)...命令，在图 7.2.11 所示的"外观管理器"对话框的"我的外观"调色板中，单击外观球 ptc-metallic-gold。

Step3. 将选中的外观球的外观应用到模型上。在"外观管理器"对话框中单击 关闭 按钮，然后在工具栏中单击 ●▾ 按钮，此时鼠标在图形区显示为"毛笔"状态，在"智能选取栏"的下拉列表中选择"零件"，选取模型，然后单击"选取"对话框中的 确定 按钮，此时可看到图形区中的模型立即被赋予了所选中的外观。

图 7.2.9　"环境"对话框

图 7.2.10　"模型显示"对话框

选择此外观球

图 7.2.11　"外观管理器"对话框

7.2.3　"图"外观

1．关于"图"外观

通过设置"图"外观，可在模型的表面上附着图片，用来表达模型表面凹凸不平的程度、模型的材质纹理和模型表面上的特殊图案。

2. "纹理"外观设置界面——图选项卡

图选项卡用于设置模型的纹理外观，该选项卡界面中包括凹凸、颜色纹理和贴花三个区域，如图 7.2.12 所示。

- 凹凸选项：利用该项功能可以把图片附于模型表面上，使模型表面产生凸凹不平状，这对创建具有粗糙表面的材质很有用。选择 关▼ 下拉列表中的某一类型（图像、程序图像、毛坯、注塑或泡沫），然后单击该区域前面的"凹凸"放置按钮，如图 7.2.12 所示，系统会弹出"打开"对话框，通过选取某种图像，可在模型上放置凹凸图片。

  注意：只有对模型进行渲染后，才能观察到凸凹效果。只有将渲染器设置为 PhotoLux 时，用于"凹凸"的"程序图像"" 毛坯""注塑"和"泡沫"值才可用。

图 7.2.12 "图"选项卡

- 颜色纹理选项：利用该项功能可以把材质纹理图片附于模型表面上，使模型具有某种材质的纹理效果。

  注意：当模型表面加上"颜色纹理"后，纹理将覆盖模型的整个表面，而使模型本身的颜色不起作用。

- 贴花选项：利用此选项可在零件的表面上放置一种图案，如公司的徽标。一般是在模型上的指定区域进行贴花，贴花后，指定区域内部填充图案并覆盖其下面的外观，而没有贴花之处则显示其下面的外观，即贴花图案位于所有"图外观"的顶层，就像是贴膜或徽标。贴花允许包括透明区域，使该区域位于图像之内；也允许透过它显示基本颜色或颜色纹理。贴花是应用了 Alpha 通道的纹理。如果像素的 Alpha 值大于零，则像素颜色会映射到曲面；如果 Alpha 值为零，则曲面的基本纹理颜色透过此像素可见。贴花不产生凹凸状，但可以控制贴花图片的明亮度，这对制作具有光泽的材质会很有用。

3．创建纹理的一般操作过程

Step1. 将工作目录设置至 D:\proewf5.2\work\ch07.02.03，然后打开文件 plate.prt。

Step2. 在"外观管理器"对话框中，单击 按钮以添加新外观。如果需要，可为外观输入一个名称。

Step3. 如有必要，可使用"颜色编辑器"对话框为此外观创建一种颜色。

Step4. 在外观管理器中单击 选项卡，然后在 颜色纹理 区域的下拉列表中选择"图像"类型。

Step5. 单击"图像"按钮 ，在弹出的打开对话框中选取纹理文件。

Step6. 在"模型"调色板中单击 ，在"另存为"对话框中输入一个新名称，单击 确定 按钮，保存外观。

Step7. 单击 关闭 按钮，完成外观的定义。

4．在模型上放置纹理的一般操作过程

Step1. 在"外观管理器"对话框中，从"我的外观"调色板中选取所需外观。

Step2. 在外观管理器中单击 选项卡，然后在 颜色纹理 区域的下拉列表中选择"图像"类型。

Step3. 单击"图像"按钮 ，在弹出的打开对话框中选取纹理文件。

Step4. 在"外观管理器"对话框中单击 关闭 按钮。

Step5. 单击外观库按钮 ，此时鼠标在图形区显示"毛笔"状态，选取要设置此外观的对象，然后在"选取"对话框中单击 确定 按钮。

说明：虽然可以一次在多个曲面上放置纹理，但最好在各个曲面上单独放置纹理图，以确保纹理图能正确定向。根据不同的纹理，需要经过多次试验才能获得满意的结果。

5．控制模型上的纹理显示

当定义的外观纹理应用到模型上后，可用下面两种方法控制模型上的外观纹理的显示。

方法一：选择下拉菜单 工具(T) ➡ 环境(E) 命令，系统弹出"环境"对话框，该对话框中的 ☑ 纹理 复选框用于控制外观纹理的显示。

方法二：选择下拉菜单 视图(V) ➡ 显示设置(T)▶ ➡ 模型显示(M)... 命令，系统弹出"模型显示"对话框，该对话框的 着色 选项卡中的 ☑ 纹理 复选框用于控制外观纹理的显示。

6．外观设置中的注意事项

定义外观时，最常见的一种错误是使外观变得太亮。在渲染中可使用醒目的颜色，但要确保颜色不能太亮。太亮的模型看起来不自然，或者像卡通。如果图像看起来不自然，可以使用"外观管理器"对话框来降低外观的色调，可在 基本 选项卡中降低加亮区的光泽

度和强度，并将反射向标尺中的无光泽端降低。

使用![图]选项卡中的纹理图可增加模型的真实感。

7.2.4　关于模型外观的保存

模型的外观设置好以后，可在"外观管理器"对话框中选择下拉菜单 [文件 ▼] ➡
![另存为...] 命令，将外观保存为外观文件，默认时，外观文件以 .dmt 格式保存。

另外，利用"外观管理器"为模型赋予的颜色和材质纹理及图片，颜色会与模型一起
保存，但是材质纹理与图片不随模型一起保存，因此下次打开模型时，会出现材质纹理或图
片消失，只剩下颜色的现象，这就需要在配置文件 config.pro 中设置 texture_search_path 选项，
指定材质纹理与图片的搜索路径。texture_search_path 选项可以重复设置多个不同的路径，
这样能保证系统找到模型中的外观。

7.2.5　修改打开模型的外观

修改打开模型中的外观的操作过程如下。

Step1. 将工作目录设置至 D:\proewf5.2\work\ch07.02.05，然后打开文件 plate_ok.prt。

Step2. 选择下拉菜单 [工具(T)] ➡ [外观管理器(A)...] 命令，系统弹出"外观管理器"对
话框。

Step3. （可选操作步骤）在"外观管理器"对话框的外观库中删除所有外观。

Step4. 将模型上的外观载入外观库。打开带有外观的模型后，其外观并不会自动载入
外观库，要载入该外观，可以：

* 在"外观管理器"对话框的"我的外观"调色板中单击 [文件 ▼] ➡ [添加...] 命令，
  载入一个保存的外观文件；
* 将一个外观文件指定为 config.pro 文件中 pro_colormap_path 配置选项的值，这样
  在每个 Pro/ENGINEER 进程中，系统均会载入该外观文件。

说明：使用"外观管理器"对话框，可以载入在 Pro/ENGINEER 野火版以前的版本中
保存的 color.map 文件。

Step5. 从"我的外观"调色板中选取要修改的外观。

Step6. 在"外观管理器"中，可以在 [基本] 和 [图] 选项卡中对外观进行修改。

7.2.6　系统图形库

与 Pro/ENGINEER 软件配套的，有一张系统图形库（Graphic Library）光盘，包含各种
材质、灯光和房间的设置。将此图形库光盘安装后，系统会创建一个名为 graphiclib 的文件
夹，该文件夹的目录结构如图 7.2.13 所示。

图 7.2.13　系统图形库文件夹的目录结构

文件夹 adv_materials 中的材质为高级材质，这些材质只有经过 Photolux 渲染器渲染后才能显示其材质特点，在产品设计中使用 adv_materials 中的材质，渲染后的效果图看起来跟真实的物体一样。

调用系统图形库中的高级材质的一般过程如下。

Step1. 将工作目录设置至 D:\proewf5.2\work\ch07.02.06，然后打开文件 plate.prt。

Step2. 选择下拉菜单 工具(T) ➡ 外观管理器(A)... 命令，系统弹出"外观管理器"对话框。

Step3. 在"外观管理器"对话框中选择下拉菜单 文件▼ ➡ 打开... 命令。

Step4. 按照路径 C:\program files\proewildfire 5.0\graphic-library\appearances，打开材质外观文件 appearance.dmt。

Step5. 此时，leather.dmt 文件中所有材质的外观显示在"我的外观"调色板中，但默认情况下，"我的外观"调色板中的外观球不显示其某些材质特性（如凹凸、透明等），当将其分配给模型并进行渲染后，可在渲染后的模型上观察到材质的特性。

说明：要使外观库中的外观球显示其材质特性（参见随书光盘文件 D:\proewf5.2\work\ch07.02.02\display_adv_mat.doc），需进行以下操作：

（1）选择下拉菜单 视图(V) ➡ 模型设置(E)▶ ➡ 渲染设置(T)... 命令；

（2）在"渲染设置"对话框的 渲染器 列表中选择 Photolux 渲染器，如图 7.2.14 所示；

（3）在"外观管理器"对话框的 下拉菜单中，依次选中 渲染器 选项、渲染房间 复选框，然后在 下拉菜单中选中 渲染的示例 复选框，如图 7.2.15 所示。

Step6. 从"我的外观"调色板中选取一种材质指定给模型。

图 7.2.14　"渲染设置"对话框　　　　　图 7.2.15　"视图"和"工具"选项

7.3　设置模型的透视图

在进行一些渲染设置时，需要提前设置模型的透视图。设置透视图的一般操作过程如下。

Step1 将工作目录设置至 D:\proewf5.2\work\ch07.03，然后打开文件 plate.prt。

Step2. 选择下拉菜单 视图(V) ➡ 模型设置(E)▶ ➡ 透视图设置(E)... 命令，系统弹出"透视图"对话框，如图 7.3.1 所示。

图 7.3.1　"透视图"对话框

Step3. 在 类型 栏中选取以下方法之一来移动视图。

- 透视图设置：（默认选项）可操控目视距离和焦距，以调整模型的透视量和观察角度。
- 浏览：可使用控件或采用鼠标控制在图形区中移动模型。
- 漫游：手动更改透视图的方法。模型的方向和位置通过类似于飞行模拟器的相互作用进行控制。
- 从 到：沿对象查看模型，查看路径由两个基准点或顶点定义。
- 沿路径：沿路径查看模型，查看路径由轴、边、曲线或侧面影像定义。

Step4. 为 目视距离 指定一个值，以沿通过模型选择的路径移动视点。对于着色的模型，当路径位于模型内部时，将看不到任何内容。

Step5. 在 镜头 下拉列表中选择不同的焦距，也可以选择定制焦距，通过移动滑块或在相邻的文本框中输入一定的数值，来指定焦距值。

Step6. 单击 确定 按钮。

说明：在"透视图"模式下，如果视点离模型很近，则很难查看模型；如果模型很复杂，而且包含许多互相接近的曲面，则也可能会错误地渲染曲面。使用缩放功能可获得较好的模型透视图。

7.4　光　源　设　置

7.4.1　关于光源

　　所有渲染都必须有光源，利用光源可加亮模型的一部分或创建背光以提高图像质量。在"光源编辑器"对话框中，最多可以为模型定义 6 个自定义光源和两个默认光源。每增加一个光源都会增加渲染时间。可用光源有以下几种类型：

- 环境光源（default ambient）：环境光源均衡照亮所有曲面。光源在空间的位置并不影响渲染效果。例如，环境光可以位于曲面的上方、后方或远离曲面，但最终的光照效果是一样的。环境光源默认存在，其强度和位置都不能调整。
- 点光源（lightbulb）：点光源类似于房间中的灯泡，光线从中心辐射出来。根据曲面与光源的相对位置的不同，曲面的反射光会有所不同。
- 平行光（distant）：平行光源发射平行光线，不管位置如何，都以相同角度照亮所有曲面。平行光光源用于模拟太阳光或其他远距离光源。
- 默认平行光（default distant）：默认平行光的强度和位置可以被调整。
- 聚光源（spot）：聚光源是光线被限制在一个圆锥体内的点光源。
- 天空光源（skylight）：天空光源是一种使用包含许多光源点的半球来模拟天空的方法。要精确地渲染天空光源，则必须使用 Photolux 渲染器。如果将 Photorender 用作渲染程序，则该光源将被处理为远距离类型的单个光源。

创建和编辑光源时，请注意以下几点。

- 使用多个光源时，不要使某个光源过强。
- 如果使用只从一边发出的光源，模型单侧将看起来太刺目。
- 过多的光源将使模型看起来像洗过一样。
- 较好的光照位置是稍高于视点并偏向旁边（45°角较合适）。
- 对大多数光源应只使用少量的颜色，彩色光源可增强渲染的图像，但可改变已应用于零件的外观。
- 要模拟室外环境的光线，可使用从下部反射的暖色模拟地球，用来自上部的冷色模拟天空。
- 利用光源的 HSV 值，可以模拟不同的光，但要注意，所使用的计算机显示器的标准不同，相同的 HSV 值看起来的效果也不相同。下面是大多数情形下的一些光线的 HSV 值：
  - ☑ 使用 HSV 值为 10、15、100 的定向光源模拟太阳光；
  - ☑ 使用 HSV 值为 200、39、57 的定向光源模拟月光；
  - ☑ 使用 HSV 值为 57、21、100 的点光源模拟室内灯光。

7.4.2　创建点光源

Step1 将工作目录设置至 D:\proewf5.2\work\ch07.04，然后打开文件 flashlight.asm。

Step2. 选择下拉菜单 视图(V) ➡ 模型设置(E)▶ ➡ 光源(L)... 命令，系统弹出图 7.4.1 所示的"场景"对话框中的"光源"选项卡。

图 7.4.1　"场景"对话框

Step3. 单击"添加新的灯泡"按钮，增加一个点光源。

Step4. 在"光源"选项卡的编辑区域中可进行光源属性的设置，如图 7.4.2 所示。

（1）设置光源的 一般 属性。如图 7.4.2 所示，在 一般 区域中可以设置光源的 名称 和 强度 。

（2）设置光源的 阴影 属性：在图 7.4.2 所示的 阴影 区域中可以设置光源的阴影，此选项可增加渲染的真实感，但同时增加了计算时间。

- 在 阴影 区域选中 ☑ 启用阴影 复选框，可使模型在光源照射下产生阴影（在渲染时），效果参见随书光盘文件 D:\proewf5.2\work\ch07.04\shadow.doc。
  - ☑ 清晰阴影是半透明的，可以穿过对象，并可粘着其所穿过的材料的颜色。
  - ☑ 柔和阴影始终是不透明的，且是灰色的。可以控制柔和阴影的柔和度。
  - ☑ 只有在使用 Photolux 渲染器时，才能看到清晰阴影与柔和阴影的效果。

    要使用 PhotoRender 类型的渲染器来渲染阴影，必须在"渲染设置"对话框中选中 ☑ 地板上的阴影 复选框或 ☑ 自身阴影 复选框。

（3）设置光源的"位置"属性。

- 如图 7.4.2 所示，单击 位置... 按钮可以弹出图 7.4.3 所示的"光源位置"对话框，用户可以在 X 、 Y 或 Z 方向放置光源，这里的 X、Y 和 Z 与当前 Pro/ENGINEER 坐标系的 X、Y 和 Z 轴没有任何关系。无论模型处在什么方位，这里的 X 总是为水平方向，向右为正方向； Y 总是为竖直方向，向上为正方向； Z 方向总是与显示器的屏幕平面垂直。
- 在 位置... 按钮下方的 锁定到 照相室 ▼ 栏中可以设置光源的锁定方式，"位置"编辑区如图 7.4.4 所示，各锁定方式说明如下。

☑ 照相室：将光源锁定到照相室，根据模型与照相机的相对位置来固定光。

☑ 模型：将光源锁定到模型的同一个位置上，旋转或移动模型时，光源随着旋转或移动。此时光源始终照亮模型的同一部位，而与视点无关。这是最常用的锁定方式。

☑ 相机：光源始终照亮视图的同一部位，而与房间和模型的旋转或移动无关。

☑ 房间：将光源锁定到房间中的某个方位上。例如，如果在房间的左上角放置一个光源，则该光源将始终位于房间的这个拐角上。

图 7.4.2　"光源"选项卡

图 7.4.3　"光源位置"对话框

图 7.4.4　"位置"编辑区

7.4.3　创建聚光灯

Step1. 在"光源"选项卡中，单击"添加新聚光灯"按钮，增加一个聚光灯。

Step2. 在"光源"选项卡的编辑区域中可进行光源属性的设置，如图 7.4.5 所示。

（1）设置光源的"一般"属性。如图 7.4.5 所示，在 一般 区域中，可以修改光源的名称和强度，在 聚光灯 区域中可设置其（投射）角度及焦点。

- 角度(G)：控制光束的角度。角度效果参见随书光盘文件 D:\proewf5.2\work\ch07.04\angle.doc。
- 焦点：控制光束的焦点。焦点效果参见随书光盘文件 D:\proewf5.2\work\ch07.04\focus.doc。

（2）在图 7.4.6 所示的"光源位置" 对话框中可以设置光源的位置。

　　　图 7.4.5　"光源"选项卡　　　　　图 7.4.6　"光源位置"对话框

- 聚光灯的图标形状好像是一把伞，伞尖为光源的 源位置 点，伞把端部为光源的 瞄准点位置 ，效果参见随书光盘文件 D:\proewf5.2\work\ch07.04\spot_pos.doc。
- 渲染模型时，需要不断调整 源位置 点和 瞄准点位置 ，并将"瞄准点位置"对准模型上要重点表示的部位。

7.5　房　间　布　置

房间（Room）是渲染的背景，它为渲染设置舞台，是渲染图像的一个组成部分。房间具有天花板、墙壁和地板，这些元素的颜色纹理及大小、位置等的布置都会影响图像的质量。在外形上，房间可以为长方形或圆柱形。创建长方形房间时，最困难的是要使空间的角落看起来更真实。可以用下面的方法来避免房间角落的问题：

● 创建一个圆柱形房间或创建足够大的长方形房间，以使角落不包含在图像中；
● 将房间的壁移走，然后放大模型进行渲染。

下面介绍创建房间的一般过程。

Step1 将工作目录设置至 D:\proewf5.2\work\ch07.05，然后打开文件 flashlight.asm。

Step2. 选择下拉菜单 视图(V) ➡ 模型设置(E)▶ ➡ 房间(R)... 命令，系统弹出图 7.5.1 所示的"场景"对话框中的"房间"选项卡。

图 7.5.1 "房间"选项卡

Step3. 此时默认的房间类型为 ● 矩形房间，在"房间"选项卡中选择下拉菜单 选项 ▼ ➡ 房间类型 ▶ ➡ 圆柱形房间 命令，可将房间更改为圆柱形。

Step4. 在选项卡的 大小 区域中，可调整房间的大小。

Step5. 单击 ⌄ 高级 命令，系统弹出图 7.5.2 所示的"高级"选项组。

Step6. 在 旋转 区域中，可调整房间绕 X 、 Y 、 Z 轴旋转的角度；在 比例 区域中可调整房间的比例；在 显示选项 区域中可设置房间的显示方式为 ● 着色 或 ● 线框 。

图 7.5.2 "高级" 选项组

7.6 模型的渲染

7.6.1 渲染的 config.pro 文件设置

要设置和定制渲染，一般应先设置配置文件 config.pro 的下列有关选项。

- pro_colormap_path：指定从磁盘装载的纹理文件（*.map）的路径。在野火版 5.0 中，可以不对此选项进行设置。
- photorender_default_width：设置输出大小的默认宽度（以像素为单位）。
- photorender_default_height：设置输出大小的默认高度（以像素为单位）。
- pro_texture_library：允许用户指定一个不同的图形库的路径。如果不设置 pro_texture_library 选项，启动 Pro/ENGINEER 后，系统将自动载入 Pro/ENGINEER 安装目录 D:\proeWildfire5.0\graphic-library\appearances\ 下的外观文件 appearance.dmt，该文件中的 15 个外观将显示在 "外观管理器" 的 "我的外观" 调色板中。

  如果系统图形库（Graphic Library）光盘安装后，图形库 graphiclib 的路径为 C:\ptc\graphiclib，那么可将 pro_texture_library 的值设置为 C:\ptc\graphiclib。进行这样的设置后，各个编辑器中的 "系统库" 命令便可用，例如 "外观管理器" 对话框的 "库" 调色板下的外观球完全显示。如果用户自己创建了图形库，则自定义的图形库目录中须含有 graphic-library 目录，而且目录 graphic-library 必须包含以下子目录。

- ☑ textures：用于放置包含纹理图像文件的 "外观放置" 系统库。
- ☑ materials：用于放置包含外观文件（.dmt）的 "外观管理器" 系统库。
- ☑ room：用于放置包含房间文件（.drm）的 "房间编辑器" 系统库。
- ☑ adv_material：用于放置包含外观文件（.dmt）的 Photolux 系统库。

　　☑　lights：用于放置包含光源文件（.dlg）的"光源编辑器"系统库。

- texture_search_path：设置搜索纹理路径。可以指定多个目录。一般系统会先自动地在当前工作目录中搜索纹理。

- photorender_memory_usage：设置 Pro/PHOTORENDER 允许用于模型处理的存储器的空间。计量单位为兆字节（MB）。仅在未覆盖默认的色块大小时，此选项才有效。

- photorender_capability_warnings：确定在 PhotoRender 渲染器中选取 Photolux 相关选项时是否出现警告。

- blended_transparency：当值为 yes，如果图形配置（图形卡和 Pro/ENGINEER 图形设置）支持，在模型着色时，会出现使用 alpha 混合的透明色。

- spherical_map_size：选取用于实时渲染的环境映射的图像分辨率。提高图像分辨率可改进渲染的质量，但会增加渲染时间。注意：此选项仅在 OpenGL 图形模式下，且对不支持立方体环境映射的图形卡有效。

7.6.2　"渲染控制"工具栏

　　在工具栏空白处单击鼠标右键，从弹出的快捷菜单中选择 渲染 命令，系统弹出图 7.6.1 所示的"渲染控制"工具栏，通过该工具栏可以进行渲染的操作。

图 7.6.1 中各工具按钮的说明如下。

图 7.6.1　"渲染控制"工具栏

A：打开场景对话框。
B：启用/禁用透视图。
C：设置各渲染参数。
D：对某一区域进行渲染。
E：对模型进行渲染。

7.6.3　PhotoRender 和 Photolux 渲染器

1．关于渲染器

　　渲染器是进行渲染的"发动机"，要获得渲染图像，必须使用渲染器。Pro/ENGINEER 软件有两个渲染器。

- PhotoRender 渲染器：选取此渲染器可以进行一般的渲染，它是系统默认的渲染器。

- ● Photolux 渲染器：选取此渲染器可进行高级渲染，这是一种使用光线跟踪来创建照片级逼真图像的渲染器。

2. 选择渲染器

通过下列操作，可选择渲染器。

Step1. 选择下拉菜单 视图(V) ➡ 模型设置(E)▶ ➡ 🔳 渲染设置(T)... 命令。

Step2. 在"渲染设置"对话框的 渲染器 下拉列表中，选择 PhotoRender 渲染器或 Photolux 渲染器。

3. PhotoRender 渲染器的各项设置

PhotoRender 渲染器的各项设置参见图 7.6.2、图 7.6.3、图 7.6.4 和图 7.6.5。

图 7.6.2　"渲染设置"对话框

☐ **锐化几何纹理**：使渲染几何材质更加清晰，但需要更多的渲染时间和硬盘容量

☐ **成角度锐化纹理**：对于与视图成某一渲染角度渲染的材质图像进行锐化，使其效果较为细致，但需要更多的渲染时间和硬盘容量

图 7.6.3 "高级"选项卡

选择"新窗口"选项，则每次渲染后的图像均会显示在不同的独立窗口中，这样便于比较不同的渲染效果，因此建议使用该选项

选择这几项后，可将渲染后的图像生成对应格式的图像文件，图像尺寸可在"图像大小"或"Postscript选项"区域中定义

图 7.6.4 "输出"选项卡

图 7.6.5 "水印"选项卡

4．Photolux 渲染器的各项设置

Photolux 渲染器的各项设置参见图 7.6.6 和图 7.6.7。

图 7.6.6　"渲染设置"对话框

图 7.6.7　"高级"选项卡

7.6.4　一个不锈钢零件的外观处理及渲染

本节介绍了将一个零件渲染成不锈钢材质效果的详细操作过程。

1．设置工作目录和打开文件

将工作目录设置至 D:\proewf5.2\work\ch07.06\ex1，然后打开文件 bush.prt。

说明：由于模型渲染中需要许多相关的文件，因此在渲染前应先进行工作目录的设置。

2．设置视图

Step1. 在图 7.6.8 a 所示的工具栏中单击"保存的视图列表"按钮，从下拉列表中选择 V1，将模型视图设置到 V1 状态，如图 7.6.8 b 所示。

a）视图列表　　　　b）V1 视图　　　　c）V2 视图　　　　d）V3 视图

图 7.6.8　设置视图

Step2. 创建 V2 和 V3 视图。

（1）选择下拉菜单 视图(V) ➡ 方向(D) ▶ ➡ 重定向(O)... 命令，系统弹出图 7.6.9 所示的"方向"对话框。

（2）创建 V2 视图。在参照1区域的下拉列表中选择方位"前"，选取 RIGHT 基准平面为参照 1；在参照2区域的下拉列表中选择方位"上"，选取 FRONT 基准平面为参照 2；将视图保存为 V2。

（3）创建 V3 视图。在参照1区域的下拉列表中选择方位"前"，选取 FRONT 基准平面为参照 1；在参照2区域的下拉列表中选择方位"下"，选取 TOP 基准平面为参照 2；将视图保存为 V3。

（4）在对话框中单击 确定 按钮。

说明： 视图设置为后面的一些渲染操作（如房间、光源的设置）作准备。

3. 设置场景

Step1. 将模型视图设置到 V1 状态。

Step2. 选择下拉菜单 视图(V) ➡ 模型设置(E) ▶ ➡ 场景... 命令，此时系统弹出图 7.6.10 所示的"场景"对话框，在"场景"选项卡的 场景库(S) 区域中选择图 7.6.10 所示的场景并右击，在弹出的快捷菜单中选择 激活 命令。

图 7.6.9 "方向"对话框

图 7.6.10 "场景"对话框

Step3. 单击"场景"对话框中的 关闭 按钮，完成场景的设置。

4. 设置房间

Step1. 将模型放平在地板上。

（1）选择下拉菜单 视图(V) ➡ 模型设置(E)▶ ➡ 房间(R)... 命令，在系统弹出的"房间"选项卡中，选择下拉菜单 选项▼ ➡ 房间类型▶ ➡ 圆柱形房间 命令，此时屏幕中的模型如图 7.6.11 a 所示。

a）初始位置　　　　　b）放平模型　　　　　c）模型贴地板　　　　　d）结果

图 7.6.11　模型放平在地板上（模型位置图）

（2）在图 7.6.12 a 所示的下拉列表中选择 V2，将模型视图设置到 V2 状态；选中 ☑ 将房间锁定到模型 复选框；在 房间方向 区域中单击 照相室 按钮，此时屏幕模型如图 7.6.11 b 所示。

（3）调整地板和墙壁。在 大小 区域中，拖动 ☑ 地板 后面的滚轮，使地板与模型下表面平齐，如图 7.6.12b 所示；然后在 ☑ 墙壁 2 的文本框中输入-1.0，在 ☑ 天花板 的文本框中输入 2.0，结果如图 7.6.11c 所示。

（4）将模型视图设置到 V1 状态，此时屏幕模型如图 7.6.11 d 所示。

a）选择视图　　　　　b）"房间方向"和"大小"编辑区域

图 7.6.12　模型放平在地板上（操作流程图）

Step2. 修改地板的纹理。

（1）按图 7.6.13 中的编号（1～7）依次操作。

图 7.6.13　选择地板纹理（操作流程图）

（2）在"房间外观编辑器"对话框中单击 按钮，系统会弹出"Color Placement"对话框，在 重复 区域中将 X 和 Y 设置为 5，单击 确定 按钮。

（3）在"房间外观编辑器"对话框的 基本 选项卡的 颜色 区域中，将 强度 设置为 38，将 环境 设置为 58。在 加亮颜色 区域中将 光亮度 设置为 67，将 加亮 设置为 34，单击 关闭 按钮。

Step3. 设置墙壁。

（1）按图 7.6.14 中的编号（1～2）依次操作。

（2）在"房间外观编辑器"对话框的 基本 选项卡中对各项参数进行设置（如图 7.6.15 所示），然后在 加亮颜色 区域中将 反射 值设置为 25，单击 关闭 按钮。

图 7.6.14　选择墙壁纹理（操作流程图）

图 7.6.15　设置墙壁颜色

5．设置模型外观

Step1. 选择下拉菜单 工具(T) ➡ 外观管理器(A)...命令，系统弹出"外观管理器"对话框。

Step2. 在外观库中添加一种新外观。

（1）在对话框中单击"创建新外观"按钮，并输入新外观的名称。

（2）设置新外观的相关参数，参照图 7.6.16 a、图 7.6.16 b、图 7.6.16 c。

Step3. 将创建的外观应用到零件模型上。

（1）在"外观管理器"对话框中单击 关闭 按钮。

（2）在工具栏中单击 ● 按钮，此时鼠标在图形区显示为"毛笔"状态。

（3）在"智能选取栏"中选择 零件，然后选择零件模型，单击"选取"对话框中的 确定按钮。

a)　基本外观

b)　材质本身颜色　　　　　　c)　材质加亮颜色

图 7.6.16 设置模型新外观（操作流程图）

6. 设置光源

如图 7.6.17 所示，光源的设置方案如下：

- 创建一个平行光 distance1 作为主光源 1，该光源用于照亮模型的右侧；
- 创建一个平行光 distance2 作为主光源 2，该光源用于照亮模型的左侧；
- 创建一个点光源 lightbulb1 作为辅光源，该光源用于照亮房间；
- 创建一个聚光灯 spot1 作为加强光源，该光源用于照亮模型的某个局部；
- 将默认的平行光 Default distance 屏蔽。

a）光源的空间分布　　　　　　　　　b）光源列表

图 7.6.17　设置光源

Step1. 创建点光源 lightbulb1。

（1）选择下拉菜单 视图(V) ➡ 模型设置(E)▶ ➡ 光源(L)...命令。

（2）在"光源"选项卡中单击"添加新的灯泡"按钮，在选项卡下方选中 ☑ 显示光源 复选框，并在 锁定到 下拉列表中选择 模型 ；在 一般 区域中将光的强度设为 0.8；单击 位置... 按钮，弹出"光源位置"对话框，在 源位置 区域中将 X 设置为-0.92，将 Y 设置为2.348，将 Z 设置为0.412；单击 关闭 按钮。

Step2. 创建平行光 diatance1。

（1）单击"添加新的远光源"按钮，在选项卡下方选中 ☑ 显示光源 复选框。

（2）在 阴影 区域中选中 ☑ 启用阴影 复选框，将柔和度设置为 100；在 一般 区域中将光的强度设为 1.0。

（3）在选项卡下方的 锁定到 下拉列表中选择 模型 ；单击 位置... 按钮，在弹出的"光源位置"对话框的 源位置 区域中将 X 设置为 0.206，将 Y 设置为 0.051，将 Z 设置为 2.608；在 瞄准点位置 区域中将 X 设置为 0.093，将 Y 设置为 0.000，将 Z 设置为-0.027；单击 关闭 按钮。

Step3. 创建平行光 diatance2。

（1）单击"添加新的远光源"按钮，在选项卡下方选中 ☑ 显示光源 复选框。

（2）在 一般 区域中将光的强度设为 0.5。

（3）在选项卡下方的 锁定到 下拉列表中选择 模型 ；单击 位置... 按钮，在弹出的"光源位置"对话框的 源位置 区域中将 X 设置为-1.565，将 Y 设置为 0.494，将 Z 设置为 1.000；在 瞄准点位置 区域中将 X 设置为 0.093，将 Y 设置为 0.000，将 Z 设置为-0.027；单击 关闭 按钮。

Step4. 创建一个聚光灯作为加强光源，该主光源用于照亮模型的某个局部。

（1）在"光源"选项卡中单击"添加新聚光灯"按钮 ，在选项卡下方选中 ☑ 显示光源 复选框；在 一般 区域中将 角度(G) 设置为 60，将 焦点 设置为 25，将 强度 设为 0.2。

（2）在选项卡下方的 锁定到 下拉列表中选择 模型；单击 位置… 按钮，在弹出的"光源位置"对话框的 源位置 区域中将 X 设置为 0.808，将 Y 设置为 0.328，将 Z 设置为 0.623；在 瞄准点位置 区域中将 X 设置为 0.358，将 Y 设置为 0.043，将 Z 设置为 0.203；单击 关闭 按钮。

Step5. 屏蔽默认的光源。

（1）在"光源"选项卡的光源列表中选取默认的平行光 default distant，然后单击 default distant 上的 按钮，将该光源屏蔽。

Step6. 保存光源设置。

（1）在"光源"选项卡中选择下拉菜单 选项▼ ➡ 导出光源 命令。

（2）将光源文件命名并保存在当前工作目录中。

7．对模型进行渲染

Step1. 选择下拉菜单 视图(V) ➡ 模型设置(E)▶ ➡ 渲染设置(T)… 命令，系统弹出图 7.6.18 所示的"渲染设置"对话框。

Step2. 进行渲染设置。

（1）参照图 7.6.18，在"渲染设置"对话框中设置渲染的各项参数。

a）"选项"选项卡   b）"高级"选项卡

图 7.6.18 "渲染设置"对话框

（2）单击"渲染设置"对话框中的 关闭 按钮。

Step3. 选择下拉菜单 视图(V) ➡ 渲染窗口(D) 命令。渲染后的效果参见随书光盘文件 D:\proewf5.2\work\ch07.06\ex1\ok\affect0.doc。

"渲染设置"对话框中的各项设置对模型的渲染都会产生影响，读者可以尝试修改这些设置，来观察、理解各设置项的作用和意义。另外，模型的最终渲染效果还与房间设置、光源设置和模型的外观设置有很大的关系，要获得较好的渲染效果，一般需要多次甚至几十次反复调试。

7.6.5　在模型上贴图（贴花）及渲染

本节先介绍如何在图 7.6.19 所示模型的表面上贴图，然后介绍其渲染操作过程。

1. 准备贴花图像文件

在模型上贴图，首先要准备一个图像文件，编者在这里已经准备了一个含有文字的图像文件 decal.tga，如图 7.6.19b 所示。下面主要介绍如何将图像文件 decal.tga 处理成适合于 Pro/ENGINEER 贴花用的图片。

a）模型　　　　　　　　　　　　　　　　b）图像文件

图 7.6.19　在模型上贴图

Step1. 设置工作目录和打开文件。将工作目录设置至 D:\proewf5.2\work\ch07.06\ex2，然后打开文件 block.prt。

Step2. 选择下拉菜单 工具(T) ➡ 图像编辑器(I)... 命令，系统弹出图 7.6.20 所示的"图像编辑器"对话框。

图 7.6.20　"图像编辑器"对话框

Step3. 打开图片文件。在"图像编辑器"对话框中选择下拉菜单 文件(F) ➡ 打开(O)...
命令，打开文件 D:\proewf5.2\work\ch07.06\ex2\decal.tga。

Step4. 设置图片的 Alpha 通道（注：本步的详细操作过程请参见随书光盘中
video\ch07.06.05\reference\文件下的语音视频讲解文件 block-r01.avi）。

Step5. 将图片保存为"PTC 贴花（*.tx4）"格式的文件。在"图像编辑器"对话框中选择下
拉菜单 文件(F) ➡ 另存为(A)...命令，在图 7.6.21 所示的"保存副本"对话框的 类型 下拉列表
中选择 PTC贴花 (*.tx4)，在 新名称 文本框中输入名称 decal，然后单击 确定 按钮；单击按钮，
关闭"图像编辑器"对话框。

图 7.6.21　"保存副本"对话框

2. 设置模型基本外观

Step1. 选择下拉菜单 工具(T) ➡ 🖌外观管理器(A)...命令。

Step2. 在"我的外观"调色板中删除所有的外观。先在"外观管理器"对话框的"我
的外观"调色板中选择最后一个外观，然后连续单击 ✕ 按钮，直至删除所有的外观。

说明： 此时还剩下最后一个系统默认外观，在这里是删除不掉的。

Step3. 创建新外观。在"外观管理器"对话框中单击 按钮，将新创建的外观命名为
app_block；参照图 7.6.22 所示，设置新外观的 颜色 和 加亮颜色 的各项参数。

图 7.6.22　设置新外观的各项参数

Step4. 应用新外观。关闭"外观管理器"对话框。单击"外观库"按钮 ，此时鼠标在图形区显示"毛笔"状态，在"智能选取栏"中选择 零件，然后选择模型，单击"选取"对话框中的 确定 按钮。

3．在模型的表面上设置贴花外观

Step1. 创建贴花外观。

（1）选择下拉菜单 工具(T) ➡ 外观管理器(A)... 命令，在"外观管理器"对话框的"我的外观"调色板中，选择前面创建的外观 app_block。

（2）复制前面创建的外观。单击 按钮，复制前面创建的外观 app_block。

（3）将新外观命名为 app_decal。

Step2. 在外观 app_decal 上设置贴花。

（1）选择外观 app_decal，单击 图 选项卡，在 贴花 区域的下拉列表中选择 图像，再单击 按钮（如图 7.6.23 所示）。

（2）在图 7.6.24 所示的"打开"对话框中，选择前面保存的 decal.tx4 文件，然后单击 打开 按钮。

（3）单击图 7.6.23 所示的"外观管理器"对话框中的 关闭 按钮；然后在工具栏中单击 ，系统弹出图 7.6.25a 所示的"选取"对话框，在"智能选取栏"的下拉列表中选择 曲面，选取图 7.6.25b 所示的模型表面，然后在"选取"对话框中单击 确定 按钮。

图 7.6.23　"外观管理器"对话框

图 7.6.24　"打开"对话框

a）"选取"对话框　　　　　　　　　　　　　　　b）选取模型表面

图 7.6.25　选取表面

（4）修改贴花外观的放置参数。

① 单击 中的 按钮，在图 7.6.26 所示的"模型"调色板中选择 app-decal 外观，单击鼠标右键，在弹出的快捷菜单中选择 编辑... 命令，系统会弹出图 7.6.27 所示的"模型外观编辑器"对话框，单击 按钮，选取前面加载贴花的模型表面，这时候"图"选项卡贴花区域中的"编辑贴花放置"按钮 会高亮显示，然后单击 按钮，系统弹出图 7.6.28 所示的"Decal Placement"对话框，在 副本 区域中选中 单一 单选项，在 位置 区域的 旋转文本框中输入旋转角度值 90.0（可以在 副本 和 位置 区域中调整 X 和 Y 的值，以调整文字的位置）。

② 在 反向 区域中单击 或 按钮，以调整贴花外观的方向，单击 确定 按钮。

③ 单击图 7.6.27 所示"模型外观编辑器"对话框中的 关闭 按钮，完成修改。

4．设置房间

Step1. 将模型视图设置到 V2 状态；选择下拉菜单 视图(V) ➡ 模型设置(E)▶ ➡ 房间(R)... 命令，选中 将房间锁定到模型 复选框；在 房间方向 区域中单击 照相室 按钮，在 大小 区域中拖动 地板 后面的滚轮，使地板与模型下表面平齐。

Step2. 调整地板的纹理。地板的纹理为随书光盘文件 D:\proewf5.2\work\ ch07\ch07.06\ ex2\cloth01.tx3。

说明：可参见上节的操作。

图 7.6.26　"模型"调色板

图 7.6.27　"模型外观编辑器"对话框

图 7.6.28　"Decal Placement"对话框

Step3. 调整模型在地板上的位置。

（1）调整位置。在 大小 区域中，分别拖动 ☑ 墙壁 1、☑ 墙壁 2、☑ 墙壁 3 和 ☑ 墙壁 4 后面的滚轮，直至将模型调整到位于地板的中心。

（2）如有必要，可缩放房间（不缩放地板）。

5．设置光源

Step1. 选择下拉菜单 视图(V) ➡ 模型设置(E)▶ ➡ 光源(L)...命令。

Step2. 创建一个点光源 lightbulb1，该光源用于照亮房间。在"光源"选项卡中单击"添加新的灯泡"按钮，光源锁定方式为 模型，光的强度设为 0.6。

Step3. 创建一个聚光灯 spot1，该光源用于照亮模型的某个局部。在"光源"选项卡中单击"添加新聚光灯"按钮；光源锁定方式为 模型，光的强度设为 0.6。

Step4. 采用默认的平行光 default distant。

6．用 Photolux 渲染器对模型进行渲染

Step1. 移去四周墙壁和天花板（操作方法是在"房间"选项卡的 大小 区域中取消选中□ 天花板 、□ 墙壁 1 、□ 墙壁 2 、□ 墙壁 3 和□ 墙壁 4 复选框）。

Step2. 进行渲染。

（1）选择下拉菜单 视图(V) ➡ 模型设置(E) ▶ ➡ 🐾 渲染设置(T)… 命令，在"渲染设置"对话框的 渲染器 下拉列表中选择 Photolux 渲染器，在 质量 下拉列表中选择 最大 ，在 消除锯齿 区域的 质量 下拉列表中选择 最高，其他各项设置参照图 7.6.29 。

（2）选择下拉菜单 视图(V) ➡ 🍲 渲染窗口(D) 命令，渲染后的效果参见随书光盘文件 D:\proewf5.2\work\ch07.06\ex2\ok\ph1.doc。

7. 用 Photorender 渲染器对模型进行渲染

Step1. 移去四周墙壁和天花板。

Step2. 屏蔽点光源 lightbulb1 和聚光灯 spot1。

Step3. 进行渲染。

（1）在"渲染设置"对话框的 渲染器 下拉列表中选择 PhotoRender 渲染器，各项设置参照图 7.6.30。

（2）选择下拉菜单 视图(V) ➡ 🍲 渲染窗口(D) 命令。渲染后的效果参见随书光盘文件 D:\proewf5.2\work\ch07.06\ex2\ok\ph2.doc。

图 7.6.29 Photolux 渲染设置　　　　图 7.6.30 Photorender 渲染设置

7.7　Photolux 渲染器的特殊效果

在使用 Photolux 渲染器时，为了获得更为逼真的效果，可以使用"效果"功能。选择下拉菜单 视图(V) ➡ 模型设置(E) ▶ ➡ 效果(E)... 命令，系统弹出图 7.7.1 所示的"效果"选项卡，下面将针对 效果(E) 选项卡中各个选项的设置和效果逐一说明。

注意：如果当前的渲染器为 Photorender，效果(E)... 命令是灰色状态，这表明特殊效果只对 Photolux 渲染器有效，对 Photorender 渲染器则无效。

7.7.1　反射设置

在"反射设置"下，可选择以下选项来设置场景的反射设置。

（1）房间：将房间反射到模型上。

（2）背景：将背景反射到模型上。

（3）环境：将环境反射到模型上。

图 7.7.1　"效果"选项卡

7.7.2 色调映射设置

在"色调映射"下，从"预设"下拉列表中可选择下列预设设置。

（1）照相室设置：为照相室环境中的对象设置色调映射。此为默认预设设置。

（2）室内设置：为室内环境中的对象设置色调映射。

（3）室外设置：为室外环境中的对象设置色调映射。

（4）用户定义：允许用户通过调整以下参数来定义对象的色调映射。

● 胶片 ISO：设置胶片速度。

● 快门速度：以分数秒为单位设置照相机快门的速度。

● 光圈值：设置照相机的分数光圈值。

● Cm2 因子：调整滑块或在相邻的框中输入值作为乘数，以将渲染像素值缩放为屏幕像素。

7.7.3 设置背景

在"效果"选项卡中选中 ☑ 启用背景 复选框，"背景"区域下方的一些选项将会被激活，利用这些选项可以在渲染中设置背景颜色或加入背景图片。

背景颜色的效果参见随书光盘文件 D:\proewf5.2\work\ch07.07\ex1\back1.doc。

背景图片的效果参见随书光盘文件 D:\ proewf5.2\work\ch07.07\ex1\back2.doc。

图 7.7.2 "效果"选项卡

7.7.4 设置景深

设置景深可以在整个场景范围内产生多种变化焦点，就像可以变焦的照相机镜头一样。但此功能只能在对透视图的渲染时使用。景深效果参见随书光盘文件 D:\proewf5.2\work\ch07.07\ex2\ok\depth0.doc。

下面介绍操作过程。

Step1. 将工作目录设置至 D:\proewf5.2\work\ch07.07\ex1，然后打开文件 sample.asm。

说明：sample.asm 装配体中的每个零件均置于一个平面上。

Step2. 设置装配体外观。

（1）选择下拉菜单 工具(T) ➡ 外观管理器(A)... 命令；在"外观管理器"对话框中单击 按钮，参照图 7.7.3 所示设置装配体外观的 颜色 和 加亮颜色 等各项参数，然后单击 关闭 按钮。

图 7.7.3　装配体基本外观

（2）单击"外观库"按钮 ，此时鼠标在图形区显示"毛笔"状态，在"智能选取栏"中采用默认的类型 元件 ，如图 7.7.4 所示，然后按住 Ctrl 键选取所有模型，单击"选取"对话框中的 确定 按钮，此时可看到装配体中的每个零件被设置为相同的外观。

图 7.7.4　智能选取栏

Step3. 设置房间。

（1）将模型视图设置到 V2 状态。

（2）选择下拉菜单 视图(V) ➡ 模型设置(E)▶ ➡ 房间(R)... 命令，选中 ☑将房间锁定到模型 复选框；在 房间方向 区域中单击 照相室 按钮，在 大小 区域中拖动 ☑地板 后面的滚轮，使地板与模型下表面平齐。

（3）地板的纹理为随书光盘文件 D:\proewf5.2\work\ch07.07\ex1\cloth01.tx3。

Step4. 设置光源。光源列表如图 7.7.5b 所示，光源的设置方案如下。

（1）添加新的远光源 distance1。在"光源"选项卡中单击"添加新的远光源"按钮 ，光源锁定方式为 模型 ，光的强度设为 0.2。

（2）添加新的远光源 distance2。单击"添加新的远光源"按钮 ![按钮]，光源锁定方式为 ![模型]，光的强度设为 0.6。

（3）添加新的远光源 distance3。单击"添加新的远光源"按钮 ![按钮]，光源锁定方式为 ![模型]，光的强度设为 0.4。

（4）添加新聚光灯 spot1。单击"添加新聚光灯"按钮 ![按钮]，光源锁定方式为 ![模型]，光的强度设为 0.5。

（5）添加新光源 lightbulb1。单击"添加新的灯泡"按钮 ![按钮]，光源锁定方式为 ![模型]，光的强度设为 0.8。

（6）将默认的平行光 Default distance 屏蔽。

（7）参照图 7.7.5 a 、图 7.7.5 c 、图 7.7.5 d 所示，分别调整光源的 ![源位置] 点与 ![瞄准点位置] 点的 ![X] 和 ![Y] 值。建议在 V2 和 V3 视图中调整光源位置。

a) 光源的空间分布（V1 视图）

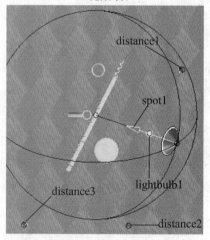

b) 光源列表

c) 光源的空间分布（V2 视图）

d) 光源的空间分布（V3 视图）

图 7.7.5 设置光源

Step5. 设置透视图。

（1）为了方便调整透视图，先将视图设为 V1 视图。

（2）选择下拉菜单 视图(V) ➡ 模型设置(E)▶ ➡ 🔲 透视图设置(E)… 命令，参照图 7.7.6 所示的"透视图"对话框，设置透视图的各项参数；完成设置后的效果如图 7.7.7 所示。

说明：只有透视图才能显示景深效果，所以在设置景深前必须先设置透视图。

图 7.7.6　"透视图"对话框

图 7.7.7　设置透视图效果

Step6. 选择下拉菜单 视图(V) ➡ 模型设置(E)▶ ➡ 🔳 渲染设置(T)… 命令，在"渲染设置"对话框的 渲染器 下拉列表中选择 Photolux 渲染器，在 质量 下拉列表中选择 最大 ，各项参数的设置参照图 7.7.8 所示。

Step7. 设置景深。

（1）在"效果"选项卡中选中"景深"区域中的 ☑启用 DoF 复选框。

（2）参照图 7.7.9 所示，在"景深"区域中设置景深的各项参数。

Step8. 对装配模型进行渲染。选择下拉菜单 视图(V) ➡ 🍳 渲染窗口(D) 命令。

图 7.7.8　"渲染设置"对话框

图 7.7.9　设置景深参数

图 7.7.9 所示"景深"设置中各选项的说明如下。

● 焦点：指定从目视点到场景中焦点之间的距离。系统显示一个带网格的焦平面，通过观察该焦平面的位置可以较方便地确定焦距值，如图 7.7.10 所示。

● 模糊：指定在聚焦平面之外场景变模糊的速度。

a）焦距较小　　　　　　　　　　　　　　　　　b）焦距较大

图 7.7.10　观察焦平面

第 8 章 ISDX 曲面模块

本章提要 ISDX 是 Interactive Surface Design Extensions 的缩写，即交互式曲面设计模块。该模块用于工业造型设计，即设计曲面特别复杂的零件，用该模块创建的曲面也称"造型"（Style）曲面。

8.1 ISDX 曲面基础

8.1.1 ISDX 曲面的特点

ISDX 曲面的特点如下。

- ISDX 曲面以"样条曲线"（Spline）为基础，通过曲率分布图，能直观地编辑曲线，没有尺寸标注的拘束，可轻易得到所需要的光滑、高质量的 ISDX 曲线，进而产生高质量的"造型"（Style）曲面。该模块通常用于产品的概念设计、外形设计和逆向工程等设计领域。

- 与以前的高级曲面造型模块 CDRS（Pro/Designer）相比，ISDX 曲面模块与 Pro/ENGINEER 的其他模块（零件模块、曲面模块、装配模块等）紧密集成在一起，为工程师提供了统一的零件设计平台，消除了两个设计系统间的双向切换和交换数据，因而极大地提高了工作质量和效率。

8.1.2 进入 ISDX 曲面模块

进入 ISDX 曲面模块，有下面两种操作方法。

方法一：在零件模块中，选择下拉菜单 插入(I) ➡️ 造型(Y)... 命令（如图 8.1.1 所示）。

方法二：在零件模块中，单击工具栏区的命令按钮 ，如图 8.1.2 所示。

图 8.1.1 "插入"下拉菜单

图 8.1.2 工具栏

8.1.3 ISDX 曲面模块用户界面及菜单

要查看到图 8.1.3 所示的 ISDX 曲面模块用户界面，请执行下面的操作： 将工作目录设置至 D:\ proewf5.2\work\ch08.01，打开模型文件 instance_face_cover_interface.prt，然后选择下拉菜单 插入(I) ➡ 造型(Y)... 命令。

1. ISDX 曲面模块用户界面

ISDX 曲面模块的用户界面如图 8.1.3 所示，图中用虚线框示意的部分是 ISDX 曲面模块要用到的下拉菜单和命令按钮，后面将进一步说明。

图 8.1.3 ISDX 曲面模块用户界面

2. ISDX 曲面模块下拉菜单

图 8.1.4、图 8.1.5 和图 8.1.6 所示为 ISDX 曲面模块的"编辑""视图"和"造型"下拉

菜单。

图 8.1.4　"编辑"下拉菜单

图 8.1.5　"视图"下拉菜单

图 8.1.6 "造型"下拉菜单

3. ISDX 曲面模块命令按钮

说明：图 8.1.7 和图 8.1.8 所示为 ISDX 曲面模块中经常用到的工具栏按钮。

图 8.1.7 工具栏按钮（一）

图 8.1.7 所示工具栏中各按钮的说明如下。

A：设置活动基准平面。

B：创建内部基准平面。

C：创建曲线。

D：创建圆。

E：创建圆弧。

F：通过将曲线投影到曲面上来创建 COS。

G：通过相交曲面创建 COS。

图 8.1.8　工具栏按钮（二）

图 8.1.8 所示工具栏中各按钮的说明如下。

A：曲率：曲线的曲率、半径、相切选项；曲面的曲率、垂直选项。

B：截面：截面的曲率、半径、相切、位置选项和加亮的位置。

C：偏移：曲线或曲面的偏移。

D：着色曲率：高斯、最大、剖面选项。

E：反射：曲面反射分析，显示"斑马线"。

F：斜度：曲面拔模检测。

G：斜率：查看曲面着色斜率。

H：曲面节点分析。

I：显示"保存的分析"对话框。

J：隐藏所有已保存的分析。

K：删除所有已保存的曲率的分析。

L：删除所有已保存的截面分析。

M：删除全部保存分析的曲面节点。

N：撤销。

O：重做。

P：重复。

Q：将绘制图元、注解或草绘器组剪切到剪贴板。

R：复制。

S：粘贴。

T：选择性粘贴。

U：全部再生。

V：在模型树中按规则搜索、过滤和选取项目。

W：选取框内部的项目。

8.1.4 ISDX 模块入门

1. 查看 ISDX 曲线及曲率图、ISDX 曲面

下面先打开图 8.1.9 所示的模型，查看 ISDX 曲线、曲率图和 ISDX 曲面，通过查看，建立对 ISDX 曲线和 ISDX 曲面的初步认识。

Step1. 设置工作目录和打开文件。

（1）选择下拉菜单 文件(F) ➡ 设置工作目录(W)... 命令，将工作目录设置至 D:\proewf5.2\work\ch08.01。

（2）选择下拉菜单 文件(F) ➡ 打开(O)... 命令，打开文件 isdx_surface_view.prt。

Step2. 设置模型显示状态。

（1）单击 按钮，将模型设置为着色显示状态。

（2）单击 、 按钮，使基准轴、坐标系不显示。

（3）单击 按钮，使基准面显示。

（4）单击 按钮，然后选择 Course_V1 视图，如图 8.1.10 所示。

图 8.1.9 查看 ISDX 曲线、曲率图和 ISDX 曲面   图 8.1.10 选择 Course_V1 视图

Step3. 设置层的显示状态。

（1）单击图 8.1.11 所示的导航选项卡中的 按钮，在弹出的快捷菜单中选择 层树(L) 命令。

图 8.1.11 导航选项卡

（2）在图 8.1.12 所示的层树中，选取模型曲线层 CURVE，按住键盘<Ctrl>键，再选取 ISDX_CURVE 层，右击，然后从系统弹出的图 8.1.13 所示的快捷菜单中选择 隐藏 命令，单击"重画"按钮，这样模型的基准曲线将不显示。

（3）返回模型树。单击导航选项卡中的 ▦▾ 按钮，在弹出的快捷菜单中选择 模型树(M) 命令。

Step4. 进入 ISDX 环境，查看 ISDX 曲面。在模型树中右击 ▭类型 1 ，从弹出的快捷菜单中选择 编辑定义 命令。

注意：一个造型（Style）特征中可以包括多个 ISDX 曲面和多条 ISDX 曲线，也可以只含 ISDX 曲线，不含 ISDX 曲面。

Step5. 查看 ISDX 曲线及曲率图。

（1）单击"显示曲线曲率"按钮 ▨，系统弹出图 8.1.14 所示的"曲率"对话框，然后选取图 8.1.9 所示的 ISDX 曲线。

注意：如果曲率图太大或太密，可在图 8.1.14 所示的"曲率"对话框中，调整 质量 滑块和 比例 滚轮。

图 8.1.12　层树　　　　图 8.1.13　快捷菜单（一）　　　图 8.1.14　"曲率"对话框

（2）在"曲率"对话框的下拉列表中选择 已保存 选项，然后单击"曲率"对话框中的 ✔ 按钮，退出"曲率"对话框。

（3）此时可看到曲线曲率图仍保留在模型上。要关闭曲率图的显示，可单击 ▨ 按钮。

Step6. 旋转及缩放模型，从各个角度查看 ISDX 曲面。

2．查看活动平面

"活动平面"（Active Plane）是 ISDX 中一个非常重要的参考平面，在许多情况下，ISDX 曲线的创建和编辑必须考虑到当前的活动平面。在图 8.1.15 中，TOP 基准平面上布满了"网格"（Grid），这表示 TOP 基准平面为当前活动平面。如要重新定义活动平面，可选择下拉菜单 造型(Y) ➡ 设置活动平面(P) 命令（或单击 ▦ 按钮），然后选取其他基准平面（如 FRONT 基准平面）为活动平面，如图 8.1.16 所示。另外，选择下拉菜单 造型(Y) ➡ 首选项(F)... 命令，可以控制"活动平面"的网格是否显示以及网格的大小等，这一点在后面还将进一步介绍。

图 8.1.15　查看活动平面　　　　　　　　　图 8.1.16　重新设置"活动平面"

3. 查看 ISDX 环境中的 4 个视图及设置视图方向

先单击 按钮，选择"缺省方向"视图。在 ISDX 环境中，单击 按钮，即可看到图 8.1.17 所示的画面，此时整个图形区被分割成独立的 4 个部分（即 4 个视图），其中右上角的视图为三维（3D）视图，其余 3 个为正投影视图，这样的布局非常有利于复杂曲面的设计，在一些工业设计和动画制作专业软件中，这是相当常见的。注意：每个视图都是独立的，也就是说，我们可以像往常一样随意缩放、旋转和移动每个视图中的模型。

如果希望回到单一视图状态，只需再次单击 按钮。

（1）将某个视图设置到活动平面方向。

下面以图 8.1.17 中的右下视图为例，说明视图活动平面方向的概念及其设置方法。先单击右下视图，然后右击，在图 8.1.18 所示的快捷菜单中选择 活动平面方向 命令，此时该视图的定向如图 8.1.19 所示，可看到该视图中的活动平面（TOP 基准平面）与屏幕平面平行。由此可见，当设置某个视图为活动平面方向，则该视图中的"活动平面"平行于屏幕平面。

图 8.1.17　ISDX 环境中的 4 个视图

（2）设置三个正投影视图的方向。

选择下拉菜单 视图(V) ➡ 方向(D) ▶ ➡ 活动平面方向(C) 命令，可以同时设置三个正投影视图的方向，此时三个正投影视图的方向如图 8.1.20 所示，可看到，此时左下视图中的活动平面（TOP 基准平面）与屏幕平面平行，其余两个正投影视图则按"高平齐、左右对齐"的视图投影规则自动定向。

（3）将某个视图设置到默认方向。

图 8.1.17 中 4 个视图的方向为系统的"默认方向"，当缩放、旋转和移动某个视图中的模型而导致其方向改变时，可用如下方法恢复到"默认方向"：首先单击该视图，然后右击，从弹出的快捷菜单中选择 缺省方向 命令。

图 8.1.18　快捷菜单（二）

图 8.1.20　设置三个正投影视图的方向

图 8.1.19　视图的定向

4. ISDX 环境的优先设置

选择下拉菜单 造型(Y) ➡ 首选项(F)... 命令，可打开图 8.1.21 所示的"造型首选项"对话框，在该对话框中可以进行下面一些设置：曲面连接、活动平面栅格的显示以及栅格大小、曲面网格的显示等。

图 8.1.21　"造型首选项"对话框

8.2　创建 ISDX 曲线

8.2.1　ISDX 曲线基础

在创建曲面时，必须认识到，曲线是形成曲面的基础，要得到高质量的曲面，必须要先有高质量的曲线，使用质量差的曲线不可能得到质量好的曲面。总之，ISDX 模块为创建高质量的曲线提供了非常方便的工具。

1．ISDX 曲线的基本概念

如图 8.2.1 所示，一条 ISDX 曲线是由两个端点（Endpoint）及多个内部点（Internal Point）所组成的样条（Spline）光滑线，如果只有两个端点、没有内部点，则 ISDX 曲线为一条直线，如图 8.2.2 所示。

图 8.2.1　有内部点的 ISDX 曲线　　　　图 8.2.2　无内部点的 ISDX 曲线

2．ISDX 曲线的类型

有以下 4 种类型的 ISDX 曲线。

- 自由（Free）ISDX 曲线：曲线在三维空间自由创建。
- 平面（Planar）ISDX 曲线：曲线在某个平面上创建，"平面"曲线一定是一个 2D 曲线。
- COS（Curve On Surface ）曲线：曲线在某个曲面上创建。
- 下落（Drop）曲线：将曲线 "投影"到指定的曲面上，投影方向是某个选定平面的法向方向。

8.2.2　创建自由 ISDX 曲线

下面介绍创建一个自由（Free）ISDX 曲线的全过程。

Step1. 设置工作目录和新建文件。

（1）选择下拉菜单 文件(F) ➡ 设置工作目录(W)... 命令，将工作目录设置至 D:\proewf5.2\

work\ch08.02。

（2）选择下拉菜单 文件(F) ➡ 新建(N)... 命令，选择文件类型为 零件，子类型为 实体，文件名为 creat_free_curve。

Step2. 选择下拉菜单 插入(I) ➡ 造型(Y)... 命令，进入 ISDX 环境。

Step3. 设置活动平面。进入 ISDX 环境后，系统一般默认自动选取 TOP 基准平面为活动平面，如图 8.2.3 所示。如果没有特殊的要求，我们常常采用系统的这种默认设置。

Step4. 单击"创建 ISDX 曲线"按钮 ～。

Step5. 选择曲线类型。在图 8.2.4 所示的"曲线创建"操控板中，会发现"创建自由曲线" ～ 按钮被激活，这表明系统已经默认地选取了曲线的类型为"自由"。

图 8.2.3   设置活动平面　　　　　　图 8.2.4　"曲线创建"操控板

Step6. 如图 8.2.5 所示，在空间单击 4 个位置，即可得到图中所示的"自由"ISDX 曲线，该 ISDX 曲线是由两个端点（Endpoint）和两个内部点（Internal Point）所组成的样条（Spline）光滑线。注意：在拾取点时，如果要"删除"前一个点，也就是要进行"撤销上一步操作"，可单击工具栏中的 ↶ 按钮；如果要恢复撤销操作，可单击 ↷ 按钮。

注意：此时，曲线上的 4 个点以小圆点（●）形式显示，表明这些点是自由点。后面还将进一步介绍曲线上点的类型。

Step7. 切换到 4 个视图状态，查看所创建的"自由"ISDX 曲线。单击工具栏中的 ⊞ 按钮，即可看到图 8.2.6 所示的曲线的 4 个视图，观察下部的两个视图，发现所创建的"自由"ISDX 曲线上的所有点都在 TOP 基准平面上，但不能就此认为该曲线是"平面"（Planar）曲线，因为可以使用"点"的拖拉编辑功能，以将曲线上的所有点拖离 TOP 基准平面（请参见后面的操作）。查看完毕后，再次单击 ⊞ 按钮，使模型回到一个视图状态。

Step8. 单击"曲线创建"操控板中的 ✓ 按钮。

Step9. 将"自由"ISDX 曲线中的点拖离 TOP 基准平面。

（1）单击"编辑曲线"按钮 ⟋，此时系统显示图 8.2.7 所示的"编辑"操控板，然后选中图形区中的 ISDX 曲线。

图 8.2.5 "自由" ISDX 曲线

图 8.2.6 4 个视图状态

图 8.2.7 "编辑"操控板

（2）单击 按钮，在左下视图中，用鼠标左键选取图 8.2.8 中的曲线上的点，然后拖动该点。对其他的点，可按同样的方法拖离开 TOP 基准平面。也就是说，在单个视图状态下，很难观察 ISDX 曲线上点的分布，如果要准确把握 ISDX 曲线上点的分布，应该使用 4 个视图状态。

（3）单击"曲线编辑"操控板中的 按钮。

注意：关于 ISDX 曲线的编辑功能，目前仅要求读者初步掌握到这种程度，在后面的章节还将进一步介绍。

Step10. 退出造型环境。选择下拉菜单 造型(Y) ➡ 完成(D) 命令。

图 8.2.8 拖拉曲线上的点

8.2.3 创建平面 ISDX 曲线

下面介绍创建一个平面（Planar）ISDX 曲线的主要过程。

Step1. 设置工作目录和新建文件。

（1）选择下拉菜单 文件(F) ➡️ 设置工作目录(W)... 命令，将工作目录设置至 D:\proewf5.2\ work\ch08.02。

（2）选择下拉菜单 文件(F) ➡️ 新建(N)... 命令，选择文件类型为 零件，子类型为 实体，文件名为 creat_planar_curve。

Step2. 进入 ISDX 环境。选择下拉菜单 插入(I) ➡️ 造型(Y)... 命令。

Step3. 设置活动平面。采用系统默认的 TOP 基准平面为活动平面。

Step4. 单击"创建 ISDX 曲线"按钮 〜。

Step5. 选择曲线类型。在"曲线创建"操控板中单击"创建平面曲线"按钮 ，如图 8.2.9 所示。

图 8.2.9 "曲线创建"操控板

注意：在创建自由和平面 ISDX 曲线时，操作到这一步时，在图 8.2.9 所示的操控板中单击 参照 选项卡，可改选其他的基准平面为活动平面或输入"偏移"值平移活动平面，如图 8.2.10 和图 8.2.11 所示。

Step6. 跟创建自由曲线一样，在空间选取 4 个点，即可得到图 8.2.12 所示的平面 ISDX 曲线。

图 8.2.10 设置活动平面

图 8.2.11 将活动平面偏移

图 8.2.12 创建 ISDX 曲线

Step7. 单击工具栏中的 按钮，切换到 4 个视图状态，查看所创建的"平面"ISDX 曲线，如图 8.2.13 所示。

Step8. 单击"曲线创建"操控板中的按钮 。

Step9. 拖移"平面"ISDX 曲线上的点。单击"编辑曲线"按钮 ；在图 8.2.14 所示的左下视图中选取一点进行拖移，此时将发现，无论怎样拖移该点，该点只能左右移动，而不能上下移动（即不能离开活动平面——TOP 基准平面），尝试其他的点，也是如此，这是因为创建的曲线是一条位于活动平面上的"平面"曲线。

图 8.2.13 4 个视图状态（一）

图 8.2.14 4 个视图状态（二）

注意：

（1）可以将"平面"曲线转化为"自由"曲线，操作方法为：在"曲线编辑"操控板中单击"更改为自由曲线"按钮 ，系统弹出"确认"对话框，并提示 将平面曲线转换为自由曲线? ，单击 是(Y) 按钮。将"平面"曲线转化成"自由"曲线后，我们便可以将曲线上的点拖离开活动平面。

（2）也可将"自由"曲线转化为"平面"曲线，操作方法为：在"曲线编辑"操控板中单击"更改为平面曲线"按钮 ，在系统 选取一个基准平面或曲线参照以将自由曲线转换为平面。的提示下，单击一个基准平面或曲线参照，这样"自由"曲线便会转化为活动平面上的"平面"曲线。

8.2.4 创建 COS 曲线

COS（Curve Of Surface）曲线是在选定的曲面上建立的曲线，选定的曲面为父特征，此 COS 曲线为子特征，所以修改作为父特征的曲面，会导致 COS 曲线的改变。作为父特征的曲面可以是模型的表面、一般曲面和 ISDX 曲面。

下面介绍创建一个 COS 类型 ISDX 曲线的主要过程。首先要打开一个带有曲面的模型文件，然后要在选定的曲面上创建 COS 曲线。

Step1. 设置工作目录和打开文件。

（1）先将工作目录设置至 D:\proewf5.2\work\ch08.02。

（2）打开文件 creat_cos_curve.prt。

Step2. 设置模型显示状态。

（1）单击 按钮，将模型设置为着色显示状态。

（2）单击 、 、 按钮，使基准面、基准轴和坐标系不显示。

（3）单击 按钮，选择 Course_V1 视图。

（4）隐藏曲线层。在导航选项卡中单击 按钮，在弹出的快捷菜单中选择 层树(L) 命令，选取模型曲线层 03__PRT_ALL_CURVES 进行隐藏，此时模型如图 8.2.15 所示。

曲面

图 8.2.15　隐藏曲线层

Step3. 选择下拉菜单 插入(I) ➡ 造型(Y)... 命令，进入 ISDX 环境。

Step4. 设置活动平面。接受系统默认的 TOP 基准平面为活动平面。

Step5 遮蔽活动平面的栅格显示。选择下拉菜单 造型(Y) ➡ 首选项(F)... 命令，在"造型首选项"对话框的 栅格 区域中取消选中 □ 显示栅格 复选框，关闭"造型首选项"对话框。

Step6. 单击"创建 ISDX 曲线"按钮 。

Step7. 选择曲线类型。在"曲线创建"操控板中单击"创建曲面上的曲线"按钮 ，如图 8.2.16 所示。

Step8. 选择父曲面。

（1）在"曲线创建"操控板中单击 参照 按钮，如图 8.2.16 所示。

（2）在弹出的"参照"界面中单击 曲面 区域后的 ● 单击此处添加项目 字符，然后选取图 8.2.15 所示的曲面。

（3）在操控板中再次单击 参照 按钮，退出"参照"界面。

图 8.2.16　"曲线创建"操控板

Step9. 在选取的曲面上选取 4 个点，即可得到图 8.2.17 所示的 COS 曲线。

注意：此时，曲线上的 4 个点以小方框（□）形式显示，表明这些点是曲面上的软点。后面将进一步介绍曲线上点的类型。

Step10. 单击工具栏中的 按钮，切换到 4 个视图状态，查看所创建的 COS 曲线，如图 8.2.18 所示。

图 8.2.17　创建 COS 曲线

图 8.2.18　在 4 个视图状态查看 COS 曲线

Step11. 单击"曲线创建"操控板中的 按钮。

Step12. 拖移"COS"ISDX 曲线上的点。单击"编辑曲线"按钮 ，然后选中前面创建的"COS"ISDX 曲线；在图 8.2.19 所示的右上视图中选取曲线上的一点进行拖移，此时将发现，无论怎样拖移该点，该点在左下和右下视图中的对应投影点始终不能离开所选的曲面，尝试其他的点，也都如此。由此可见，COS 曲线上的点始终贴在所选的曲面上，不仅如此，整条 COS 曲线也始终贴在所选的曲面上。

注意：

（1）可以将 COS 曲线转化为"自由"曲线，操作方法为：在"曲线编辑"操控板中单击"更改为自由曲线"按钮 ，系统弹出"确认"对话框，并提示 将平面曲线转换为自由曲线? ，单击 是(Y) 按钮。COS 曲线转化成"自由"曲线后，曲线点的形式可以从小方框（□）变为小圆点（●），如图 8.2.20 所示。此时，便可以将曲线上的点拖离开所选的曲面。

（2）可以将 COS 曲线转化为"平面"曲线，操作方法为：在"曲线编辑"操控板中单击"更改为平面曲线"按钮 ，在系统 选取一个基准平面或曲线参照以将 COS 曲线转换为平面。的提示下，单击一个基准平面或曲线参照。

（3）不能将"自由"曲线和"平面"曲线转化为 COS 曲线。

图 8.2.19　在 4 个视图状态拖拉点

拖拉此点

图 8.2.20　将 COS 曲线转化为"自由"曲线

8.2.5　创建下落曲线

下落（Drop）曲线是将选定的曲线 "投影"到选定的曲面上所得到的曲线，投影方向是某个选定的平面的法向方向，选定的曲线、选定的曲面，以及法线方向为曲线投影方向的平面是父特征，最后得到的 "下落"曲线为子特征，无论修改哪个父特征，都会导致 "下落"曲线的改变。从本质上说，下落（Drop）曲线是一种 COS 曲线。

作为父特征选定的曲线可以是一般的曲线，也可以是前面介绍的 ISDX 曲线，可以选择多条曲线为父特征曲线；作为父特征选定的曲面可以是模型的表面、一般曲面和 ISDX 曲面，可以选择多个曲面为父特征曲面。

下面介绍一个下落（Drop）曲线的主要创建过程。首先要打开一个带有曲线、曲面和平面的模型文件，然后再创建 "下落"曲线。

Step1. 设置工作目录和打开文件。先将工作目录设置至 D:\proewf5.2\work\ch08.02，然后打开文件 creat_drop_curve.prt。

Step2. 设置模型显示状态。

（1）单击 按钮，将模型设置为着色显示状态。

（2）单击 、 按钮，使基准轴和坐标系不显示。

（3）单击 按钮，使基准面显示。

（4）单击 按钮，然后选择 Course_V2 视图。

（5）隐藏相关的一些层。在导航选项卡中单击 按钮，在弹出的快捷菜单中选择 层树(L) 命令，选取层 CURVE 、 LAY0001 进行隐藏（如图 8.2.21 所示），此时模型如图 8.2.22 所示。

　　图 8.2.21　层树　　　　　　　　　　　　　　　　图 8.2.22　模型

Step3. 选择下拉菜单 插入(I) ➡ 造型(Y)... 命令，进入 ISDX 环境（可以先切换到模型树显示状态）。

Step4. 设置活动平面。采用系统默认的 TOP 基准平面为活动平面。

Step5. 遮蔽活动平面的栅格显示。选择下拉菜单 造型(Y) ➡ 首选项(F)... 命令，在 "造型首选项"对话框的 栅格 区域中取消选中 显示栅格 复选框，关闭 "造型首选项"对话框。

说明：如果"造型首选项"对话框的 <u>栅格</u> 区域中的 <u>□ 显示栅格</u> 复选框已经被取消选中的话，就不需要此步的操作。

Step6. 单击"创建'下落'曲线"按钮 ，系统弹出图 8.2.23 所示的"下落曲线"操控板。

Step7. 选择父特征曲线。在系统 <u>⇨ 选取曲线以放置到曲面上。</u> 的提示下，在图 8.2.24 中选取父特征曲线 1，然后按住键盘上的 Ctrl 键，选取父特征曲线 2。

图 8.2.23　"下落曲线"操控板（一）

Step8. 选取父特征曲面。在"下落曲线"操控板中单击 <u>参照</u> 按钮，在 <u>曲面</u> 区域中单击 <u>● 单击此处添加项目</u> 字符，在系统 <u>⇨ 选取要进行放置曲线的曲面。</u> 的提示下，在图 8.2.25 中选取父特征曲面。

Step9. 操作至此，即在父特征曲面上得到图 8.2.26 所示的下落曲线。

图 8.2.24　选取父特征曲线　　　图 8.2.25　选取父特征曲面　　　图 8.2.26　得到下落曲线

Step10. 单击工具栏中的 按钮，切换到 4 个视图状态，查看所创建的 COS 曲线。

Step11. 在图 8.2.27 所示的"下落曲线"操控板中单击 按钮，完成操作。

图 8.2.27　"下落曲线"操控板（二）

注意:

如果希望重定义某个下落曲线,可先选取该下落曲线,然后右击,系统将弹出图 8.2.28 所示的快捷菜单,选择该快捷菜单中的 编辑定义 命令,即可进行重定义;或者选择下拉菜单 编辑(E) ➡ 定义(N) 命令。

8.2.6　点的类型

"点"(Point)是构成曲线最基本的要素,在 ISDX 模块中,把"点"分为 4 种点类型:自由点(Free)、软点 (Soft)、固定点(Fixed)和相交点(Intersection),每种类型的点都有特定的显示样式。

1. 自由点

自由点是没有坐落在空间其他点、线、面元素上的点,可以对这种类型的点进行自由拖移,自由点显示样式为小圆点(●)。

下面我们打开一个带有自由点的模型文件进行查看。

Step1. 设置工作目录和打开文件。先将工作目录设置至 D:\proewf5.2\work\ch08.02,然后打开文件 view_free_point.prt。

Step2. 设置模型显示状态。

(1)单击 按钮,将模型设置为着色显示状态。

(2)单击 、 、 按钮,使基准面、基准轴和坐标系不显示。

(3)单击 按钮,然后选择 Course_V1 视图。

Step3. 编辑定义模型树中的造型特征,进入 ISDX 环境:在图 8.2.29 所示的模型树中右击 类型 1 ,系统弹出图 8.2.30 所示的快捷菜单,从该快捷菜单中选择 编辑定义 命令。

图 8.2.28　快捷菜单(一)　　　图 8.2.29　模型树　　　图 8.2.30　快捷菜单(二)

Step4. 单击工具栏中的 按钮,切换到 4 个视图状态。

Step5. 单击"编辑曲线"按钮 ,选取图 8.2.31 中的 ISDX 曲线,此时会看到构成 ISDX 曲线的 4 个点的显示样式为小圆点(●),说明这 4 个点为自由点。

Step6. 拖移 ISDX 曲线上的自由点:选取 ISDX 曲线上 4 个点中的某一个点进行拖移,

我们会发现可以向任何方向进行移动，不受任何约束。

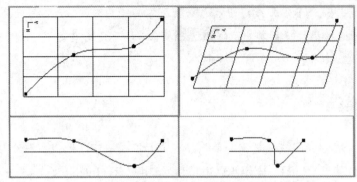

图 8.2.31　4 个视图状态

2. 软点

如果 ISDX 曲线上的点坐落在空间其他曲线（Curve）、模型边（Edge）、模型表面（Surface）和曲面（Surface）元素上，我们则将这样的点称为"软点"。软点坐落其上的线、面元素称为软点的"参照"，它们是软点所在曲线的父特征，而软点所在的曲线为子特征。我们也可以对软点进行拖移，但它不能自由地拖移，软点只能在其所在的线、面上移动。软点的显示样式取决于其"参照"元素的类型：

- 当软点坐落在曲线、模型的边线上时，其显示样式为小圆圈（〇）；
- 当软点坐落在曲面、模型的表面上时，其显示样式为小方框（□）。

下面我们打开一个带有软点的模型文件进行查看。

Step1. 设置工作目录和打开文件。先将工作目录设置至 D:\proewf5.2\work\ch08.02，然后打开文件 view_soft_point.prt。

Step2. 设置模型显示状态。

（1）单击 [ ] 按钮，将模型设置为线框显示状态。

（2）单击 [ ]、[ ]、[ ] 按钮，使基准面、基准轴和坐标系不显示。

（3）单击 [ ] 按钮，然后选择 Course_V1 视图。

Step3. 编辑定义模型树中的造型特征，进入 ISDX 环境：在模型树中右击 □ 类型 1，从弹出的快捷菜单中选择 编辑定义 命令。

Step4. 遮蔽活动平面的栅格显示：选择下拉菜单 造型(Y) ➡ 首选项(F)... 命令，在"造型首选项"对话框的 栅格 区域中取消选中 显示栅格 复选框；关闭"造型首选项"对话框。

Step5. 单击"编辑曲线"按钮 [ ]，选取图 8.2.32 中的 ISDX 曲线。

Step6. 查看 ISDX 曲线上的软点：如图 8.2.33 所示，ISDX 曲线上有 4 个软点，软点 1、软点 2 和软点 3 的显示样式为小圆圈（〇），因为它们在曲线或模型的边线上；软点 4 的显示样式为小方框（□），因为它在模型的表面上。

Step7. 拖移 ISDX 曲线上的软点：移动 4 个软点，我们将会发现软点 1 只能在实体特征

1 的当前半个圆弧边线上移动,不能移到另一个半圆弧上;软点 2 只能在实体特征 2 的当前边线上移动,不能移到该特征的其他边线上;软点 3 只能在曲线 1 上移动;软点 4 只能在实体特征 2 的上部表面上移动,不能移到该特征的其他表面上。

图 8.2.32　选取 ISDX 曲线(一)　　　　　图 8.2.33　查看 ISDX 曲线上的软点

3. 固定点

如果 ISDX 曲线的点坐落在空间的某个基准点(Datum Point)或模型的顶点(Vertex)上,我们称之为"固定点",固定点坐落其上的基准点和顶点所在的特征为固定点的"参照"。不能对固定点进行拖移。固定点的显示样式为小叉(×)。

下面将打开一个带有固定点的模型文件进行查看。

Step1. 设置工作目录和打开文件。先将工作目录设置至 D:\proewf5.2\work\ch08.02,然后打开文件 view_fixed_point.prt。

Step2. 设置模型显示状态。

(1)单击 ⬚ 按钮,将模型设置为线框显示状态。

(2)单击 ⬚、⬚、⬚ 按钮,使基准面、基准轴和坐标系不显示。

(3)单击 ⬚ 按钮,使基准点显示。

(4)单击 ⬚ 按钮,然后选择 Course_V1 视图。

Step3. 编辑定义模型树中的造型特征,进入 ISDX 环境:在模型树中右击 🏳️类型 **1**,从系统弹出的快捷菜单中选择 编辑定义 命令。

Step4. 单击"编辑曲线"按钮 ✎,选取图 8.2.34 中的 ISDX 曲线。

Step5. 查看 ISDX 曲线上的固定点:如图 8.2.35 所示,ISDX 曲线上有两个固定点,它们的显示样式均为小叉(×)。

图 8.2.34　选取 ISDX 曲线(二)

图 8.2.35　查看 ISDX 曲线上的固定点

Step6. 尝试拖移 ISDX 曲线上的两个固定点，但根本不能移动。

4．相交点

当在创建平面（Planar）ISDX 曲线时，如果 ISDX 曲线中的某个点正好坐落其他曲线（Curve）或模型边（Edge）上，也就是说 ISDX 曲线中的这个点既坐落在活动平面上，又坐落在空间的某个曲线（Curve）或模型边（Edge）上，这样的点称为"相交点"，我们不能拖移相交点。显然，相交点是一种特殊的"固定点"，相交点的显示样式也为小叉（×）。

下面我们打开一个带有相交点的模型文件进行查看。

Step1. 设置工作目录和打开文件。先将工作目录设置至 D:\proewf5.2\work\ch08.02，然后打开文件 view_ intersection_point.prt。

Step2. 设置模型显示状态。

（1）单击 按钮，将模型设置为线框显示状态。

（2）单击 、 、 按钮，使基准面、基准轴和坐标系不显示。

（3）单击 按钮，然后选择 Course_V1 视图。

Step3. 编辑定义模型树中的造型特征，进入 ISDX 环境。在模型树中右击 类型 1，从弹出的快捷菜单中选择 编辑定义 命令。

Step4. 单击"编辑曲线"按钮 ，选取图 8.2.36 中的 ISDX 曲线。

Step5. 查看 ISDX 曲线上的相交点。如图 8.2.37 所示，ISDX 曲线上有一个相交点，其显示样式为小叉（×）。

Step6. 尝试拖移 ISDX 曲线上的相交点，但根本不能移动。

图 8.2.36　选取 ISDX 曲线（三）　　　图 8.2.37　查看 ISDX 上的相交点

8.3　ISDX 曲线的编辑

要得到高质量的 ISDX 曲线，必须对 ISDX 曲线进行编辑。ISDX 曲线的编辑包括曲线上点的拖移、点的添加或删除、曲线端点切向量的设置以及曲线的分割、组合、延伸、复制和移动等，进行这些编辑操作时，应该使用曲线的"曲率图"（Curvature Plot），以获得最佳的曲线形状。

8.3.1　ISDX 曲线的曲率图

如图 8.3.1 所示，曲率图是显示曲线上每个几何点处的曲率或半径的图形，从曲率图上可以看出曲线变化方向和曲线的光滑程度，它是查看曲线质量最好的工具。在 ISDX 环境下，单击曲线的"显示曲率"按钮 ，然后选取要查看其曲率的曲线，即可显示曲线曲率图。

使用曲率图要注意以下几点。

- 在图 8.3.2 所示的"曲率"对话框中，可以设置曲率图的"质量""比例"和"类型"，所以同一条曲线会由于设置的不同而呈现不同的疏密程度、大小和类型的曲率图。

图 8.3.1　显示曲线曲率图　　　　　　　　图 8.3.2　"曲率"对话框

- 在造型设计时，每当创建完一条 ISDX 曲线，最好都要用曲率图查看曲线的质量，不要单凭曲线的视觉表现。例如，凭视觉表现，图 8.3.3 所示的曲线应该还算光滑，但从它的曲率图（如图 8.3.4 所示）可发现有尖点，说明曲线并不光滑。
- 在使用 ISDX 模块创建质量较高的曲面时，要注意构成曲面的 ISDX 曲线上的点数不要太多，点的数量只要能形成所需要的曲线形状就行，使用曲率图会发现曲线上的点越多，其曲率图就越难看，所以曲线上的点越多，曲线的质量就越难保证，因而曲面的质量也难达到要求。
- 从曲率图上看，构成曲面的 ISDX 曲线上尽可能不要出现反曲点，如图 8.3.5 所示。

图 8.3.3　曲线　　　　　图 8.3.4　曲率图（一）　　　　　图 8.3.5　曲率图（二）

8.3.2 ISDX 曲线上点的编辑

创建一条符合要求的 ISDX 曲线，一般分两步：第一步是拾取数个点形成初步的曲线，第二步是对初步的曲线进行编辑使其符合要求。在曲线的整个创建过程中，编辑往往占据绝大部分工作量，而在曲线的编辑工作中，曲线上的点编辑显得尤为重要。

下面将对点编辑方法逐一介绍，在这里我们先打开一个含有 ISDX 曲线的模型。

Step1. 设置工作目录和打开文件。

（1）选择下拉菜单 文件(F) ➡ 设置工作目录(W)... 命令，将工作目录设置至 D:\proewf5.2\work\ch08.03。

（2）选择下拉菜单 文件(F) ➡ 打开(O)... 命令，打开文件 curve_edit.prt。

Step2. 设置模型显示状态。单击 按钮，将模型设置为线框显示状态；单击 、 、 按钮，使基准面、基准轴和坐标系不显示；单击 按钮，使基准点显示。此时模型如图 8.3.6 所示，模型树如图 8.3.7 所示。

图 8.3.6　模型　　　　　　　　　　图 8.3.7　模型树

Step3. 编辑定义模型树中的造型特征，进入 ISDX 环境。在图 8.3.7 所示的模型树中右击 类型 1，从弹出的快捷菜单中选择 编辑定义 命令。

Step4. 首选项设置。选择下拉菜单 造型(Y) ➡ 首选项(F)... 命令，在"造型首选项"对话框的 栅格 区域中，取消选中 显示栅格 复选框，关闭"造型首选项"对话框。

Step5. 单击"编辑曲线"按钮 ，单击图 8.3.6 中的 ISDX 曲线。此时系统显示图 8.3.8 所示的"曲线编辑"操控板，同时模型如图 8.3.9 所示。

图 8.3.8　"曲线编辑"操控板

Step6. 针对不同的情况，编辑 ISDX 曲线。完成编辑后，单击"曲线编辑"操控板中的 按钮。

在讨论曲线的编辑操作之前，有必要介绍曲线外形的编辑控制方式。曲线有以下两种控制方式。

方式一：直接的控制方式。

如图 8.3.10 所示，直接拖移图中 ISDX 曲线上的某个端点或者某个内部点，便可直接调整曲线的外形。

方式二：控制点方式。

在"曲线编辑"操控板中，如果激活 ⌂ 按钮，ISDX 曲线上会出现图 8.3.11 所示的"控制折线"，控制折线由数个首尾相连的线段组成，每个线段的端部都有一个小圆点，它们是曲线外形的控制点。拖移这些小圆点，便可间接地调整曲线的外形，这就是"控制点"方式。

图 8.3.10　直接的控制方式

图 8.3.9　编辑曲线

ISDX 曲线的"控制折线"

图 8.3.11　控制点方式

注意：在以上两种调整曲线外形的方式过程中，鼠标各键的功能如下：

● 使用左键拾取曲线上的关键点或控制点，按住左键可立刻移动、调整点的位置；

● 单击中键确定曲线编辑的完成；

● 单击右键，弹出快捷菜单。

1．拖移 ISDX 曲线上的点

ISDX 曲线上点的拖移可分以下两种情况。

情况一：拖移 ISDX 曲线上的自由点。

如图 8.3.12 所示，单击图中所示的自由点，按住鼠标的左键并移动鼠标，该自由点即自由移动；也可配合键盘 Ctrl 和 Alt 键限制移动的方向。

● 水平/竖直方向移动：按住键盘 Ctrl 和 Alt 键，仅可在水平、竖直方向移动自由点。或者单击操控板中的 点 按钮，系统弹出"点"界面，如图 8.3.13 所示；在 点移动 区域的 拖动 下拉列表中选择 水平/垂直(Ctrl + Alt) 选项。注意：此处的"水平"移动方向是指活动平面上图标中的 H 方向，如图 8.3.14 的放大图所示；"竖直"移动方向是指活动平面上图标的 V 方向。水平/竖直方向移动操作应在左上视图进行。

● 法向移动：按住键盘 Alt 键，仅可在垂直于活动平面的方向移动自由点。也可单击

操控板中的 点 按钮，系统弹出"点"界面，如图 8.3.13 所示；在点移动区域的拖动下拉列表中分别选择法向(Alt)选项。注意：垂直方向移动操作应在左下视图进行。

图 8.3.12　拖移 ISDX 曲线上的自由点　　　　　　图 8.3.13　"点"界面

图 8.3.14　4 个视图

特别注意：

● 误操作后，可进行"恢复"操作，方法是：选择下拉菜单 编辑(E) ➡ 撤消(U) 命令，或者直接单击 ↶ 按钮。

● 配合键盘的 Shift 键，可改变点的类型。按住 Shift 键，移动 ISDX 曲线上的点，可使点的类型在自由点、软点、固定点和相交点（必须是平面曲线上的点）之间进行任意的切换。当然在将非自由点变成自由点时，有时先要进行"断开链接"操作，其操作方法为：在要编辑的点上右击，在弹出的快捷菜单中选择 断开链接 命令。

情况二：拖移 ISDX 曲线上的软点。

如图 8.3.15 所示，将鼠标指针移至某一软点上，按住左键并移动鼠标，即可在其参照边线（曲面）上移动该点；另一种方法是右击该点，系统弹出图 8.3.16 所示的快捷菜单，选择菜单中的长度比例、长度、参数、自平面偏移、锁定到点以及断开链接等选项，可准确地定义该点的位置（单击操控板中的 点 按钮，在弹出的界面中也可获得这些选项，如图 8.3.17 所示）。

图 8.3.15　拖移 ISDX 曲线上的软点

图 8.3.16　快捷菜单

图 8.3.17　操控板中"点"按钮

（1）长度比例。将参考曲线（线段）长度视为 1，通过输入长度比例值来控制软点位置。单击操控板中的 **点** 按钮，在弹出的操作界面中可输入"长度比例"值，如图 8.3.18 所示。

（2）长度。系统自动指定从参考曲线某一端算起，通过输入长度值来控制软点位置。单击操控板中的 **点** 按钮，在弹出的操作界面中可输入"长度"值，如图 8.3.19 所示。

图 8.3.18　设置"长度比例"值

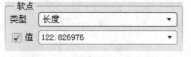

图 8.3.19　设置"长度"值

（3）参数。预设情况，类似"长度比例"，但比例值稍有不同。单击操控板中的 **点** 按钮，在弹出的操作界面中可输入"参数"值，如图 8.3.20 所示。

（4）自平面偏移。指定一基准面，通过输入与基准面的距离值来控制软点位置。单击操控板中的 **点** 按钮，在弹出的操作界面中可输入"自平面偏移"值，如图 8.3.21 所示。

图 8.3.20　设置"参数"值

图 8.3.21　设置"自平面偏移"值

（5）锁定到点。系统会自动移动软点至参考曲线上最近的控制点，如此犹如"固定"在该控制点上，故符号会转为叉号"×"，如图 8.3.22 所示。

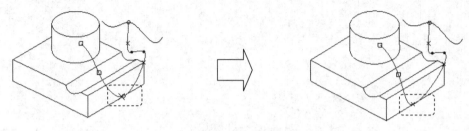

图 8.3.22　锁定到点

（6）链接与断开链接。当 ISDX 曲线某一点为软点或固定点时，则该点表现为一种"链接"（Link）状态，如点落在曲面、曲线或某基准点上等。"断开链接"（Unlink）则是使软点或固定点"脱离"参考点/曲线/曲面等父项的约束而成为自由点，故符号会转为实心原点"•"，如图 8.3.23 所示。

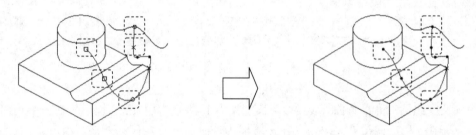

图 8.3.23　链接与断开链接

2．比例更新（Proportional Update）

若某 ISDX 曲线具有两个（含）以上软点时，可选中操控板中的 ☑ 按比例更新 复选框。进行这样的设置后，如果拖拉其中一个软点，在两软点间的外形会随拖拉软点而成比例地调整。如图 8.3.24 所示，该 ISDX 曲线含有两个软点，如果选中 ☑ 按比例更新 复选框，当向左拖拉软点 2 时，则软点 1 和软点 2 间的曲线形状成比例地调整，如图 8.3.25 所示；如果不选中 ☐ 按比例更新 复选框，当向左拖拉软点 2 时，则软点 1 和软点 2 间的曲线形状不会成比例地调整，如图 8.3.26 所示。

注意：练习时，请读者先将工作目录设置至 D:\proewf5.2\work\ch08.03，然后打开文件 edit_proportional_update.prt。

图 8.3.24　ISDX 曲线含有两个软点

图 8.3.25　选中"按比例更新"复选框

3．ISDX 曲线端点切向量的编辑

如图 8.3.27 所示，编辑 ISDX 曲线的端点时，会出现一条相切指示线，这是该端点的切向量（Tangent Vector）。拖拉相切指示线可控制切线的"长度""角度"及"高度"。

相切指示线

图 8.3.26　不选中"按比例更新"复选框　　　　　图 8.3.27　ISDX 曲线端点的相切编辑

要更准确地定义切线的长度、角度及高度，可单击操控板中的 相切 按钮，在图 8.3.28 所示的界面中，选择自然（Natural）、自由（Free）、固定角度（Fix Angle）、水平（Horizontal）、垂直（Vertical）、法向（Normal）、对齐（Align）、相切（Tangent）、对称（Symmetric）、曲率（Curvature）、曲面相切（Surface Tangent）、曲面曲率（Surface Curvature）以及相切拔模（Tangent Pluck Up）选项，下面将依次进行介绍。

注意：练习时，请读者先将工作目录设置至 D:\proewf5.2\work\ch08.03，然后打开文件 curve_edit.prt。

图 8.3.28　操控板中"相切"按钮

（1）自然　（Natural）。由系统自动确定切线的长度及方向。如果移动或旋转相切指示线，则该项会自动转换为自由（Free）。

（2）自由　（Free）。选择该项，可自由地改变切线长度及方向。可在图 8.3.29 所示的"相切"界面中输入所需要的相切长度、角度及高度；也可在模型中通过拉长、缩短、旋转相切指示线来改变切线长度及方向，在此过程中可配合如下操作。

可在此输入切线长度、角度及高度

图 8.3.29 "相切"界面

- 改变切线的长度：按住键盘 Alt 键，可将切线的角度和高度固定，任意改变切线的长度；也可在操控板 相切 界面的 相切 区域中选择 长度(Alt) 选项，如图 8.3.29 所示。

- 改变切线的角度和高度：按住 Ctrl 和 Alt 键，可将切线的长度固定，任意改变切线的角度和高度；也可在 相切 区域中选择 角度 + 高度(Alt + Ctrl) 选项，如图 8.3.29 所示。

（3）固定角度（Fix Angle）。保持当前相切指示线的角度和高度，只能更改其长度。

（4）水平（Horizontal）。使相切指示线方向与活动平面中的水平方向保持一致，仅能改变切线长度。可单击 按钮，显示 4 个视图，将发现相切指示线在左上视图中的方向与图标的水平（H）方向一致，如图 8.3.30 所示。

相切指示线在此视图中的方向与图标的水平（H）方向一致

注意此方向图标的水平（H）和垂直（V）指向

此网格平面为当前活动平面

图 8.3.30 水平 （Horizontal）

（5）垂直 （Vertical）。使相切指示线方向与活动平面中的竖直方向保持一致，仅能改变切线长度。此时在左上视图中，相切指示线的方向与图标的竖直（V）方向一致，如图

8.3.31 所示。

（6）法向（Normal）。选择此选项后，需选取一参考平面，则 ISDX 曲线该端点的切线方向将与此参考平面垂直。

（7）对齐（Align）。选择该选项后，在一参考曲线上单击，这样端点的切线方向将与参考曲线上单击处的切线方向保持一致，如图 8.3.32 所示。

相切指示线在此视图中的方向与图标的垂直（V）方向一致

图 8.3.31　垂直　（Vertical）

单击圆弧的此处，则曲线端点的切线方向将与圆弧上单击处的切线方向相同

图 8.3.32　对齐　（Align）

（8）相切（Tangent）。如图 8.3.33 所示，如果 ISDX 曲线 1 的端点落在 ISDX 曲线 2 上，则对 ISDX 曲线 1 进行编辑时，可在其端点设置"相切"（Tangent），完成操作后，曲线 1 在其端点处与曲线 2 相切。

　　注意：练习时，请先将工作目录设置至 D:\proewf5.2\work\ch08.03，然后打开文件 edit_tangent1.prt。

ISDX 曲线 2

ISDX 曲线 1

ISDX 曲线 1 的此端点落在 ISDX 曲线 2 上

ISDX 曲线 1 在此端点与 ISDX 曲线 2 相切

图 8.3.33　相切（Tangent）

　　如图 8.3.34 所示，如果 ISDX 曲线 1 的端点刚好落在 ISDX 曲线 2 的某一端点上，则对曲线 1 进行编辑时，可在其端点设置"相切"（Tangent），这样两条曲线将在此端点相切。注意：此时端点两边的相切指示线呈不同样式（一边为直线、一边为单箭头），无箭头的一段为"主控端"，此端所在的曲线（ISDX 曲线 2）为主控曲线，拖拉此端相切指示线，可调

整其长度，也可旋转其角度（同时带动另一边的相切指示线旋转）；有箭头的一段为"受控端"，此端所在的曲线（ISDX 曲线 1）为受控曲线，拖拉此端相切指示线将只能调整其长度，而不能旋转其角度。

单击"主控端"的尾部，可将其变为"受控端"，如图 8.3.35 所示。

注意：练习时，请先将工作目录设置至 D:\proewf5.2\work\ch08.03，然后打开文件 edit_tangent2.prt。

图 8.3.34　在公共端点处相切

图 8.3.35　将"主控端"变为"受控端"

（9）对称（Symmetric）。如果 ISDX 曲线 1 的端点刚好落在 ISDX 曲线 2 的端点上，则对曲线 1 进行编辑时，可在该端点设置"对称"，完成操作后，两条 ISDX 曲线在该端点的切线方向相反，切线长度相同，如图 8.3.36 所示，而且该端点的相切类型会自动变为"相切"（Tangent）。

注意：练习时，请先将工作目录设置至 D:\proewf5.2\work\ch08.03，然后打开文件 edit_symmetric.prt。

图 8.3.36　对称　（Symmetric）

（10）曲率（Curvature）。如图 8.3.37 所示，如果 ISDX 曲线 1 的端点落在 ISDX 曲线 2 上，可选择 ISDX 曲线 1 进行编辑，在其端点设置"曲率"（Curvature），完成操作后，曲线 1 在其端点处与曲线 2 的曲率相同。

　　注意：练习时，请先将工作目录设置至 D:\proewf5.2\work\ch08.03，然后打开文件 edit_curvature1.prt。

图 8.3.37　设置"曲率"（Curvature）（一）

　　如图 8.3.38 所示，当 ISDX 曲线 1 的端点与 ISDX 曲线 2 的某一端点重合时，此时如果选择 ISDX 曲线 1 进行编辑，在其端点设置"曲率"（Curvature），完成操作后，ISDX 曲线 1 和 ISDX 曲线 2 在此端点曲率相同。注意：与曲线的相切相似，此时端点两边的相切指示线显示不同的形状（一边为直线，一边为复合箭头），无箭头的一段为"主控端"，用户可拖拉此端相切指示线，调整其长度，也可以旋转其角度，并且在带动另一边的相切指示线的同时旋转角度；有箭头的一段为"受控端"，用户可拖拉此端相切指示线，调整其长度，但不能旋转其角度。

　　与曲线的相切一样，单击"主控端"的尾部，可将其变为"受控端"。

　　注意：练习时，请先将工作目录设置至 D:\proewf5.2\work\ch08.03，然后打开文件 edit_curvature2.prt。

图 8.3.38　设置"曲率"（Curvature）（二）

　　（11）曲面相切（Surface Tangent）。如图 8.3.39 所示，如果 ISDX 曲线 1 的端点落在曲面 2 上，可选择 ISDX 曲线 1 进行编辑，在其端点设置"曲面相切"（Surface Tangent），完成操作后，曲线 1 在其端点处与曲面 2 相切。

　　注意：练习时，请先将工作目录设置至 D:\proewf5.2\work\ch08.03，然后打开文件 edit_surface_tangent.prt。

图 8.3.39　设置"曲面相切"（Surface Tangent）

（12）曲面曲率（Surface curvature）。如图 8.3.40 所示，如果 ISDX 曲线 1 的端点落在曲面 2 上，可选择 ISDX 曲线 1 进行编辑，在其端点设置"曲面曲率"（Surface Curvature），完成操作后，曲线 1 在其端点处与曲面 2 的曲率相同。

注意：练习时，请先将工作目录设置至 D:\proewf5.2\work\ch08.03，然后打开文件 edit_surface_curvature.prt。

图 8.3.40　设置"曲面曲率"（Surface Curvature）

8.3.3　在 ISDX 曲线上添加点

可在 ISDX 曲线上添加点，操作方法如下。

Step1. 设置工作目录和打开文件。先将工作目录设置至 D:\proewf5.2\work\ch08.03，然后打开文件 edit_add_point.prt。

Step2. 设置模型显示状态。

（1）单击 🔲、🔌 和 ✖️ 按钮，使基准面、基准轴和坐标系不显示。

（2）隐藏模型中的曲线（Curve）层。在层树中，选取模型曲线层 `03　PRT_ALL_CURVES`，右击，然后从系统弹出的快捷菜单中选择 `隐藏` 命令，单击"重画当前视图"按钮 🔳。

Step3. 编辑定义模型树中的造型特征，进入 ISDX 环境，在该环境中，单击"编辑曲线"按钮 ✏️。

Step4. 单击图 8.3.41 中的 ISDX 曲线。

Step5. 在 ISDX 曲线上的图 8.3.42 所示的位置右击，此时系统弹出图 8.3.43 所示的快捷菜单。

Step6. 在图 8.3.43 所示的快捷菜单中，如果选择 `添加点(A)` 命令，系统在单击处添加一个点，如图 8.3.44 所示；如果选择 `添加中点(M)` 命令，系统则在单击处的区间段的中点处添加一个点，如图 8.3.45 所示。

单击此 ISDX 曲线进行添加点的操作

在此处单击这条 ISDX 曲线，然后右击

图 8.3.41 单击 ISDX 曲线　　　　　图 8.3.42 右击 ISDX 曲线

Step7. 完成编辑后，单击"编辑"操控板中的按钮 ✓ 。

在单击处添加一个点
在单击处的区间段的中点处添加一个点
端点上的平面
删除 ISDX 曲线

在单击处添加此点

图 8.3.43 快捷菜单　　　　　　　　图 8.3.44 添加点

在单击处的区间段的中点添加此点

这是单击处的区间段

图 8.3.45 添加中点

8.3.4 删除 ISDX 曲线

如图 8.3.46 所示，删除 ISDX 曲线的操作方法如下。

Step1. 在ISDX环境中单击"编辑曲线"按钮 ✐ 。

Step2. 在图 8.3.46 所示处单击 ISDX 曲线，然后右击，在系统弹出的快捷菜单中选择 删除曲线(D) 命令，如图 8.3.43 所示。

Step3. 此时系统弹出"确认"对话框，并提示 是否删除选定图元? ，单击 是(Y) 按钮，该 ISDX 曲线即被删除。

在此处单击此 ISDX 曲线，然后右击

图 8.3.46 删除 ISDX 曲线

8.3.5　删除 ISDX 曲线上的点

用户可删除 ISDX 曲线上的点，操作方法如下。

Step1. 在 ISDX 环境中单击"编辑曲线"按钮 。

Step2. 单击图 8.3.47 中的 ISDX 曲线。

Step3. 单击图 8.3.48 所示的位置"点"处，然后右击，此时系统弹出图 8.3.49 所示的快捷菜单。

Step4. 在图 8.3.49 所示的快捷菜单中选择 删除(D) 命令，则所选点即被删除。此时 ISDX 曲线如图 8.3.50 所示。

图 8.3.47　选取 ISDX 曲线　　　　图 8.3.48　右击"点"　　　　图 8.3.49　快捷菜单（一）

说明： 在选中图 8.3.48 所示的"点"后，通过右击有时会出现图 8.3.51 所示的快捷菜单，但其结果都是一样的。

图 8.3.50　删除点　　　　　　　　图 8.3.51　快捷菜单（二）

8.3.6　分割 ISDX 曲线

可对 ISDX 曲线进行分割，也就是将一条 ISDX 曲线破断为两条 ISDX 曲线。曲线一经分割，有时候曲率会不连续。操作方法如下。

Step1. 在 ISDX 环境中单击"编辑曲线"按钮 。

Step2. 选取图 8.3.52 中的 ISDX 曲线。

Step3. 选取图 8.3.53 所示的位置"点"，然后右击，系统弹出图 8.3.54 所示的快捷菜单。

图 8.3.52　选取 ISDX 曲线　　　　　　图 8.3.53　右击"点"

Step4. 在图 8.3.54 所示的快捷菜单中选择 分割 命令，则曲线在该点处分割为两条 ISDX 曲线，如图 8.3.55 所示。

图 8.3.54　快捷菜单

图 8.3.55　分割 ISDX 曲线

说明：在选中图 8.3.53 所示的"点"后，通过右击有时会出现图 8.3.51 所示的快捷菜单，但其结果都是一样的。

8.3.7　组合 ISDX 曲线

如果两条 ISDX 曲线首尾相连，则可选择其中任一条 ISDX 曲线进行"组合"操作，也就是在公共端点处将两条 ISDX 曲线合并为一条 ISDX 曲线。操作方法如下。

Step1. 设置工作目录和打开文件。先将工作目录设置至 D:\proewf5.2\work\ch08.03，然后打开文件 edit_combine.prt。

Step2. 设置模型的显示状态：单击 、 和 按钮，使基准面、基准轴和坐标系不显示。

Step3. 编辑定义模型树中的造型特征，进入 ISDX 环境。

Step4. 进入 ISDX 环境后，单击"编辑曲线"按钮 ，然后选取图 8.3.56 所示的 ISDX 曲线 2。

Step5. 选取图 8.3.57 所示的 ISDX 曲线的公共端点，然后右击，系统弹出图 8.3.58 所示的快捷菜单。

图 8.3.56　单击 ISDX 曲线 2

图 8.3.57　右击公共端点

Step6. 在图 8.3.58 所示的快捷菜单中选择 组合 命令，则 ISDX 曲线 1、曲线 2 在此端点处合并为一条 ISDX 曲线，如图 8.3.59 所示。

说明：在选中图 8.3.57 所示的"点"后，通过右击有时会出现图 8.3.60 所示的快捷菜单，但其结果都是一样的。

图 8.3.58　快捷菜单（一）　　　图 8.3.59　组合 ISDX 曲线　　　图 8.3.60　快捷菜单（二）

8.3.8　延伸 ISDX 曲线

如图 8.3.61 所示，选取一条 ISDX 曲线的某个端点，可从端点延长该 ISDX 曲线。操作方法如下。

图 8.3.61　单击 ISDX 曲线

Step1. 设置工作目录和打开文件。先将工作目录设置至 D:\proewf5.2\work\ch08.03，然后打开文件 curve_edit.prt。

Step2. 编辑定义模型树中的造型特征。进入 ISDX 环境，在该环境中单击"编辑曲线"按钮 ✍。

Step3. 单击图 8.3.61 中的 ISDX 曲线。

Step4. 选择延伸属性：如图 8.3.62 所示，单击操控板中的 点 按钮，在弹出的界面中可以看到 ISDX 曲线的延伸选项有如下 3 种选择。

图 8.3.62　操控板中"点"按钮

- 自由：源 ISDX 曲线与其延长的曲线段在端点处自由连接，如图 8.3.63 所示。
- 相切：源 ISDX 曲线与其延长的曲线段在端点处相切连接，如图 8.3.64 所示。
- 曲率：源 ISDX 曲线与其延长的曲线段在端点处曲率相等连接，如图 8.3.65 所示。

Step5. 按住 Shift 和 Alt 键，在图中所示 ISDX 曲线端点外取一点，即可延长曲线，分别如图 8.3.63、图 8.3.64 和图 8.3.65 所示。

图 8.3.63 自由　　　　　图 8.3.64 相切　　　　　图 8.3.65 曲率

8.3.9 ISDX 曲线的复制和移动

在 ISDX 环境中，选择 编辑(E) 下拉菜单中的 复制(C) 、 按比例复制(Y) 和 移动(V) 命令（如图 8.3.66 所示），可对 ISDX 曲线进行复制和移动操作，具体说明如下。

- 复制(C) ：复制 ISDX 曲线。复制操作时，可在操控板中输入 X、Y、Z 坐标值以便精确定位。
- 按比例复制(Y) ：复制选定的曲线并按比例缩放它们。
- 移动(V) ：移动 ISDX 曲线。如果 ISDX 曲线上有软点，则移动后系统不会断开曲线上的软点链接。操作时，可在操控板中输入 X、Y、Z 坐标值以便精确定位。

注意：

（1）ISDX 曲线的 复制(C) 、 移动(V) 功能仅限于自由（Free）与平面（Planar）曲线，并不适用于下落曲线、COS 曲线。

（2）ISDX 曲线在其端点的相切设置会在复制移动过程中保持不变。

下面将举例介绍复制和移动 ISDX 曲线的操作过程。

Step1. 设置工作目录和打开文件。先将工作目录设置至 D:\proewf5.2\work\ch08.03，然后打开文件 edit_copy.prt。

Step2. 设置模型显示状态。

（1）单击 、 和 按钮，使基准面、基准轴和坐标系不显示。

（2）单击 按钮，选择 copy 视图。

Step3. 编辑定义模型树中的造型特征，进入 ISDX 环境。

Step4. 进入 ISDX 环境后，单击"编辑曲线"按钮 ，然后选取图 8.3.67 所示的 ISDX 曲线 1。

图 8.3.66　"编辑"下拉菜单

图 8.3.67　选取 ISDX 曲线 1

Step5. 选择不同的命令进行操作。

（1）如果选择下拉菜单 编辑(E) ➡ 复制(C) 命令，此时操控板如图 8.3.68 所示，同时模型周围会出现图 8.3.69 所示的控制杆和选取框。

图 8.3.68　操控板（一）

（2）点取 ISDX 曲线 1 并移动鼠标，即可得到 ISDX 曲线 1 的副本，如图 8.3.70 所示。

图 8.3.69　控制杆和选取框

图 8.3.70　复制 ISDX 曲线 1

（3）如果选择下拉菜单 编辑(E) ➡ 按比例复制(Y) 命令，在图 8.3.71 所示的操控板（二）中选中 ☑ 断开链接 复选框，即可得到 ISDX 曲线 1 的副本，如图 8.3.72 所示。

图 8.3.71　操控板（二）

图 8.3.72　按比例复制

（4）如果选择下拉菜单 编辑(E) ➡ 移动(V) 命令，此时操控板如图 8.3.73 所示，同时图形区中的模型周围出现图 8.3.69 所示的控制杆和背景选取框。点取 ISDX 曲线 1 并移动鼠标，即可移动 ISDX 曲线 1，如图 8.3.74 所示。

图 8.3.73　操控板（三）

图 8.3.74　移动 ISDX 曲线 1

Step6. 完成复制或移动操作，单击操控板中的 ✓ 按钮。

8.4　创建 ISDX 曲面

前面讲解了如何创建、编辑 ISDX 曲线，下面讨论如何用 ISDX 曲线创建 ISDX 曲面。ISDX 曲面的创建至少需要 3 条曲线，这些曲线要相互封闭，但不一定首尾相连。

下面举例说明 ISDX 曲面的创建过程。

Step1. 设置工作目录和打开文件。

（1）选择下拉菜单的 文件(F) ➡ 设置工作目录(W)... 命令，将工作目录设置至 D:\proewf5.2\work\ch08.04。

（2）选择下拉菜单的 文件(F) ➡ 打开(O)... 命令，打开文件 create_isdx_surface.prt。

Step2. 设置模型显示状态。

（1）单击 ⬚ 按钮，将模型设置为着色显示状态。

（2）单击 ⬚、⬚ 和 ⬚ 按钮，使基准面、基准轴和坐标系不显示。

（3）单击 ⬚ 按钮，选择 Course_V1 视图。此时模型如图 8.4.1 所示，模型树如图 8.4.2 所示。

Step3. 编辑定义模型树中的造型特征，进入 ISDX 环境：在图 8.4.2 所示的模型树中右击 🔲 类型 1 ，从弹出的快捷菜单中选择 编辑定义 命令。

图 8.4.1 模型   图 8.4.2 模型树

Step4. 首选项设置：选择下拉菜单的 造型(Y) ➡ 首选项(F)... 命令，在"造型首选项"对话框的 栅格 区域中取消选中 ☐ 显示栅格 复选框，关闭"造型首选项"对话框。

Step5. 单击"创建曲面"按钮 ⬜，此时系统显示图 8.4.3 所示的"曲面创建"操控板（一）。

图 8.4.3 "曲面创建"操控板（一）

Step6. 在图 8.4.1 中选取 ISDX 曲线 1；然后按住键盘上的 Ctrl 键，分别选取 ISDX 曲线 2、ISDX 曲线 3 和 ISDX 曲线 4（注意：这 4 条 ISDX 曲线的选择顺序可随意改变），此时系统便以这 4 条 ISDX 曲线为边界形成一个 ISDX 曲面。此时"曲面创建"操控板（二）如图 8.4.4 所示。

图 8.4.4 "曲面创建"操控板（二）

Step7. 如果希望前面创建的 ISDX 曲面通过图 8.4.1 所示的 ISDX 曲线 5，可在图 8.4.4 所示的"曲面创建"操控板中，单击 内部 下面的区域，然后选取 ISDX 曲线 5，这样 ISDX 曲面便通过 ISDX 曲线 5，结果如图 8.4.5 所示。此时"曲面创建"操控板（三）如图 8.4.6 所示。

Step8. 完成 ISDX 曲面的创建后，单击"曲面创建"操控板中的 ✔ 按钮。

图 8.4.6　"曲面创建"操控板（三）　　　　　　　图 8.4.5　创建 ISDX 曲面

8.5　编辑 ISDX 曲面

编辑 ISDX 曲面，主要是编辑 ISDX 曲面中的 ISDX 曲线，下面举例说明 ISDX 曲面的一些编辑方法和操作过程。

Step1. 设置工作目录和打开文件。

（1）选择下拉菜单的 文件(F) ➡ 设置工作目录(W)... 命令，将工作目录设置至 D:\proewf5.2\work\ch08.05。

（2）选择下拉菜单的 文件(F) ➡ 打开(O)... 命令，打开文件 edit_isdx_surface.prt。

Step2. 设置模型显示状态。单击 按钮，将模型设置为着色显示状态；单击 、 和 按钮，使基准面、基准轴和坐标系不显示；单击 按钮，选择 Course_V1 视图，此时模型如图 8.5.1 所示，模型树如图 8.5.2 所示。

图 8.5.1　模型　　　　　　　　　　　　　图 8.5.2　模型树

Step3. 编辑定义模型树中的造型特征，进入 ISDX 环境：在图 8.5.2 所示的模型树中右击 类型 1 ，从弹出的快捷菜单中选择 编辑定义 命令。

Step4. 首选项设置：选择下拉菜单 造型(Y) ➡ 首选项(F)... 命令，在"造型首选项"对话框的 栅格 区域中取消选中 显示栅格 复选框，关闭"造型首选项"对话框。

Step5. 对曲面进行编辑。

曲面的编辑方式主要有如下几种。

（1）删除 ISDX 曲面。

① 如图 8.5.3 所示，选取欲删除的 ISDX 曲面，注意此时该 ISDX 曲面变为粉红色。

② 选择下拉菜单 编辑(E) ➡ 删除(D)▶ ➡ 删除(D) 命令。

③ 此时系统弹出"确认"对话框，并提示 是否删除选定图元?，单击 是(Y) 按钮，该 ISDX 曲面即被删除，如图 8.5.3 所示。

单击此 ISDX 曲面，注意此时该曲面变为粉红色

图 8.5.3　删除 ISDX 曲面

（2）通过移动 ISDX 曲面中的 ISDX 曲线来改变曲面的形状。

① 移动图 8.5.4 所示的 ISDX 曲线 3。

② 选择下拉菜单 编辑(E) ➡ 全部再生(G) 命令，再生后的 ISDX 曲面如图 8.5.5 所示。

ISDX 曲线 3　　　　将 ISDX 曲线 3 移动到此位置

图 8.5.4　移动 ISDX 曲线 3　　　　　　　　　　图 8.5.5　再生后的 ISDX 曲面

（3）通过编辑 ISDX 曲线上的点来编辑 ISDX 曲面。

① 单击"编辑曲线"按钮 ，选取图 8.5.6 所示的 ISDX 曲线进行编辑。

② 拖拉该 ISDX 曲线的点，可观察到 ISDX 曲面的形状随之动态变化。

选取此 ISDX 曲线进行编辑　　　　　　　　　　拖拉 ISDX 曲线此点，曲面的形状随之动态变化

图 8.5.6　编辑 ISDX 曲面

（4）通过在 ISDX 曲面上添加一条内部控制线对曲面进行编辑。

① 创建一条内部控制 ISDX 曲线。单击"创建曲线"按钮 ，绘制图 8.5.7 所示的 ISDX 曲线 6（绘制时可按住 Shift 键），然后单击操控板中的 按钮。

注意：同一方向的多条控制线不能相交，控制线和边线也不能相交；当两个方向上有控制线时，不同方向的控制线则必须相交。比如图 8.5.7 所示两条控制线不能相交，图 8.5.8 所示两控制线必须相交。另外，ISDX 曲面的内部控制线端点要落在曲面的边线上。

图 8.5.7   绘制 ISDX 曲线 6   图 8.5.8   两条 ISDX 曲线相交

② 选取 ISDX 曲面（注意：此时该 ISDX 曲面变为粉红色），右击，此时系统弹出图 8.5.9 所示的快捷菜单，选择该菜单中的 编辑定义 命令。

图 8.5.9   快捷菜单

③ 在图 8.5.10 所示的"曲面创建"操控板（一）中，单击 参照 按钮，在弹出的界面中单击 内部 下面的区域，然后按住 Ctrl 键，选取 ISDX 曲线 6；这样 ISDX 曲线 6 和 ISDX 曲线 5 同时成为 ISDX 曲面的内部控制曲线，如图 8.5.11 所示。

图 8.5.10   "曲面创建"操控板（一）   图 8.5.11   设置内部控制曲线

注意：此时"曲面创建"操控板中的"内部"控制曲线列表中有两条 ISDX 曲线，它们分别为 ISDX 曲线 5 和 ISDX 曲线 6，如图 8.5.12 所示。

此"内部"控制曲线列表中有两条 ISDX 曲线，它们分别为 ISDX 曲线 5 和曲线 6

图 8.5.12 "曲面创建"操控板（二）

8.6 ISDX 曲面的连接

通过前面的学习，可知 ISDX 曲面质量主要取决于曲线的质量，除此之外，还有一个重要的因素影响 ISDX 曲面质量，这就是曲面间的连接关系。两个相邻曲面的连接关系有三种情况：衔接（Matched）、相切（Tangent）和曲率（Curvature）。为了保证两个相邻曲面的光滑过渡，应该设置相切（Tangent）或曲率（Curvature）连接关系。

下面举例说明 ISDX 曲面连接的一些情况和一般操作过程。

Step1. 设置工作目录和打开文件。

（1）选择下拉菜单的 文件(F) ➡️ 设置工作目录(W)... 命令，将工作目录设置至 D:\proewf5.2\work\ch08.06。

（2）选择下拉菜单的 文件(F) ➡️ 打开(O)... 命令，打开文件 isdx_surface_connection.prt。

Step2. 设置模型显示状态。

（1）单击 按钮，将模型设置为着色显示状态。

（2）单击 、 和 按钮，使基准面、基准轴和坐标系不显示。

（3）单击 按钮，选择 Course_V1 视图，此时模型如图 8.6.1 所示，模型树如图 8.6.2 所示。

图 8.6.1 模型

图 8.6.2 模型树

Step3. 编辑定义模型树中的造型特征，进入 ISDX 环境：在图 8.6.2 所示的模型树中右击 类型 1 ，从弹出的快捷菜单中选择 编辑定义 命令。

Step4. 首选项设置：选择下拉菜单 造型(Y) ➡️ 优先选项(F)... 命令，在"造型首选项"

对话框的 ▨ 区域中取消选中 □▨ 复选框，关闭"造型首选项"对话框。

Step5. 创建 ISDX 曲面 1。

（1）单击"创建曲面"按钮 ▢ 。

（2）在图 8.6.1 中选取 ISDX 曲线 1；然后按住键盘上的 Ctrl 键，分别选取 ISDX 曲线 2、ISDX 曲线 5 和 ISDX 曲线 4，此时系统便以这 4 条 ISDX 曲线为边界形成 ISDX 曲面 1，如图 8.6.3 所示。

（3）单击"曲面创建"操控板中的 ✔ 按钮，完成 ISDX 曲面 1 的创建。

Step6. 创建 ISDX 曲面 2。

（1）单击"创建曲面"按钮 ▢ 。

（2）在图 8.6.1 中选取 ISDX 曲线 2；然后按住键盘上的 Ctrl 键，分别选取 ISDX 曲线 3、ISDX 曲线 4 和 ISDX 曲线 5，此时系统便以这 4 条 ISDX 曲线为边界形成 ISDX 曲面 2，如图 8.6.4 所示。注意：此时在 ISDX 曲面 1 与 ISDX 曲面 2 的公共边界线（ISDX 曲线 5）上出现一个小小的图标，该图标是 ISDX 曲面 2 与 ISDX 曲面 1 间的连接标记，我们可以改变此图标的大小。操作方法为：选择下拉菜单 造型(Y) ➡ 优先选项(P)... 命令，在"造型首选项"对话框的 曲面 下的 连接图标比例 文本框中输入 10.0，并按<Enter>键；关闭"造型首选项"对话框，可看到此图标变大，并出现连接标记，如图 8.6.5 所示。

（3）单击"曲面创建"操控板中的按钮 ✔ ，完成 ISDX 曲面 2 的创建。

图 8.6.3　创建 ISDX 曲面 1　　　　图 8.6.4　创建 ISDX 曲面 2

图 8.6.5　连接标记

Step7. 修改 ISDX 曲面 2 与 ISDX 曲面 1 间的连接类型。

（1）选取 ISDX 曲面 2。

（2）单击"连接 ISDX 曲面"按钮 ，此时系统显示图 8.6.6 所示的操控板。

（3）ISDX 曲面 2 与 ISDX 曲面 1 间的连接类型有以下 3 种。

图 8.6.6　操控板

- **相切**（Tangent）

两个 ISDX 曲面在连接处相切，如图 8.6.7 所示，连接图标显示为单线箭头。注意：与 ISDX 曲线的相切相似，无箭头的一段为"主控端"，此端所在的曲面（ISDX 曲面 1）为主控曲面；有箭头的一段为"受控端"，此端所在的曲面（ISDX 曲面 2）为受控曲面。单击"主控端"的尾部，可将其变为"受控端"，如图 8.6.8 所示，可看到两个曲面均会产生一些变化。

图 8.6.7　设置为"相切"类型 1　　　　　图 8.6.8　设置为"相切"类型 2

- **曲率**（Curvature）

在图 8.6.7 中，左键双击相切连接图标的中部，连接图标将变成多线箭头（如图 8.6.9 所示），此时两个 ISDX 曲面在连接处的各点的曲率相等，这就是"曲率"（Curvature）连接。注意：与 ISDX 曲面的相切连接一样，无箭头的一段为"主控端"，此端所在的曲面（即 ISDX 曲面 1）为主控曲面；有箭头的一段为"受控端"，此端所在的曲面（即 ISDX 曲面 2）为受控曲面。同样，单击"主控端"的尾部，可将其变为"受控端"。

- **衔接**（Matched）

按住键盘 Shift 键，单击相切连接图标或曲率连接图标的中部，连接图标将变成"虚线"（如图 8.6.10 所示），此时两个 ISDX 曲面在连接处的各点既不相切、曲率也不相等，这就是"衔接"（Matched）连接。

两个曲面"衔接"（Matched）时，曲面间不是光滑连接。单击中间的公共曲线，然后右击，从弹出的快捷菜单中选择 隐藏(H) 命令，立即可看到曲面的连接处有一道凸出"痕迹"，如图 8.6.11 所示。

图 8.6.9　设置为"曲率"类型　　　　　图 8.6.10　设置为"衔接"类型 1

曲面的连接处有一道凸出"痕迹"，
表明两个曲面不是光滑连接

图 8.6.11　设置为"衔接"类型 2

8.7　ISDX 曲面的修剪

用 ISDX 曲面上的一条或多条 ISDX 曲线可以修剪该 ISDX 曲面，如图 8.7.1 所示，中间一条 ISDX 曲线是 ISDX 曲面中的内部曲线，用这条内部曲线可以修剪图中所示的整张 ISDX 曲面。下面以此例说明 ISDX 曲面修剪的一般操作过程。

Step1. 设置工作目录和打开文件。

（1）选择下拉菜单的 文件(F) ➡ 设置工作目录(W)... 命令，将工作目录设置至 D:\proewf5.2\work\ch08.07。

（2）选择下拉菜单 文件(F) ➡ 打开(O)... 命令，打开文件 isdx_surface_trim.prt。

Step2. 设置模型显示状态。

（1）单击 按钮，将模型设置为着色显示状态。

（2）单击 、 和 按钮，使基准面、基准轴和坐标系不显示。

（3）单击 按钮，选择 Course_V1 视图，此时模型如图 8.7.1 所示，模型树如图 8.7.2 所示。

这是一整张 ISDX 曲面

该曲线是 ISDX 曲面
上的一条 ISDX 曲线

图 8.7.1　模型

Step3. 编辑定义模型树中的造型特征，进入 ISDX 环境：在图 8.7.2 所示的模型树中右击 类型 1 ，从弹出的快捷菜单中选择 编辑定义 命令。

Step4. 首选项设置。

（1）选择下拉菜单 造型(Y) ➡ 首选项(F)... 命令。

（2）在"造型首选项"对话框的 栅格 区域中取消选中 显示栅格 复选框，关闭"造型首选项"对话框。

Step5. 修剪 ISDX 曲面。

（1）单击"修剪 ISDX 曲面"按钮，系统弹出图 8.7.3 所示的操控板（一）。

图 8.7.2　模型树　　　　　　　　　　　　　　　　　　图 8.7.3　操控板（一）

（2）选取要修剪的 ISDX 曲面：在系统 ⬇选取要修剪的面组。 的提示下，单击图 8.7.1 所示的 ISDX 曲面。

（3）选取修剪曲线：单击 ～ 图标后的 单击此处添加项目 字符，选取图 8.7.1 所示的内部 ISDX 曲线，此时操控板（二）如图 8.7.4 所示。

图 8.7.4　操控板（二）

（4）单击 ✂ 图标后的 单击此处添加项目 字符，选取要修剪掉的 ISDX 曲面部分：单击图 8.7.5 所示的 ISDX 曲面部分。

（5）单击操控板中的 ✔ 按钮，完成 ISDX 曲面的修剪工作。修剪后的 ISDX 曲面如图 8.7.6 所示。

图 8.7.5　选取要修剪掉的 ISDX 曲面部分　　　　　　　图 8.7.6　修剪后

8.8　ISDX 曲面设计范例 1——手把的改进

范例概述

　　本范例是利用 ISDX 曲面修改模型的例子。图 8.8.1a 所示的手把是用拉伸特征创建的，造型粗糙；图 8.8.1b 所示的手把是用 ISDX 曲面进行改进后的样式，简洁美观。通过本例的学习，读者可认识到，ISDX 曲面造型是产品外观设计的有力工具，灵活、方便。零件的模型树如图 8.8.2 所示。

a）改进前　　　　b）改进后

图 8.8.1　手把的改进

图 8.8.2　零件模型树

Stage1．设置工作目录和打开文件

Step1．选择下拉菜单 文件(F) ➡ 设置工作目录(W)... 命令，将工作目录设置至 D:\proewf5.2\work\ch08.08。

Step2．选择下拉菜单 文件(F) ➡ 打开(O)... 命令，打开文件 INSTANCE_BODY_ISDX.PRT。

Step3．删除零件上原来的手把特征。

（1）在模型树中选中要删除的特征，右击 拉伸 4 ，再从弹出的快捷菜单中选择 删除 命令。

（2）在系统弹出的"删除"对话框中单击 确定 按钮，确认删除该特征及所有子特征。

Stage2．创建图 8.8.3 所示的造型曲面特征

造型曲面特征

图 8.8.3　创建造型曲面特征

Step1．进入造型环境。选择下拉菜单 插入(I) ➡ 造型(Y)... 命令。

Step2．创建图 8.8.4 所示的 ISDX 曲线 1。

（1）设置活动平面。单击 按钮，选择 CENTER 基准平面为活动平面。

（2）设置模型显示状态。单击 和 按钮，使基准轴和坐标系不显示；选择下拉菜单 造型(Y) ➡ 首选项(F)... 命令，在"造型首选项"对话框的 栅格 区域中取消选中 显示栅格 复选框，关闭"造型首选项"对话框；在模型树中右击 CENTER ，然后从系统弹出的快捷菜单中选择 隐藏 命令；在图形区右击，从弹出的快捷菜单中选择 活动平面方向 命令，调整模型的摆放方位；单击 按钮，将模型设置为线框显示状态，此时模型如图 8.8.5 所示。

图 8.8.4　创建 ISDX 曲线 1

图 8.8.5　活动平面的方向

（3）创建初步的 ISDX 曲线 1。单击 ~ 按钮；在操控板中单击 ⬚ 按钮；绘制图 8.8.6 所示的初步的 ISDX 曲线 1，然后单击操控板中的 ✓ 按钮。

（4）对照曲线的曲率图，编辑初步的 ISDX 曲线 1。

① 单击"编辑曲线"按钮 ⬚，选取图 8.8.6 所示的初步的 ISDX 曲线 1。

② 单击操控板中的 ❚❚ 按钮，当 ❚❚ 按钮变为 ▶ 时，再单击"显示曲线曲率"按钮 ⬚，然后单击图 8.8.7 中的 ISDX 曲线 1；对照图 8.8.7 所示的曲率图（注意：此时在 比例 文本框中输入 30.00），对 ISDX 曲线 1 上的点进行拖拉编辑。

③ 在"曲率"对话框的下拉列表中选择 已保存 ，然后单击"曲率"对话框中的 ✓ 按钮，退出"曲率"对话框。

④ 单击操控板中的 ▶ 按钮，对照图 8.8.7 中的曲率图，对 ISDX 曲线 1 上的其他几个点进行拖拉编辑。此时可观察到曲线的曲率图随着点的移动而即时变化。

⑤ 如果要关闭曲线曲率图的显示，单击工具栏中的 ⬚ 按钮。

（5）完成编辑后，单击操控板中的 ✓ 按钮。

图 8.8.6　初步的 ISDX 曲线 1

图 8.8.7　ISDX 曲线 1 的曲率图

Step3. 创建图 8.8.8 所示的 ISDX 曲线 2。

（1）设置活动平面：活动平面仍然是 CENTER 基准平面。

（2）设置模型显示状态。在图形区右击，从弹出的快捷菜单中选择 活动平面方向 命令；单击 ⬚ 按钮，将模型设置为线框显示状态。

（3）创建初步的 ISDX 曲线 2。单击 ~ 按钮；在操控板中单击 ⬚ 按钮；绘制图 8.8.9 所示的初步的 ISDX 曲线 2，然后单击操控板中的 ✓ 按钮。

图 8.8.8　创建 ISDX 曲线 2　　　　　　　　图 8.8.9　初步的 ISDX 曲线 2

（4）对照曲线的曲率图，编辑初步的 ISDX 曲线 2。

① 单击"编辑曲线"按钮 ，单击图 8.8.9 中初步的 ISDX 曲线 2。

② 单击操控板中的 按钮，当 按钮变为 时，再单击"显示曲线曲率"按钮 ，然后单击图 8.8.10 中的 ISDX 曲线 2；对照图 8.8.10 所示的曲率图（注意：此时在 文本框中输入 30.00），对 ISDX 曲线 2 上的点进行拖拉编辑。

（5）完成编辑后，单击操控板中的 按钮。

Step4. 创建图 8.8.11 所示的 ISDX 曲线 3。

图 8.8.10　ISDX 曲线 2 的曲率图　　　　　图 8.8.11　创建 ISDX 曲线 3

（1）设置活动平面。单击 按钮，选择 DTM1 基准平面为活动平面，如图 8.8.12 所示。

（2）设置模型显示状态。单击 按钮，选择 Course_V1 视图；单击 按钮，将模型设置为线框显示状态。

（3）创建初步的 ISDX 曲线 3。单击 按钮；在操控板中单击 按钮；绘制图 8.8.13 所示的初步的 ISDX 曲线 3，然后单击操控板中的 按钮。

（4）显示基准平面。在模型树中右击 ，然后从系统弹出的快捷菜单中选择 命令。

图 8.8.12　设置 DTM1 为活动平面　　　　　图 8.8.13　初步的 ISDX 曲线 3

（5）编辑初步的 ISDX 曲线 3。单击"曲线编辑"按钮 ⬛，单击图 8.8.13 中初步的 ISDX 曲线 3；按住键盘的 Shift 键，分别将 ISDX 曲线 3 的上、下两个端点拖移到 ISDX 曲线 1 和 ISDX 曲线 2，直到这两个端点变成小叉"×"，如图 8.8.14 所示。

图 8.8.14　编辑 ISDX 曲线 3

（6）设置 ISDX 曲线 3 的两个端点的法向约束。

① 选取 ISDX 曲线 3 的上端点，单击操控板中的 相切 按钮，在弹出界面的 约束 区域中的 第一 下拉列表中选择 法向 选项（如图 8.8.15 所示），选择 CENTER 基准平面作为法向平面，在图 8.8.15 所示的 长度 文本框中输入该端点切线的长度 10.0，并按<Enter>键。

图 8.8.15　操控板

② 选取 ISDX 曲线 3 的下端点，单击操控板中的 相切 按钮，在弹出界面的 约束 区域中的 第一 下拉列表中选择 法向 选项，选择 CENTER 基准平面作为法向平面，端点切线的长度为 12.0。两个端点的法向约束完成后，曲线如图 8.8.16 所示。

图 8.8.16　设置约束后的状态

（7）对照曲线的曲率图，进一步编辑 ISDX 曲线 3。

① 在图形区右击，从弹出的快捷菜单中选择 活动平面方向 命令。

② 单击 ⟁ 按钮，使基准平面不显示。

③单击操控板中的 ❚❚ 按钮，当 ❚❚ 按钮变为 ▶ 时，再单击"显示曲线曲率"按钮 ⟿，然后单击图 8.8.17 中的 ISDX 曲线 3；对照图 8.8.17 所示的曲率图（注意：此时在 比例 文本框中输入 5.0），对曲线上的中间点进行拖拉编辑。

④ 选取曲线的上端点，单击操控板中的 相切 按钮，将 长度 文本框中的值改为 8.0，并按<Enter>键，曲率图变为如图 8.8.18 所示，从该曲率图可以看到现在的曲线更光滑一些。

（8）完成编辑后，单击操控板中的 ✔ 按钮。

图 8.8.17　长度为 5.0 的曲率图

图 8.8.18　长度为 8.0 的曲率图

Step5. 创建图 8.8.19 所示的 ISDX 曲线 4。

（1）创建图 8.8.20 所示的基准平面 DTM2。

① 单击工具栏中的"创建基准平面"按钮 ▱。

图 8.8.19　创建 ISDX 曲线 4

图 8.8.20　创建基准平面 DTM2

② 系统弹出"基准平面"对话框，选取 FRONT 基准平面为参照平面（可以从模型树中选取），偏移值为 6.0。

（2）设置模型显示状态。

① 单击 ⟁ 按钮，使基准平面显示。

② 单击 ▱ 按钮，将模型设置为线框显示状态。

③ 选择下拉菜单 造型(Y) ➡ 首选项(F)... 命令，选中 ☑ 显示册格 复选框。

④ 单击 ᴬᴮ 按钮，选择 Course_V1 视图。

（3）单击 ▱ 按钮，选择 DTM2 基准平面为活动平面，此时模型如图 8.8.21 所示。

（4）再次设置模型显示状态。

① 单击 ⊿ 按钮，使基准平面不显示。

② 选择下拉菜单 造型(Y) ➡ 首选项(F)... 命令，取消选中 □ 显示栅格 复选框。

图 8.8.21　设置 DTM2 为活动平面

（5）创建初步的 ISDX 曲线 4。

① 单击 ～ 按钮。

② 单击操控板中的 按钮。

③ 绘制图 8.8.22 所示的初步的 ISDX 曲线 4，然后单击操控板中的 ✓ 按钮。

图 8.8.22　初步的 ISDX 曲线 4

（6）编辑初步的 ISDX 曲线 4。

① 单击"编辑曲线"按钮 ⚞，单击图 8.8.22 中初步的 ISDX 曲线 4。

② 按住键盘的 Shift 键，分别将曲线的左端点拖移到 ISDX 曲线 2 上，将右端点拖移到 ISDX 曲线 1 上，直到这两个端点变成小叉"×"，如图 8.8.23 所示。

注意：

● 要十分小心，不要将曲线的左、右端点拖到模型的其他边线上。

● ISDX 曲线 1 和 ISDX 曲线 2 的下部的两个端点必须在 DTM2 基准平面以下，如图 8.8.24 所示，否则无法将曲线的两个端点拖到 ISDX 曲线 1、2 上。

图 8.8.23　初步的 ISDX 曲线 4

图 8.8.24　ISDX 曲线 1、2 的下部端点在 DTM2 以下

（7）设置 ISDX 曲线 4 的两个端点的法向约束。

① 单击 按钮，使基准平面显示。如图 8.8.25 所示，选取 ISDX 曲线 4 的左端点，单击操控板中的 相切 按钮，在弹出界面的 约束 区域中的 第一 下拉列表中选择 法向 选项，选择 CENTER 基准平面作为法向平面，在 长度 文本框中输入切线的长度 10.0，并按<Enter>键。

② 选取 ISDX 曲线 4 的右端点，在弹出界面的 约束 区域中的 第一 下拉列表中选择 法向 选项，选择 CENTER 基准平面作为法向平面，端点切线的长度为 8.0。两个端点的法向约束完成后，曲线如图 8.8.25 所示。

（8）对照曲线的曲率图，进一步编辑 ISDX 曲线 4。在图形区右击，从弹出的快捷菜单中选择 活动平面方向 命令；单击 按钮，使基准平面不显示；单击操控板中的 按钮，当 按钮变为 时，再单击"显示曲线曲率"按钮 ，然后单击图 8.8.23 中的 ISDX 曲线 4，对照图 8.8.26 中所示的曲率图（注意：此时在 比例 文本框中输入 10.0），对曲线上的中间点进行拖拉编辑。

图 8.8.25　设置法向约束

图 8.8.26　ISDX 曲线 4 的曲率图

（9）完成编辑后，单击操控板中的 按钮。

Step6. 创建图 8.8.27 所示的 ISDX 曲线 5。

（1）设置活动平面。将活动平面设置为 FRONT 基准平面。

（2）设置模型显示状态。单击 按钮，选择 Course_V1 视图；单击 按钮，将模型设置为线框显示状态。

（3）创建初步的 ISDX 曲线 5。单击 按钮；在操控板中单击"创建自由曲线"按钮 ；绘制图 8.8.28 所示的初步的 ISDX 曲线 5，然后单击操控板中的 按钮。

图 8.8.27　创建 ISDX 曲线 5

图 8.8.28　初步的 ISDX 曲线 5

（4）将 ISDX 曲线 5 的两个端点拖拉到 ISDX 曲线 3 和 ISDX 曲线 4 上。

① 单击"编辑曲线"按钮![icon]，单击图 8.8.28 中初步的 ISDX 曲线 5。

② 按住键盘的 Shift 键，将 ISDX 曲线 5 的左、右两个端点拖拉到 ISDX 曲线 3、ISDX 曲线 4 上，直到其显示样式为小圆圈"○"，如图 8.8.29 所示。

（5）切换到 4 个视图状态，编辑初步的 ISDX 曲线 5。单击工具栏中的![icon]按钮，即可看到曲线的 4 个视图，对照图 8.8.30 所示的曲线的 4 个视图，对 ISDX 曲线 5 上的各点进行拖移操作，重点注意下部的两个视图和右上视图。

图 8.8.29 对齐端点

图 8.8.30 4 个视图状态

（6）完成编辑后，单击工具栏中的![icon]按钮，然后单击操控板中的![icon]按钮。

Step7. 创建图 8.8.31 所示的造型曲面。

（1）单击"创建 ISDX 曲面"按钮![icon]。

图 8.8.31 创建造型曲面

（2）选取边界曲线。在图 8.8.31 中选取 ISDX 曲线 1，然后按住键盘上的 Ctrl 键，分别选取 ISDX 曲线 2、ISDX 曲线 3 和 ISDX 曲线 4，此时系统便以这 4 条 ISDX 曲线为边界形成一个 ISDX 曲面。

（3）在图 8.8.32 所示的"曲面创建"操控板中，单击 内部 下面的区域，然后选取 ISDX 曲线 5，这样 ISDX 曲线 5 便成为 ISDX 曲面的内部控制曲线。

（4）完成 ISDX 曲面的创建后，单击"曲面创建"操控板中的按钮✔。

图 8.8.32　"曲面创建"操控板

Step8. 完成造型设计，退出造型环境：选择下拉菜单 造型(Y) ➡ 完成(D) 命令（或单击✔按钮）。

Stage3. 镜像、合并造型曲面

Step1. 创建图 8.8.33 所示的造型曲面的镜像。选取要镜像的造型曲面；选择下拉菜单 编辑(E) ➡ 镜像(I)... 命令；选取镜像平面 CENTER 基准平面（可以从模型树中选择）。

Step2. 将上一步创建的镜像后的面组与源面组合并。按住 Ctrl 键，选取要合并的两个面组；选择下拉菜单 编辑(E) ➡ 合并(G)... 命令；正确无误后，单击"完成"按钮✔。注意：合并后的面组称之为"面组 1"。

Stage4. 创建平整曲面，并与面组 1 合并

Step1. 创建图 8.8.34 所示的平整曲面，其操作步骤如下。

图 8.8.33　造型曲面的镜像

创建此平整曲面

图 8.8.34　创建平整曲面

（1）选择下拉菜单 编辑(E) ➡ 填充(L)... 命令。

（2）右击，从弹出的快捷菜单中选择 定义内部草绘... 命令。创建一个封闭的草绘截面。选择 DTM1 基准平面为草绘平面，参照平面为 FRONT 基准平面，方位为 顶，草绘图 8.8.35 所示的截面草图。

Step2. 合并曲面。

（1）设置"选择"类型。单击 Pro/ENGINEER 软件界面下部的"智能选取栏"后面的 ▼ 按钮，选择"面组"选项。

（2）按住 Ctrl 键，选择面组 1 和上一步创建的平整曲面，然后进行合并，如图 8.8.36 所示。注意：这次合并后的面组称之为"面组 2"。

图 8.8.35 截面草图　　　　　　　图 8.8.36 合并曲面

Stage5. 创建复制曲面，将其与面组 2 合并，然后将合并后的面组实体化

将模型旋转到图 8.8.37 所示的视角状态，从端口看去，可以查看到面组 2 已经探到里面。下面将从模型上创建一个复制曲面，将该复制曲面与面组 2 进行合并，会得到一个封闭的面组。

Step1. 创建复制曲面，其操作步骤如下。

（1）设置"选择"类型。单击 Pro/ENGINEER 软件界面下部的"智能选取栏"后面的 ▼ 按钮，选择"几何"选项。

（2）选取图 8.8.38 所示的模型的外表面。

从此端口看去，可以查看到面组 2 已经探到里面的这一部分

图 8.8.37 旋转视角方向后

选取此模型的外表面

图 8.8.38 选取模型的外表面

（3）选择下拉菜单 编辑(E) ➡ 复制(C) 命令。

（4）选择下拉菜单 编辑(E) ➡ 粘贴(P) 命令。

（5）单击操控板中的"完成"按钮 ✓ 。

Step2. 合并面组。

（1）设置"选择"类型。单击 Pro/ENGINEER 软件界面下部的"智能选取栏"后面的 ▾ 按钮，选择"面组"选项。

（2）选择面组 2 与上步创建的复制曲面进行合并。注意：此次合并后的面组称之为"面组 3"。

注意：在合并曲面的时候，要注意方向的问题。

Step3. 实体化曲面。选取要将其变成实体的面组，即选择上步中合并的"面组 3"；选择下拉菜单 编辑(E) ➡ 实体化(Y)... 命令；单击"完成"按钮 ✓ ，完成实体化操作。

Stage6. 修改造型曲面的形状

Step1. 进入 ISDX 环境。在模型树中右击 类型 1 ，从弹出的快捷菜单中选择 编辑定义 命令。

Step2. 编辑 ISDX 曲线。单击"编辑曲线"按钮 ✐ ，选取图 8.8.39 所示的初步的 ISDX 曲线；拖移图 8.8.39 所示的 ISDX 曲线上的两点；完成编辑后，单击操控板中的 ✓ 按钮。

图 8.8.39 编辑 ISDX 曲线

Step3. 退出造型环境。选择下拉菜单 造型(Y) ➡ 完成(D) 命令。

Stage7. 圆角及文件存盘

Step1. 创建图 8.8.40 所示的圆角。选择下拉菜单 插入(I) ➡ 倒圆角(O)... 命令；在模型上选择图 8.8.40 所示的边线；圆角半径值为 3.0。

Step2. 保存零件模型文件。

图 8.8.40　创建圆角

8.9　ISDX 曲面设计范例 2——面板

范例概述

本范例是一个典型的 ISDX 曲面建模的例子，其建模思路是先创建几个基准平面和基准曲线，它们主要用于控制模型的大小和结构。进入 ISDX 模块后，先创建 ISDX 曲线并对其进行编辑，然后再用这些 ISDX 曲线构建 ISDX 曲面。通过本例的学习，读者可认识到，ISDX 曲面造型的关键是 ISDX 曲线，只有高质量的 ISDX 曲线才能获得高质量的 ISDX 曲面。面板零件模型如图 8.9.1 所示。

图 8.9.1　面板

说明：本范例的详细操作过程请参见随书光盘中 video\ch08.09\文件下的语音视频讲解文件。模型文件为 D:\proewf5.2\work\ch08.09\INSTANCE_FACE_COVER。

8.10　ISDX 曲面设计范例 3——勺子

范例概述

本范例是一个典型的 ISDX 曲面建模的例子，其建模思路是先创建几个基准平面和基准曲线（它们主要用于控制 ISDX 曲线的位置和轮廓），然后进入 ISDX 模块，创建 ISDX 曲线并对其进行编辑，再利用这些 ISDX 曲线构建 ISDX 曲面。通过本例的学习，读者可认识到：ISDX 曲面造型的关键是 ISDX 曲线，只有高质量的 ISDX 曲线才能获得高质量的 ISDX 曲面。勺子零件模型如图 8.10.1 所示。

图 8.10.1　勺子

说明：本范例的详细操作过程请参见随书光盘中 video\ch08.10\文件下的语音视频讲解文件。D:\proewf5.2\work\ch08.10\spoon_ok。

8.11　ISDX 曲面设计范例 4——吸尘器盖

范例概述

本范例是一个比较复杂的 ISDX 曲面建模的例子，其建模思路是先创建几条草绘曲线和几个基准平面特征，然后进入 ISDX 模块，创建 ISDX 曲线并对其进行编辑，再利用这些 ISDX 曲线构建第一个 ISDX 曲面；然后用同样的方法构建其他几个 ISDX 曲面（其中应用了渐消曲面），并进行曲面修剪，最后用到的命令有创建曲面镜像、曲面合并、曲面加厚、实体切削和唇特征。吸尘器盖零件模型如图 8.11.1 所示。

图 8.11.1　吸尘器盖

说明：本范例的详细操作过程请参见随书光盘中 video\ch08.11\文件下的语音视频讲解文件。D:\proewf5.2\work\ch08.11\clearner_surface_ok。

第9章 机构模块与运动仿真

本章提要 本章先介绍 Pro/ENGINEER 的机构（Mechanism）模块的基本知识和概念，例如各种连接（滑动杆、销钉等）的定义及特点、主体、拖移、连接轴设置、伺服电动机等，然后介绍一个实际的机构——瓶塞开启器运动仿真的创建过程。

9.1 概　　述

在 Pro/ENGINEER 的机构（Mechanism）模块中，可进行一个机构装置的运动仿真及分析。机构模型可引入 Pro/MECHANICA 中，以进行进一步的力学分析；也可将其引入"设计动画"中创建更加完善的动画。

9.1.1　术语

- 机构（机械装置）：由一定数量的连接元件和固定元件所组成，能完成特定动作的装配体。
- 连接元件：以"连接"方式添加到一个装配体中的元件。连接元件与它附着的元件间有相对运动。
- 固定元件：以一般的装配约束（对齐、配对等）添加到一个装配体中的元件。固定元件与它附着的元件间没有相对运动。
- 接头：指连接类型，例如销钉接头、滑板接头和球接头。
- 自由度：各种连接类型提供不同的运动（平移和旋转）自由度。
- 环连接：增加到运动环中的最后一个连接。
- 主体：机构中彼此间没有相对运动的一组元件（或一个元件）。
- 基础：机构中固定不动的一个主体。其他主体可相对于"基础"运动。
- 伺服电动机（驱动器）：伺服电动机为机构的平移或旋转提供驱动。可以在接头或几何图元上放置伺服电动机，并指定位置、速度或加速度与时间的函数关系。
- 执行电动机：作用于旋转或平移连接轴上而引起运动的力。

9.1.2　进入和退出机构模块

Step1. 设置工作目录，新建或打开一个装配模型。例如：将工作目录设置至

D:\proewf5.2\work\ch09.05\ok，然后打开装配模型 cork_driver.asm。

Step2. 进入机构模块。选择下拉菜单 应用程序(P) ➡ 机构(E) 命令，即进入机构模块，Pro/ENGINEER 机构模块界面如图 9.1.1 所示。

Step3. 退出机构模块。选择下拉菜单 应用程序(P) ➡ 标准(S) 命令。

图 9.1.1 机构模块界面

9.1.3 机构模块菜单

在"机构"界面中，与机构相关的操作命令主要位于 编辑(E) 、插入(I) 和 分析(A) 三个下拉菜单中，如图 9.1.2、图 9.1.3 和图 9.1.4 所示。

图 9.1.2 "编辑"下拉菜单

图 9.1.3   "插入"下拉菜单   图 9.1.4   "分析"下拉菜单

9.1.4   命令按钮介绍

在机构界面中，命令按钮区列出了下拉菜单中常用的"机构"模块中的按钮，如图 9.1.5 所示（要列出所有这些命令按钮，可在按钮区右击，在图 9.1.6 所示的快捷菜单中选择 机构 、 模型 和 运动 命令）。

图 9.1.5   "机构"模块中的按钮   图 9.1.6   快捷菜单

图 9.1.5 中各按钮的说明如下。

A: 打开"设置"（Settings）对话框。可设置运行优先选项和相对公差等。

B：单击此按钮，系统打开图 9.1.7 所示的"显示图元"对话框，在该对话框中可打开或关闭装配件上各种图标的显示。

C：打开"凸轮从动机构连接定义"对话框，从中可以创建或编辑一个凸轮从动机构连接。

D：打开"3D 接触"操控板，可以在两个属于不同主体的零件之间定义 3D 接触。

E：打开"齿轮副定义"对话框，从中可以创建或者编辑一个齿轮副连接。

F：打开"传送带"操控板，从中可以定义带传动。

G：打开"伺服电动机定义"对话框，从中可以定义、编辑或删除一个驱动器。

H：打开"分析定义"对话框。

I：打开"回放"对话框，从中可以回放运动运行的结果。

J：打开"测量结果"对话框，从中可以选取测量和要显示的结果集。

K：打开"重力"对话框，定义重力。

L：打开"执行电动机定义"对话框，从中可以创建或者编辑一个执行电动机。

M：打开"弹簧"操控板，从中可以创建或者编辑一个弹簧。

N：打开"阻尼器"操控板，从中可以创建或者编辑一个阻尼器。

O：打开"力/扭矩定义"对话框，从中可以创建或者编辑一个力或转矩。

P：打开"初始条件定义"对话框，从中可以创建或者编辑一个初始条件。

Q：打开"质量属性"对话框，定义质量属性。

图 9.1.7　"显示图元"对话框

9.1.5　创建一个机构装置并进行运动仿真的一般过程

Step1. 新建一个装配体模型，进入装配环境，然后选择下拉菜单 插入(I) ➡ 元件(C) ▶

➡️ 🔧 装配(A)...命令，向装配体中添加组成机构装置的固定元件及连接元件。

Step2. 选择下拉菜单 应用程序(P) ➡️ 机构(E) 命令，进入机构模块，然后选择下拉菜单 视图(V) ➡️ 方向(O)▸ ➡️ 🔧 拖动元件(D)...命令，可拖动机构装置，以研究机构装置移动方式的一般特性以及可定位零件的范围；同时可创建快照来保存重要位置，便于以后查看。

Step3. 选择下拉菜单 插入(I) ➡️ 🔧 凸轮(C)...命令，可向机构装置中增加凸轮从动机构连接（此步操作可选）。

Step4. 选择下拉菜单 插入(I) ➡️ 🔧 伺服电动机(V)...命令，可向机构装置中增加伺服电动机。伺服电动机准确定义某些接头或几何图元应如何旋转或平移。

Step5. 选择下拉菜单 分析(A) ➡️ 🔧 机构分析(Y)...命令，定义机构装置的运动分析，然后指定影响的时间范围并创建运动记录。

Step6. 选择下拉菜单 分析(A) ➡️ 🔧 回放(B)...命令，可重新演示机构装置的运动、检测干涉、研究从动运动特性、检查锁定配置，并可保存重新演示的运动结果，以便于以后查看和使用。

Step7. 选择下拉菜单 分析(A) ➡️ 🔧 测量(E)...命令，以图形方式查看位置结果。

9.2　连接与连接类型

9.2.1　连接

如果将一个元件以"连接"的方式添加到机构模型中，则该元件相对于依附元件具有某种运动的自由度。添加连接元件的方法与添加固定元件大致相同，首先选择下拉菜单 插入(I) ➡️ 元件(C)▸ ➡️ 🔧 装配(A)...命令并打开一个元件，系统会弹出图 9.2.1 所示的"元件放置"操控板，在操控板的"约束集"列表中可看到系统提供了多种"连接"类型（如刚性、销钉和滑动杆等），各种连接类型允许不同的运动自由度，每种连接类型都与一组预定义的放置约束相关联。例如，一个销钉（Pin）连接需要定义一个 轴对齐 约束和一个 平移 （即平面对齐或点对齐）约束，这样销钉连接元件就具有一个旋转自由度，而没有平移自由度，也就是该元件可以相对于依附元件旋转，但不能移动。

在向机构装置中添加一个"连接"元件前，应知道该元件与装置中其他元件间的放置约束关系、相对运动关系和该元件的自由度（DOF）。

"连接"的意义在于：

● 定义一个元件在机构中可能具有的运动方式。

● 限制主体之间的相对运动，减少系统可能的总自由度。

向装配件中添加连接元件与添加固定元件的相似之处如下。

- 两种方法都使用 Pro/ENGINEER 的装配约束进行元件的放置。
- 装配件和子装配件之间的关系相同。

图 9.2.1　"元件放置"操控板

向装配件中添加连接元件与添加固定元件的不同之处如下。

- 向装配件中添加连接元件时，定义的放置约束为不完全约束模型。系统为每种连接类型提供了一组预定义的放置约束（如销钉连接的约束集中包含"轴对齐"和"平移"两个约束），各种连接类型允许元件以不同的方式运动。
- 当为连接元件的放置选取约束参照时，要反转平面的方向，可以进行反向，而不是配对或对齐平面。
- 添加连接元件时，可以为一个连接元件定义多个连接，例如在后面的瓶塞开启器动态仿真的范例中，将连杆（connecting_rod）连到驱动杆和活塞的侧轴上时，就需要定义两个连接（一个销钉连接和一个圆柱连接）。在一个元件中增加多个连接时，第一个连接用来放置元件，最后一个连接认为是环连接。
- Pro/ENGINEER 将连接的信息保存在装配件文件中，这意味着父装配件继承了子装配件中的连接定义。

9.2.2　销钉接头

销钉（Pin）接头是最基本的连接类型，销钉接头的连接元件可以绕轴线转动，但不能沿轴线平移。

销钉接头需要一个轴对齐约束，还需要一个平面配对（对齐）约束或点对齐约束，以限制连接元件沿轴线的平移。

销钉接头提供一个旋转自由度，没有平移自由度。

举例说明如下。

Step1. 将工作目录设置至 D:\proewf5.2\work\ch09.02\mech1_pin，然后打开装配模型 mech_pin.asm。

Step2. 在图 9.2.2 所示的模型树中，选取零件 MECH_CYLINDER.PRT，右击，从弹出的图 9.2.3 所示的快捷菜单中选择 编辑定义 命令。

Step3. 创建销钉接头。

（1）在操控板的"约束集"列表中选择 销钉 选项，此时系统显示图 9.2.4 所示的"装配"操控板。

图 9.2.2 模型树   图 9.2.3 快捷菜单

图 9.2.4 "装配"操控板

（2）单击操控板中的 放置 按钮，在弹出的界面中可看到，销钉连接包含两个预定义的约束： 轴对齐 和 平移。

（3）为"轴对齐"约束选取参照。分别选取图 9.2.5 中的两条轴线（元件 MECH_PIN.PRT 和 MECH_CYLINDER.PRT 的中心轴线）。

图 9.2.5 销钉（Pin）接头

（4）为"平移"约束选取参照。分别选取图 9.2.5 中的两个平面（元件 MECH_PIN.PRT 和 MECH_CYLINDER.PRT 的端面）以将其对齐，从而限制连接件沿轴线平移。

Step4. 单击操控板中的 按钮，完成销钉接头的创建。

说明：按住 Ctrl 和 Alt 键，同时按住鼠标右键并拖动鼠标，可以平移元件；按住 Ctrl 和 Alt 键，同时按住鼠标中键并拖动鼠标，可以旋转元件。添加约束时，可以根据需要移动元件；添加完毕后，可以移动元件来查看自由度。

9.2.3　圆柱接头

圆柱（Cylinder）接头与销钉接头有些相似，如图 9.2.6 所示，圆柱接头的连接元件既可以绕轴线相对于附着元件转动，也可以沿轴线平移。

图 9.2.6　圆柱（Cylinder）接头

圆柱接头只需要一个轴对齐约束。

圆柱接头提供一个旋转自由度和一个平移自由度。

举例说明如下。

Step1. 将工作目录设置至 D:\proewf5.2\work\ch09.02\mech2_cylinder，然后打开装配模型 mech_cylinder.asm。

Step2. 在模型树中选取零件 `MECH_PIN.PRT`，右击，从弹出的快捷菜单中选择 `编辑定义` 命令。

Step3. 创建圆柱接头。

（1）在操控板的"约束集"列表中选择 `圆柱` 选项，此时系统显示"装配"操控板。

（2）单击操控板中的 `放置` 按钮。

（3）为"轴对齐"约束选取参照。分别选取图 9.2.6 中的两条轴线。

Step4. 单击操控板中的 ✔ 按钮，完成圆柱接头的创建。

9.2.4　滑动杆接头

滑动杆（Slider）接头如图 9.2.7 所示，在这种类型的接头中，连接元件只能沿着轴线相对于附着元件移动。

滑动杆接头需要一个轴对齐约束，还需要一个平面配对或对齐约束以限制连接元件转动。

滑动杆接头提供了一个平移自由度，没有旋转自由度。

图 9.2.7　滑动杆（Slider）接头

举例说明如下。

Step1. 将工作目录设置至 D:\proewf5.2\work\ch09.02\mech3_slider，然后打开装配模型 mech_slide.asm。

Step2. 在模型树中选取模型 □ MECH_CYLINDER2.PRT，右击，然后从系统弹出的快捷菜单中选择 编辑定义 命令。

Step3. 创建滑动杆连接。

（1）在"约束集"选项列表中选择 滑动杆 选项，此时系统弹出"装配"操控板。

（2）单击操控板中的 放置 按钮。

（3）定义"轴对齐"约束。分别选取图 9.2.7 中的两条轴线。

（4）定义"旋转"约束。分别选取图 9.2.7 中的两个表面。

Step4. 单击操控板中的 ✓ 按钮，完成滑动杆连接的创建。

9.2.5　平面接头

平面（Planar）接头如图 9.2.8 所示，在这种类型的接头中，连接元件既可以在一个平面内相对于附着元件移动，也可以绕着垂直于该平面的轴线相对于附着元件转动。

平面接头只需要一个平面配对或对齐约束。

平面接头提供了两个平移自由度和一个旋转自由度。

图 9.2.8　平面（Planar）接头

举例说明如下。

Step1. 将工作目录设置至 D:\proewf5.2\work\ch09.02\mech4_planar，然后打开装配模型 mech_planar.asm。

Step2. 在模型树中选取模型 □ MECH_PLANAR2.PRT，右击，然后从系统弹出的快捷菜单中选择 编辑定义 命令。

Step3. 创建平面接头。

（1）在"约束集"选项列表中选择 平面 选项，此时系统弹出"装配"操控板。

（2）单击操控板中的 放置 按钮。

（3）定义"平面"约束。分别选取图 9.2.8 中的两个表面。

Step4. 单击操控板中的 ✓ 按钮，完成平面接头的创建。

9.2.6　球接头

球（Ball）接头如图 9.2.9 所示，在这种类型的接头中，连接元件在约束点上可以沿任何方向相对于附着元件旋转。球接头只能是一个点对齐约束。球接头提供三个旋转自由度，没有平移自由度。

图 9.2.9　球（Ball）接头

举例说明如下。

Step1. 将工作目录设置至 D:\proewf5.2\work\ch09.02\mech5_ball，然后打开装配模型 mech_ball.asm。

Step2. 在模型树中选取模型 □ MECH_BALL2.PRT，右击，然后从系统弹出的快捷菜单中选择 编辑定义 命令。

Step3. 创建球接头。

（1）在"约束集"选项列表中选择 球 选项，此时系统弹出"装配"操控板。

（2）单击操控板中的 放置 按钮。

（3）定义"点对齐"约束。分别选取图 9.2.9 中的两个点。

Step4. 单击操控板中的 按钮，完成球接头的创建。

9.2.7　轴承接头

轴承（Bearing）接头是球接头和滑动杆接头的组合，如图 9.2.10 所示，在这种类型的接头中，连接元件既可以在约束点上沿任何方向相对于附着元件旋转，也可以沿对齐的轴线移动。

轴承接头需要的约束是一个点与边线（或轴）的对齐约束。

轴承接头提供一个平移自由度和三个旋转自由度。

图 9.2.10　轴承（Bearing）接头

举例说明如下。

Step1. 将工作目录设置至 D:\proewf5.2\work\ch09.02\mech6_bearing，然后打开装配模型 mech_bearing.asm。

Step2. 在模型树中选取模型 MECH_BALL2.PRT，右击，然后从系统弹出的快捷菜单中选择 编辑定义 命令。

Step3. 创建轴承接头。

（1）在"约束集"选项列表中选择 轴承 选项，此时系统弹出"装配"操控板。

（2）单击操控板中的 放置 按钮。

（3）定义"点对齐"约束。分别选取图 9.2.10 中的点和轴线（元件 MECH_BALL1.PRT 上的点 PNT0 和元件 MECH_BALL2.PRT 上的中心轴线）。

Step4. 单击操控板中的 ✔ 按钮，完成轴承接头的创建。

9.2.8　刚性接头

刚性（Rigid）接头如图 9.2.11 所示，它在改变底层主体定义时将两个元件粘接在一起。在这种类型的接头中，连接元件和附着元件间没有任何相对运动，它们构成一个单一的主体。

刚性接头需要的约束是一个或多个约束。

图 9.2.11　刚性（Rigid）接头

刚性接头不提供平移自由度和旋转自由度。

注意： 当要粘接在一起的两个元件中不包含连接接头，并且这两个元件依附于两个不同主体时，应使用刚性连接。

举例说明如下。

Step1. 将工作目录设置至 D:\proewf5.2\work\ch09.02\mech7_rigid，然后打开装配模型 mech_rigid.asm。

Step2. 在模型树中选取模型 MECH_PLANAR2.PRT，右击，然后从系统弹出的快捷菜单中选择 编辑定义 命令。

Step3. 创建刚性接头。

（1）在"约束集"选项列表中选择 刚性 选项，此时系统弹出"装配"操控板。

（2）单击操控板中的 放置 按钮。

（3）定义"配对"约束。分别选取图 9.2.11 中的两个平面。

（4）定义"对齐"约束。选取图 9.2.11 中的两个要对齐的表面。

（5）定义"对齐"约束。选取图 9.2.11 中的另外两个要对齐的表面。

Step4. 单击操控板中的 ☑ 按钮，完成刚性接头的创建。

9.2.9　焊缝接头

焊缝（Weld）接头如图 9.2.12 所示，它将两个元件粘接在一起。在这种类型的接头中，连接元件和附着元件间没有任何相对运动。

焊缝接头的约束只能是坐标系对齐约束。

焊缝接头不提供平移自由度和旋转自由度。

注意：当连接元件中包含有连接接头，且要求与同一主体进行环连接（将一个零件环连接到自身的连接）时，应使用焊缝接头，焊缝接头允许系统根据开放的自由度调整元件，以便与主装配件配对。如气缸与气缸固定架间的连接应为焊缝接头。

图 9.2.12　焊缝（Weld）接头

举例说明如下。

Step1. 将工作目录设置至 D:\proewf5.2\work\ch09.02\mech8_weld，然后打开装配模型 mech_weld.asm。

Step2. 在模型树中选取模型 ⬜ MECH_PLANAR2.PRT，右击，然后从系统弹出的快捷菜单中选择 编辑定义 命令。

Step3. 创建焊缝接头。

（1）在"约束集"选项列表中选择 焊缝 选项，此时系统弹出"装配"操控板。

（2）单击操控板中的 放置 按钮。

（3）定义"坐标系"约束。分别选取图 9.2.12 中的两个 CS0 坐标系。

Step4. 单击操控板中的 ☑ 按钮，完成焊缝接头的创建。

9.3　主　　体

9.3.1　关于主体

"主体"是机构装置中彼此间没有相对运动的一组元件（或一个元件）。在创建一个机构装置时，根据主体的创建规则，一般第一个放置到装配体中的元件将成为该机构的"基础"主体，以后如果在基础主体上添加固定元件，那么该元件将成为"基础"的一部分；如果添加连接元件，系统则将其作为另一个主体。当为一个连接定义约束时，只能分别从装配体的同一个主体和连接件的同一个主体中选取约束参照。

9.3.2　加亮主体

进入机构模块后，选择下拉菜单 视图(V) ➡ 加亮主体 (H) 命令，系统将加亮机构装置中的所有主体。不同的主体显示为不同的颜色，基础主体为绿色。

9.3.3　重定义主体

利用"重定义主体"功能可以实现以下目的：

● 查明一个固定零件的当前约束信息；

● 删除某些约束，以使该零件成为具有一定运动自由度的主体。

具体操作方法如下。

（1）选择下拉菜单 编辑(E) ➡ 重定义主体 (E) 命令，此时系统弹出"重定义主体"对话框，如图 9.3.1 所示。

（2）选取要重定义主体的零件，则对话框中显示该零件的约束信息。"约束"区域的"类型"列显示约束的类型，"参照"列显示各约束的参照零件。

注意："约束"列表不列出用来定义连接的约束，只列出固定约束。

图 9.3.1　"重定义主体"对话框

（3）从"约束"列表中选取一个约束，系统即显示其 元件参照 和 组件参照 ，显示格式为：

"零件名称：几何类型"（如 PISTON：surface），同时在模型中，元件参照与组件参照均加亮显示。

（4）如果要删除某个约束，可从列表中选取该约束，然后单击 移除 按钮。根据主体的创建规则，将一个零件"连接"到机构装置中时，该零件将成为另一个主体，所以在此删除零件的某个约束，可将该零件重定义为符合运动自由度要求的主体。

（5）如果单击 移除所有 按钮，系统将删除所有约束，同时零件被包装。注意：不能删除子装配件的约束。

（6）单击 确定 按钮。

9.4　拖移

9.4.1　概述

在机构模块中，选择下拉菜单 视图(V) ➡ 方向(D) ▶ ➡ 拖动元件(D)… 命令（或者直接单击命令按钮 ），可以用鼠标对主体进行"拖移（Drag）"。该功能可以验证连接的正确性和有效性，并能使我们能深刻理解机构装置的行为方式，以及如何以特殊格局放置机构装置中的各元件。在拖移时，还可以借助接头禁用和主体锁定功能来研究各个部分机构装置的运动。

拖移过程中，可以对机构装置进行拍照，这样可以对重要位置进行保存。拍照时，可以捕捉现有的锁定主体、禁用的连接和几何约束。

9.4.2　"拖动"对话框简介

"拖动"对话框中有两个选项卡：快照 选项卡和 约束 选项卡，如图 9.4.1 所示下面将分别予以介绍。

1．"快照"选项卡

利用该选项卡，可在机构装置的移动过程中拍取快照。各选项的说明如下。

A：点拖动：在某主体上，选取要拖移的点，该点将突出显示并随光标移动。

B：主体拖动：选取一个要拖移的主体，该主体将突出显示并随光标移动。

C：单击该按钮后，系统立即给机构装置拍照一次，并在下面列出该快照名。

D：单击此标签，可打开图 9.4.1 所示的 快照 选项卡。

E：单击此按钮，将显示所选取的快照。

F：单击此按钮，从其他快照中借用零件位置。

G：单击此按钮，将选定快照更新为当前屏幕上的位置。

H：单击此按钮，使选取的快照可用作分解状态，此分解状态可用在工程图的视图中。

I：从列表中删除选定的快照。

J：单击此标签，可显示下部的"高级拖动选项"。

K：单击此按钮，选取一个元件，打开"移动"对话框，可进行封装移动操作。

L：分别单击这些运动按钮后，然后选取一个主体，可使主体仅沿按钮中所示的坐标轴方向运动（平移或转动），沿其他方向的运动则被锁定。

M：单击此按钮，可通过选取主体来选取一个坐标系（所选主体的默认坐标系是要使用的坐标系），主体将沿该坐标系的 X、Y、Z 方向平移或旋转。

2．"约束"选项卡

在图 9.4.2 所示的 约束 选项卡中，可应用或删除约束以及打开和关闭约束。各选项的说明如下。

A：单击此标签，将打开图 9.4.2 所示的 约束 选项卡。

B：对齐两个图元：选取点、直线或平面，创建一个临时约束来对齐图元。该约束只有在拖动操作期间才有效，但当显示或更新快照时，该约束与快照相关，并强制执行。

C：配对两个图元：选取平面，创建一个临时约束来配对图元。该约束只有在拖动操作期间才有效，但当显示或更新快照时，该约束与快照相关，并强制执行。

图 9.4.1 "快照"选项卡 　　　　　　　　图 9.4.2 "约束"选项卡

D：定向两个曲面：选取平面来定向两个曲面，使彼此形成一个角度或互相平行。可以指定"偏距"值。

E：运动轴约束：单击此按钮后，再选取某个连接轴，系统将冻结此连接轴，这样该连接轴的主体将不可拖移。

F：在主体的当前位置锁定或解锁主体。可相对于基础或另一个选定主体来锁定所选的主体。

G：启用/禁用连接：临时禁用所选的连接。该状态与快照一起保存。如果在列表中的最后一个快照上使用该设置，并且以后也不改变状态，其余的快照也将禁用连接。

H：从列表中删除选取的约束。

I：使用相应的约束来装配模型。

9.4.3　点拖动

点拖动的操作步骤如下。

Step1. 在"拖动"对话框的 快照 选项卡中，单击"点拖动"按钮 。

Step2. 在机构装置的某个主体上单击，此时单击处会出现一个标记◆，这就是将拖移该主体的确切位置（注意：不能为点拖动选取基础主体）。

Step3. 移动鼠标，选取的点将跟随光标位置。

Step4. 要结束此拖移，单击下列任一鼠标键。

- 鼠标左键：接受当前主体的位置。
- 鼠标中键：取消刚才执行的拖移。
- 鼠标右键：取消刚才执行的拖移，并关闭"拖动"对话框。

9.4.4　主体拖移

进行"主体拖移"时，屏幕上主体的位置将改变，但其方向保持固定不变。如果机构装置需要在主体位置改变的情况下还要改变方向，则该主体将不会移动，因为在此新位置的机构装置将无法重新装配。如果发生这种情况，就尝试使用点拖动来代替。主体拖移的操作步骤如下。

Step1. 在"拖动"对话框中单击"主体拖移"按钮 。

Step2. 在模型中选取一个主体。

Step3. 移动鼠标，选取的主体将跟随光标的位置。

Step4. 要结束此操作，单击下列任一鼠标键。

- 鼠标左键：接受当前主体的位置。
- 鼠标中键：取消刚才执行的拖移。
- 鼠标右键：取消刚才执行的拖移，并关闭对话框。

9.4.5 使用"快照"作为机构装置的分解状态

要将"快照"用作机构装置的分解状态，可在"拖动"对话框的 快照 选项卡中选取一个或多个快照，然后单击 按钮，这样这些快照便可在"装配模块"和"工程图"中用作分解状态。如果改变快照，分解状态也会改变。

当修改或删除一个快照，而分解状态在此快照中处于使用状态的时候，需注意以下几点。

- 对快照进行的任何修改将反映在分解状态中。
- 如果删除快照，会使分解状态与快照失去关联关系，分解状态仍然可用，但独立于任何快照。如果接着创建的快照与删除的快照同名，分解状态就会与新快照关联起来。

9.4.6 在拖移操作之前锁定主体

在"拖动"对话框的 约束 选项卡中单击 按钮（主体－主体锁定约束），然后先选取一个导引主体，再选取一组要在拖动操作期间锁定的随动主体，则拖动过程中随动主体相对于导引主体将保持固定，它们之间就如同粘接在一起，不能相互运动。这里请注意下列两点：

- 要锁定在一起的主体不需要接触或邻接；
- 关闭"拖动"对话框后，所有的锁定将被取消，也就是当开始新的拖移时，将不锁定任何主体或连接。

9.5 运动仿真范例

9.5.1 装配一个机构装置——启盖器

Step1. 新建装配模型。

（1）选择下拉菜单 文件(F) ➡ 设置工作目录(W)... 命令，将工作目录设置至 D:\proewf5.2\work\ch09.05。

（2）单击"新建文件"按钮 ，在弹出的文件"新建"对话框中选中 类型 选项组中的 组件，选中 子类型 选项组中的 设计；在 名称 文本框中输入文件名 cork_driver；取消选中 使用缺省模板 复选框；单击对话框中的 确定 按钮。

（3）选取适当的装配模板。在弹出的"新文件选项"对话框中选取 mmns_asm_design 模板，然后单击 确定 按钮。

Step2. 增加第一个固定元件：机体（Body）零件。

（1）选择下拉菜单 插入(I) ➡ 元件(C)▶ ➡ 装配(A)... 命令，打开名为 body.prt 的零件。

（2）在图 9.5.1 所示的"元件放置"操控板中，选择放置约束为 固定，以固定元件，然后单击 按钮。

图 9.5.1　"元件放置"操控板（一）

Step3. 隐藏装配基准。

（1）设置模型树的显示项目。在模型树界面中选择 ，树过滤器(F)... 命令；在弹出的"模型树项目"对话框中选中 特征 复选框，然后单击对话框中的 确定 按钮。

（2）在图 9.5.2 所示的模型树中，按住 Ctrl 键，选取基准平面 ASM_RIGHT、ASM_TOP、ASM_FRONT 并右击，从图 9.5.3 所示的快捷菜单中选择 隐藏 命令。

Step4. 增加连接元件。下面要将活塞（Piston）零件装入机体中，创建滑动杆（Slider）连接。

（1）选择下拉菜单 插入(I) ➡ 元件(C)▶ ➡ 装配(A)... 命令，打开名为 piston.prt 的零件，此时出现图 9.5.4 所示的"元件放置"操控板。

图 9.5.2　模型树　　　　　图 9.5.3　快捷菜单

图 9.5.4　"元件放置"操控板（二）

（2）创建滑动杆（Slider）连接。在"元件放置"操控板中进行下列操作。

① 在"约束集"列表中选择 滑动杆 选项。

② 修改此连接的名称。单击操控板中的 放置 按钮；在图 9.5.5 所示的"放置"界面中，

在 集名称 文本框中输入此连接的名称 Connection_1c，并按<Enter>键。

图 9.5.5 "放置"界面

③ 定义"轴对齐"约束。在 放置 界面中单击 轴对齐 项，然后选取图 9.5.6 所示的两条轴线（元件 Piston 的中心轴线和元件 Body 的中心轴线）。

图 9.5.6 装配活塞

④ 定义"旋转"约束。分别选取图 9.5.6 中的两个基准平面（元件 Piston 的 RIGHT 基准平面和元件 Body 的 CENTER 基准平面），以限制元件 Piston 在元件 Body 中旋转。

⑤ 如果元件 Body 上的 offset_axis 偏轴线与活塞上的偏孔轴线不对齐，单击操控板中的 按钮使其对齐（如图 9.5.7 所示）。

图 9.5.7 使偏轴线对齐

⑥ 单击操控板中的 按钮。

说明：由于图形复杂，选取目标比较困难，在创建连接时，采用"从列表中拾取"方式，并不断在着色（ ）、隐藏线框（ ）和虚线线框（ ）之间切换。

Step5. 验证连接的有效性：拖移连接元件 Piston。

（1）进入机构环境：选择下拉菜单 应用程序(P) ➡ 机构(E) 命令。

（2）在 视图(V) 菜单中选择 方向(D) ➡ 拖动元件(D)... 命令。

（3）在"拖动"对话框中单击"点拖动"按钮，如图 9.5.8 所示。

（4）在元件 Piston 上选择一点，然后在该位置处单击，出现一个标记◆，移动鼠标光标，选取的点将跟随光标移动，当移到图 9.5.9 所示的位置时，单击，终止拖移操作，使元件 Piston 停留在刚才拖移的位置，然后关闭"拖动"对话框。

（5）进入标准环境：选择下拉菜单 应用程序(P) ➡ 标准(S) 命令。

特别注意：以后每次增加一个元件（无论是固定元件还是连接元件）都要按与本步骤相同的操作方法，验证装配和连接的有效性和正确性，以便及时发现问题进行修改。增加固定元件时，如果不能顺利进入机构环境，则必须重新装配；如果能够顺利进入机构环境，则可选取任意一个连接元件拖动即可。

Step6. 增加连接元件：将抓爪（Claw）装入活塞中，创建销钉（Pin）连接，如图 9.5.10 所示。

图 9.5.9　拖移活塞零件

图 9.5.8　"拖动"对话框

图 9.5.10　装配抓爪

（1）选择下拉菜单 插入(I) ➡ 元件(C)▸ ➡ 装配(A)... 命令，打开文件名为 Claw.prt 的零件。

（2）创建销钉（Pin）连接。

在"元件放置"操控板中进行下列操作，便可创建销钉（Pin）连接。

① 在"约束集"列表中选择 销钉 选项。

② 修改此连接的名称。单击操控板中的 放置 按钮；在 集名称 文本框中输入此连接的名称 Connection_2c，并按<Enter>键。

③ 定义"轴对齐"约束。选取图 9.5.11 中的两条轴线（元件 Claw 的中心轴线和元件 Piston 的中心轴线）。

图 9.5.11   装配抓爪的操作过程

④ 定义"平移"约束（对齐）。分别选取图 9.5.11 中的两个平面（元件 Claw 上槽特征的端面和元件 Piston 的端面），以限制元件 Claw 在元件 Piston 上平移。

⑤ 如果抓爪（Claw）的朝向如图 9.5.12a 所示，则需单击"平移约束参照"中的 反向 按钮，使其朝向如图 9.5.12b 所示。

⑥ 单击操控板中的 ✔ 按钮。

a）反向操作前   b）反向操作后

图 9.5.12   设置方向

Step7. 增加固定元件：装配卡环（Fixing_ring）零件。

准备工作：在增加元件时，为了方便查找装配和连接参照，请将 Body 元件隐藏起来，操作方法是在模型树中右击 body.prt，在弹出的快捷菜单中选择 隐藏 命令。以后在需要时再按同样的操作方法取消隐藏，或者将元件 body 外观设置成透明。

（1）选择下拉菜单 插入(I) ➡ 元件(C) ▶ ➡ 装配(A)... 命令，打开文件名为 Fixing_ring 的零件。

（2）采用传统的装配约束向机构装置中添加卡环（Fixing_ring）零件。在"元件放置"操控板中进行下列操作，便可将卡环（Fixing_ring）零件装配到元件 Claw 的槽中固定。

① 定义"插入"约束。分别选取图 9.5.13 所示的两个圆柱面：卡环（Fixing_ring）的内孔圆柱面和元件活塞（Piston）的外圆柱面。

② 定义"配对"约束。分别选取图 9.5.13 中的两个端面：卡环（Fixing_ring）的端面和元件活塞（Piston）的端面。

③ 单击操控板中的 ✔ 按钮。

图 9.5.13　装配第一个卡环

注意：

（1）在进行上面的"配对"和"插入"装配约束时，"组件参照"应在同一元件上选取。例如，卡环（Fixing_ring）要么与活塞（Piston）装配，此时"配对"约束选取活塞上的图 9.5.13 所示的端面，"插入"约束也要选取活塞上的图 9.5.13 所示的圆柱面；卡环要么与抓爪（Claw）配合，此时"配对"约束应选取抓爪上的槽特征的侧端面，"插入"约束也要选取抓爪上的圆柱面。如果"组件参照"没有在同一元件上选取，则添加完约束后，"状态"中会显示为"部分约束"，系统会提示图 9.5.14 所示的错误信息。在后面的其他固定元件[如专用螺母（Spectial Nut）]的装配过程中，也要注意这一点。这里要补充说明的是，如果一组元件中的每个元件之间均为固定连接（即各元件相互之间没有相对运动），那么这一组元件可视为一个元件。

（2）本例中之所以选"插入"约束而不选轴线"对齐"，是因为抓爪的轴线和活塞的轴线重合在一起，轴线的选取比较麻烦，一旦选错，会出现图 9.5.14 所示的错误警告提示。

（3）如果在机构的动态仿真设计中，出现图 9.5.14 所示的错误警告提示，一般处理办法是，可用 隐含 命令将相关的元件隐含起来，然后逐一查找原因。

Step8. 按与 Step7 相同的操作方法，装配另一端的固定卡环（Fixing_ring）零件，参见图 9.5.15。

图 9.5.14　系统的错误警告提示　　　图 9.5.15　装配另一端的固定卡环

Step9. 增加固定元件：按与 Step7 相似的操作方法，装配零件销（pin），参见图 9.5.16。操作提示如下。

图 9.5.16　装配第一个销

（1）选择下拉菜单 插入(I) ➡ 元件 (C)▶ ➡ 装配(A)... 命令，打开文件名为 pin.prt 的零件，引入零件销（pin）。

（2）创建"对齐"和"配对"装配约束，将零件销（pin）装配到零件活塞（Piston）中。

Step10. 增加固定元件：装配另一个销（pin.prt），如图 9.5.17 所示。操作方法与 Step9 相同。

装配此端的这个销（Pin）

图 9.5.17　装配另一个销

Step11. 增加固定元件：装配图 9.5.18 所示的零件轴（shaft）。操作提示如下。

这两个基准面重合对齐

这两条基准轴重合对齐

图 9.5.18　装配零件轴

准备工作：如果前面已将 Body 元件隐藏起来，则应在模型树中右击 body.prt，从快捷菜单中选择 取消隐藏 命令。

（1）选择下拉菜单 插入(I) ➡ 元件 (C)▶ ➡ 装配(A)... 命令，打开名为 shaft.prt 的零件。

（2）创建轴"对齐"和基准面"对齐"装配约束，将零件轴（shaft）装配到零件机体（Body）中。

（3）单击操控板中的 ✔ 按钮。

Step12. 增加固定元件：装配零件隔套（bushing），如图 9.5.19 所示。主要操作步骤如下。

（1）选择下拉菜单 插入(I) ➡ 元件 (C)▶ ➡ 装配(A)... 命令，打开名为 bushing.prt 的零件。

（2）创建"插入"和平面"配对"装配约束，将零件隔套（bushing）装配到零件轴（Shaft）中。

图 9.5.19　装配第一个零件隔套

Step13. 增加固定元件：装配另一个 bushing 零件。按与 Step12 相同的操作方法，装配另一个零件隔套（bushing），如图 9.5.20 所示。

Step14. 拖动连接元件（此步不是必做步骤）。为了显示方便，用拖动功能将活塞拖出来一点，如图 9.5.21 所示。

图 9.5.20　装配另一个零件隔套

图 9.5.21　拖动连接元件

Step15. 为了方便查看模型，将机体 body.prt 的外观设置成透明。

（1）选择下拉菜单 工具(T) ➡ 外观管理器(A)... 命令。

（2）在"外观管理器"对话框中单击 按钮，在 基本 选项卡的"加亮颜色"区域中将"透明"值设置为 67。

（3）单击"外观管理器"对话框中的 关闭 按钮。

（4）单击"外观库"按钮 ，此时鼠标在图形区显示"毛笔"状态，在"智能选取栏"中选择列表中的 元件 ，然后在模型树中选取"BODY.PRT"，最后在"选取"对话框中单击 确定 按钮。

Step16. 增加连接元件：将止动杆子装配（stop_rod_asm.asm）装入活塞（Piston）中，创建两个圆柱（cylinder）接头连接。

（1）选择下拉菜单 插入(I) ➡ 元件(C)▶ ➡ 装配(A)... 命令，打开文件名为 stop_rod_asm.asm 的子装配。

（2）创建圆柱（cylinder）接头连接。在"元件放置"操控板中进行下列操作，创建所要求的两个圆柱（cylinder）接头连接。

① 在"约束集"选项列表中选择 圆柱 选项。

② 修改连接的名称。单击操控板中的 放置 按钮，在 集名称 下的文本框中输入连接名称 Connection_3c，并按<Enter>键。

③ 定义"轴对齐"约束。分别选取图 9.5.22 中的两条轴线：零件 Reverse_Block 的中心轴线（Center_axis）和零件 Body 的中心轴线（Center_axis）。

图 9.5.22　装配止动杆

注意：如果零件 Stop_Rod 的朝向与设计意图相反，单击操控板中的 按钮使其改变朝向，如图 9.5.23 所示。完成后的正确朝向应该如图 9.5.24 所示。

④ 单击"放置"界面中的"新建集"，增加新的"圆柱"接头。在 ^{集名称} 下的文本框中输入连接名称 Connection_4c 后按<Enter>键，并在 ^{集类型} 中选择 圆柱 选项。

图 9.5.23　"元件放置"操控板（三）

图 9.5.24　设置方向

⑤ 定义 "轴对齐"约束。分别选取图 9.5.22 中的两条轴线：零件 Stop_Rod 的中心轴线（A_1）和零件 Body 的偏移轴线（Offset_axis）。

（3）定义槽—从动机构。

槽—从动机构也是一种机构连接方式，它是通过定义两个主体之间的点—曲线约束来定义连接，主体 1 上有一条 3D 曲线（即槽），主体 2 上有一个点（从动机构），槽—从动机构将从动机构点约束在定义曲线的内部，这样从动机构点在三维空间中都将沿槽（3D 曲线）运动。如果删除用来定义从动机构点、槽或槽端点的几何，槽—从动机构就被删除。下面用范例说明创建槽—从动机构的一般操作过程。

准备工作：在 视图(V) 菜单中选择 方向(D) ▶ ➡ 拖动元件(D)... 命令，分别将驱动杆子装配（actuating_rod_asm.asm）和止动杆（Stop_Rod）拖移到图 9.5.25 所示的位置，单击，终止拖移操作，然后关闭"拖动"对话框。

图 9.5.25　拖移驱动杆和止动杆的位置

① 单击"放置"界面中的"新建集"，增加新的连接接头。在 集名称 下的文本框中输入连接名称 Slot1 后按<Enter>键，并在 集类型 中选择"槽"选项，如图 9.5.26 所示。

图 9.5.26　"槽"选项

② 选择从动机构点：在图 9.5.25 的放大图中，选取零件反向块（REVERSE_BOLCK）中的点（SLOT_POINT）为从动机构点。

注意：如有必要，先单击"显示基准点"按钮 ，以显示模型中的基准点。

● 从动机构点必须在一个与槽曲线不同的主体上。
● 可以选取一个基准点或一个顶点作为从动机构点。
● 基准点必须属于一个单独的主体，装配件基准点不能用于从动机构点。

③ 选择槽曲线：在图 9.5.25 的放大图中，采用"从列表中拾取"的方法，在图 9.5.27 所示的对话框中选取零件抓爪（CLAW）中的螺旋曲线为槽曲线，再单击"选取"对话框中的 确定(0) 按钮。主体名（CLAW）和曲线名出现在操控板的相应区域，同时该曲线在模型中用青色加亮显示。

图 9.5.27　"从列表中拾取"对话框

注意：

● 可以选取下列任一类型的曲线来定义槽：封闭或不封闭的平面或非平面曲线、边线、基准曲线。

● 如果选取多条曲线，这些曲线必须连续。

● 如果要在曲线上定义运动的端点，可在曲线上选取两个基准点或顶点。如果不选取端点，则默认的运动端点就是所选取的第一条和最后一条曲线的最末端。

④ 在槽曲线上定义端点作为运动的起点和末点：本例可不进行此步操作。

注意：

● 可以为槽端点选取基准点、顶点，或者曲线边、曲面，如果选取一条曲线、边或曲面，槽端点就在所选图元和槽曲线的交点。可以用从动机构点移动主体，该从动机构将从槽的一个端点移动到另一个端点。

● 如果不选取端点，槽—从动机构的默认端点就是为槽所选的第一条和最后一条曲线的最末端。

● 如果为槽—从动机构选取一条闭合曲线，或选取形成一闭合环的多条曲线，就不必指定端点。但是，如果选择在一闭合曲线上定义端点，则最终槽将是一个开口槽。通过单击 反向 按钮来指定原始闭合曲线的那一部分，将成为开口槽，如图 9.5.28 所示。

闭合的槽曲线　　　　　开口槽曲线　　　　　反向（Flip）的槽曲线

图 9.5.28　槽曲线的定义

（4）单击操控板中的 ✓ 按钮。

Step17. 拖移连接元件。用拖动功能，将活塞和止动杆子装配拖进去，拖到图 9.5.29 所示的位置。操作步骤如下。

（1）在 视图(V) 菜单中选择 方向(D) ▶ ➡ 拖动元件(D)... 命令。

（2）在"拖动"对话框中单击"点拖动"按钮 。

（3）在目标上选择一点，然后在该位置处单击，出现一个标记 ◆，移动鼠标光标，选取的点将跟随光标移动，当移到图 9.5.29 所示的位置时，单击，终止拖移操作，然后关闭"拖动"对话框。

Step18. 增加连接元件：将驱动杆子装配（actuating_rod_asm.asm）连接到轴（shaft）上，连接方式为销钉（Pin），如图 9.5.30 所示。

图 9.5.29　拖移连接元件

图 9.5.30　装配驱动杆

（1）选择下拉菜单 插入(I) ➡ 元件(C)▶ ➡ 装配(A)... 命令，打开子装配件 "actuating_rod_asm.asm"。

（2）创建销钉（Pin）连接。在"元件放置"操控板中进行下列操作，便可创建销钉（Pin）连接。

① 在"约束集"列表中选择 销钉 选项。

② 修改此连接的名称：单击操控板中的"放置"按钮；在 集名称 文本框中输入该连接 的名称 Connection_5c，并按<Enter>键。

③ 定义"轴对齐"约束：依次选取图 9.5.31 中的两条轴线［驱动杆（Actuating_rod）上孔的中心轴线和零件轴（Shaft）的中心轴线］。

④ 定义"平移"约束（对齐）：分别选取图 9.5.31 中的两个平面［零件驱动杆（Actuating_rod）的端面和零件隔套（Bushing）的端面］，以限制驱动杆在轴（Shaft）上平移。

⑤ 如果驱动杆子装配（actuating_rod_asm.asm）的摆放与设计意图相反，单击操控板中的 按钮使其改变朝向。

⑥ 在 视图(V) 菜单中选择 方向(O)▶ ➡ 拖动元件(D)... 命令，将驱动杆子装配（actuating_rod_asm.asm）拖到图 9.5.32 所示的位置。

图 9.5.31　装配驱动杆的操作过程

图 9.5.32　拖动驱动杆的位置

⑦ 先单击图 9.5.33 所示的操控板中的 ▶ 按钮，再单击操控板中的 ✔ 按钮，则完成元件 actuating_rod 的创建。

图 9.5.33 "元件放置"操控板（四）

Step19. 增加固定元件：按照与 Step7 相似的操作方法装配零件（shaft_top），参见图 9.5.34 和图 9.5.35。

（1）选择下拉菜单 插入(I) ➡ 元件(C)▶ ➡ 装配(A)...命令，打开文件名为 shaft_top.prt 的零件，引入零件（shaft_top）。

平面对齐：选取零件（shaft_top）的端面和零件驱动杆（Actuating_rod）的背面

图 9.5.34 装配零件（shaft_top）   图 9.5.35 装配后

（2）创建轴"对齐"和平面"对齐"装配约束，将零件（shaft_top）装配到零件驱动杆（Actuating_rod）中。

Step20. 增加固定元件：装配另一侧的零件（shaft_top）。

Step21. 增加连接元件：将连杆（connecting_rod）连到驱动杆和活塞的侧轴上，如图 9.5.36 所示。

图 9.5.36 装配连杆（connecting_rod）

（1）如有必要，在 视图(V) 菜单中选择 方向(D)▶ ➡ 拖动元件(D)...命令，拖动驱动杆到图 9.5.37 所示的位置。

（2）选择下拉菜单 插入(I) ➡ 元件(C)▶ ➡ 装配(A)...命令，打开文件名为 connecting_rod.prt 的零件，引入零件（connecting_rod）。

（3）创建图 9.5.37 所示的销钉（Pin）接头。

① 在"约束集"选项列表中选择 销钉 选项。

② 修改连接的名称。单击操控板中的"放置"按钮，在 集名称 下的文本框中输入连接名称 Connection_6c，并按<Enter>键。

平移：选取这两个面为参照

销钉（Pin）连接

轴对齐：选取这两条轴

轴对齐：选取这两条轴

圆柱（Cylinder）连接

图 9.5.37　装配连杆的操作过程

③ 定义"轴对齐"约束。分别选取图 9.5.37 中的两条轴线（元件 CONNECTING_ROD 的轴线: Cyl_1 和元件 ACTUATING_ROD 的轴线: Pin_2）。

④ 定义"平移"约束（对齐）。分别选取图 9.5.37 中的两个平面（元件 CONNECTING_ROD 的表平面和元件 ACTUATING_ROD 的侧表面）。

说明： 如果需要，单击 按钮改变朝向。

（4）在"放置"界面中，先单击"新建集"，然后在 集名称 下的文本框中输入连接名称 Connection_7c 后按<Enter>键，并在 集类型 中选择"圆柱"选项。创建图 9.5.37 所示圆柱（Cylinder）接头，分别选取图中的两条轴线（元件 CONNECTING_ROD:的轴线 Pin_2:和元件 PIN 的轴线:Cyl_1）。

Step22. 参照 Step21 的操作方法，将另一侧连杆（connecting_rod）连到驱动杆和活塞的侧轴上。

Step23. 添加侧连杆（connecting_rod）后，如果模型中各零件的位置如图 9.5.38a 所示，可选取零件活塞（Piston）作为拖移对象，将各零件的位置调整到图 9.5.38b 所示的位置。拖移时注意，当活塞（Piston）向右拖移到极限时，需慢慢向左拖动。

a）拖移前

b）拖移后

图 9.5.38　拖移零件活塞（Piston）

Step24. 增加固定元件：分别装配 6 个专用螺母（special_nut.prt）。按照与 Step7 相似的操作方法，分别装配 6 个专用螺母（special_nut.prt），参见图 9.5.39 所示。装配时，建议选用图 9.5.40 所示的装配约束。

说明：在装配 6 个专用螺母时，可以采用"重复装配"的方法，具体操作步骤可以参考本章录像文件。

Step25. 增加固定元件：装配机体盖（body_cap）。按照与 Step7 相似的操作方法，装配机体盖（body_cap.prt），如图 9.5.41 所示。

配对约束：选取这两个元件的端面

对齐约束：应选这两个圆柱面

图 9.5.39 装配螺母   图 9.5.40 装配螺母的操作过程   图 9.5.41 装配机体盖

操作提示：需要创建两个装配约束。

（1）定义轴"对齐"约束。轴 对齐 约束的参照如图 9.5.42 所示。

图 9.5.42 轴"对齐"约束参照（一）

（2）定义平面"配对"约束。平面 配对 约束的参照如图 9.5.43 所示。

Step26. 增加固定元件：装配瓶口座（socket）。按照与 Step7 相似的操作方法，装配瓶口座（socket.prt），如图 9.5.44 所示。

图 9.5.43 平面"配对"约束参照（一）   图 9.5.44 装配瓶口座

操作提示：需要创建两个装配约束。

（1）定义轴"对齐"约束。轴 对齐 约束的参照如图 9.5.45 所示。

（2）定义平面"配对"约束。平面 配对 约束的参照如图 9.5.46 所示。

图 9.5.45　轴"对齐"约束参照（二）

Step27. 增加固定元件：装配酒瓶子装配件（bottle_asm）。按与 Step7 相似的操作方法，装配酒瓶子装配件（bottle_asm.asm），如图 9.5.47 所示。

图 9.5.46　平面"配对"约束参照（二）

图 9.5.47　　装配酒瓶

操作提示：需要创建三个装配约束。

（1）定义"相切"约束。使瓶口座（socket）的内表面和酒瓶（wine_bottle）的瓶口表面相切。

（2）定义平面"对齐"约束。平面 对齐 约束的参照如图 9.5.48 所示。

（3）定义平面"配对"约束。平面 配对 约束的参照如图 9.5.49 所示。

（4）单击操控板中的 ✓ 按钮。

图 9.5.48　平面"对齐"约束参照

图 9.5.49　平面"配对"约束参照（三）

9.5.2　运动轴设置

在机构装置中添加连接元件后，还可对"运动轴"进行设置，其意义如下。

- 设置运动轴的当前位置：通过在连接件和组件中选取两个零位置参照，然后输入其间角度（或距离）值，可设置该运动轴的位置。定义伺服电动机和运行机构时，系统将以当前位置为默认的初始位置。
- 设置再生值：可将运动轴的当前位置定义为再生值，也就是装配件再生时运动轴的位置。如果设置了运动轴极限，则再生值就必须设置在指定的限制内。
- 设置极限：设置运动轴的运动范围，超出此范围，接头就不能平移或转动。除了球接头，我们可以为所有其他类型的接头设置运动轴位置极限。

下面将以一个范例来说明运动轴设置的一般过程。本范例中需要设置两个运动轴。

Stage1. 第一个运动轴设置

Step1. 选择下拉菜单 应用程序(P) ➡ 机构 命令进入机构模块，然后选择下拉菜单 视图(V) ➡ 方向(D) ▸ ➡ 拖动元件(D)... 命令，用"点拖动"将驱动杆子装配（actuating_rod_asm.asm）拖到图 9.5.50 所示的位置（读者练习时，拖移后的位置不要与图中所示的位置相差太远，否则后面的操作会出现问题），然后关闭"拖移"对话框。

图 9.5.50　运动轴设置

Step2. 对运动轴进行设置（注：本步的详细操作过程请参见随书光盘中video\ch09.05\reference\文件下的语音视频讲解文件 body-r01.avi）。

Stage2. 第二个运动轴设置

Step1. 选择下拉菜单 编辑(E) ➡️ 🔍 查找(F)...命令，查找并选取运动轴"Connection_4c.first_trans_axis"。

Step2. 选择下拉菜单 编辑(E) ➡️ 定义(N) 命令，系统弹出"运动轴"对话框，在该对话框中进行下列操作。

（1）在连接件和组件上选取零参照。选取止动杆（Stop_Rod）零件中的图 9.5.51 所示的端面，以及机体（Body）零件中的图 9.5.52 所示的端面，则选取的参照自动显示在图 9.5.53 所示的"运动轴"对话框中。

（2）指定再生值。在对话框中选中 ☑启用再生值，采用默认的再生值 5.0，如图 9.5.53 所示。

（3）定义运动轴极限。在对话框中选中 ☑ 最小限制，并在其后的文本框中输入 5.0；选中 ☑ 最大限制，并输入 43.0，这样就限定了该运动轴的运动范围。

（4）单击对话框中的 ☑ 按钮。

图 9.5.51　选取止动杆零件的端面

图 9.5.52　选取主体机体盖的端面

图 9.5.53　"运动轴"对话框

Step3. 验证：选择下拉菜单 视图(V) ➡️ 方向(O)▶ ➡️ 🖐拖动元件(D)...命令，拖移止动杆（Stop_Rod）零件，可验证所定义的极限已经起作用了。

9.5.3　定义伺服电动机

伺服电动机可以单一自由度在两个主体之间强加某种运动。添加伺服电动机，是为机构运行做准备。定义伺服电动机时，可定义速度、位置或加速度与时间的函数关系，并可显示运动的轮廓图。常用的函数有下列几种。

- 常量：y = A，其中 A=常量；该函数类型用于定义恒定运动。
- 斜插入：y = A + B*t，其中 A=常量，B=斜率；该类型用于定义恒定运动或随时间成线性变化的运动。
- 余弦：y = A*cos(2*Pi*t/T + B)+ C，其中 A=振幅，B=相位，C=偏移量，T=周期；该类型用于定义振荡往复运动。
- 摆线：y = L*t/T L*sin(2*Pi*t/T)/2*Pi，其中 L=总上升数，T=周期；该类型用于模拟一个凸轮轮廓输出。
- 表：通过输入一个表来定义位置、速度或加速度与时间的关系，表文件的扩展名为.tab，可以在任何文本编辑器创建或打开。文件采用两栏格式，第一栏是时间，该栏中的时间值必须从第一行到最后一行按升序排列；第二栏是速度、加速度或位置。

可以在连接轴或几何图元（如零件平面、基准平面和点）上放置伺服电动机。对于一个图元，可以定义任意多个伺服电动机。但为了避免过于约束模型，要确保进行运动分析之前，已关闭所有冲突的或多余的伺服电动机。例如沿同一方向创建一个连接轴旋转伺服电动机和一个平面—平面旋转角度伺服电动机，则在同一个运行内不要同时打开这两个伺服电动机。可以使用下列类型的伺服电动机。

- 连接轴伺服电动机：用于创建沿某一方向明确定义的运动。
- 几何伺服电动机：利用下列简单伺服电动机的组合，可以创建复杂的三维运动，如螺旋或其他空间曲线。

  ☑ 平面—平面平移伺服电动机：这种伺服电动机是相对于一个主体中的一个平面来移动另一个主体中的平面，同时保持两平面平行。以两平面间的最短距离来测量伺服电动机的位置值。当从动平面和参照平面重合时，出现零位置。平面—平面平移伺服电动机的一种应用，是用于定义开环机构装置的最后一个链接和基础之间的平移。

  ☑ 平面—平面旋转伺服电动机：这种伺服电动机是移动一个主体中的平面，使其与另一主体中的某一平面成一定的角度。在运行期间，从动平面围绕一个参照方向旋转，当从动平面和参照平面重合时定义为零位置。因为未指定从动主体上的旋转轴，所以平面—平面旋转伺服电动机所受的限制要少于销钉或圆柱接头的伺服电动机所受的限制，因此从动主体中旋转轴的位置可能会任意改变。平面—平面旋转伺服电动机可用来定义围绕球接头的旋转。平面—平面旋转伺服电动机的另一个应用，是定义开环机构装置的最后一个主体和基础之间的旋转。

  ☑ 点—平面平移伺服电动机：这种伺服电动机是沿一个主体中平面的法向移动另一主体中的点。以点到平面的最短距离测量伺服电动机的位置值。仅使用点—

平面伺服电动机，不能相对于其他主体来定义一个主体的方向。还要注意从动点可平行于参照平面自由移动，所以可能会沿伺服电动机未指定的方向移动，使用另一个伺服电动机或连接可锁定这些自由度。通过定义一个点相对于一个平面运动的 X、Y 和 Z 分量，可以使一个点沿一条复杂的三维曲线运动。

☑ 平面—点平移伺服电动机：这种伺服电动机除了要定义平面相对于点运动的方向外，其余都和点—平面伺服电动机相同。在运行期间，从动平面沿指定的运动方向运动，同时保持与之垂直。以点到平面的最短距离测量伺服电动机的位置值。在零位置处，点位于该平面上。

☑ 点—点平移伺服电动机：这种伺服电动机是沿一个主体中指定的方向移动另一主体中的点。可用到某一个平面的最短距离来测量该从动点的位置，该平面包含参照点并垂直于运动方向。当参照点和从动点位于一个法向是运动方向的平面内时，出现点—点伺服电动机的零位置。点—点平移伺服电动机的约束很宽松，所以必须十分小心，才可以得到可预期的运动。仅使用点—点伺服电动机，不能定义一个主体相对于其他主体的方向。实际上，需要 6 个点—点伺服电动机才能定义一个主体相对于其他主体的方向。使用另一个伺服电动机或连接可锁定一些自由度。

下面以实例介绍定义伺服电动机的一般过程。

Step1. 选择下拉菜单 插入(I) ➡ ⚙ 伺服电动机(V)... 命令。

Step2. 此时系统弹出图 9.5.54 所示的"伺服电动机定义"对话框，在该对话框中进行下列操作。

（1）输入伺服电动机名称。在该对话框的"名称"文本框中输入伺服电动机名称，或采用默认名。

（2）选择从动图元。在图 9.5.55 所示的模型上，可采用"从列表中拾取"的方法选取图中所示的连接轴 Connection_1c.axis_1。

图 9.5.54　"伺服电动机定义"对话框

图 9.5.55　选取连接轴

注意：如果选取点或平面来放置伺服电动机，则创建的是几何伺服电动机。

（3）此时模型中出现一个洋红色的箭头，表明连接轴中从动图元将相对于参照图元移动的方向，可以单击 反向 按钮来改变方向，正确方向如图 9.5.56 所示。

（4）定义运动函数。单击对话框中的 轮廓 标签，在图 9.5.57 所示的"轮廓"选项卡中进行下列操作。

① 选择规范。在 规范 下拉列表中选择 位置 。

图 9.5.56　箭头的正确方向　　　　图 9.5.57　"轮廓"选项卡

图 9.5.57 所示"轮廓"选项卡的 规范 下拉列表中的各项说明如下。

- 位置 ：定义从动图元的位置函数。
- 速度 ：定义从动图元的速度函数。选择此选项后，需指定运行的初始位置，默认的初始位置为"当前"。
- 加速度 ：定义从动图元的加速度函数。选择此项后，可以指定运行的初始位置和初始速度，其默认设置分别为"当前"和0.0。

② 定义位置函数。在 模 区域的下拉列表中选择函数类型为 余弦 ，然后分别在 A、B、C、T 文本框中输入其参数值38、0、38、1。

Step3. 单击对话框中的 确定 按钮，完成伺服电动机的定义。

说明：如果要绘制连接轴的位置、速度、加速度与时间的函数图形，可在对话框的"图形"区域单击 按钮，系统弹出图 9.5.58 所示的"图形工具"对话框，在该对话框中单击 按钮可打印函数图形；选择"文件"下拉菜单可按"文本"或 EXCEL 格式输出图形；单击该对话框中的 按钮，系统弹出图 9.5.59 所示的"图形窗口选项"对话框，该对话框中有

4 个选项卡：暂不描述，改为正文行：

4 个选项卡：<kbd>Y轴</kbd>、<kbd>X轴</kbd>、<kbd>数据系列</kbd>和<kbd>图形显示</kbd>，<kbd>Y轴</kbd>选项卡用于修改图形 Y 轴的外观、标签和栅格线，以及更改图形的比例，如图 9.5.59 所示；<kbd>X轴</kbd>选项卡用于修改图形 X 轴的外观、标签和栅格线，以及更改图形的比例；<kbd>数据系列</kbd>选项卡用于控制所选数据系列的外观及图例的显示，如图 9.5.60 所示；<kbd>图形显示</kbd>选项卡用于控制图形标题的显示，并可更改窗口的背景颜色，如图 9.5.61 所示。

图 9.5.58 "图形工具"对话框

在图 9.5.59 所示的"图形窗口选项"对话框中，<kbd>X轴</kbd>和<kbd>Y轴</kbd>选项卡中各选项的说明如下。

- <kbd>图形</kbd>：此区域仅显示在<kbd>Y轴</kbd>选项卡中，如有子图形还可显示子图形的一个列表。可以使拥有公共 X 轴、但 Y 轴不同的多组数据出图。从列表中选取要定制其 Y 轴的子图形。

- <kbd>轴标签</kbd>：此区域可编辑 Y 轴标签。标签为文本行，显示在每个轴旁。单击<kbd>文本样式...</kbd>按钮，可更改标签字体的样式、颜色和大小。使用<kbd>☑显示轴标签</kbd>复选框可打开或关闭轴标签的显示。

- <kbd>范围</kbd>：更改轴的刻度范围。可修改最小值和最大值，以使窗口能够显示指定的图形范围。

- <kbd>刻度线</kbd>：设置轴上长刻度线（主）和短刻度线（副）的数量。

- <kbd>刻度线标签</kbd>：设置长刻度线值的放置方式。还可单击<kbd>文本样式...</kbd>按钮，更改字体的样式、颜色和大小。

- <kbd>栅格线</kbd>：选取栅格线的样式。如果要更改栅格线的颜色，可单击颜色选取按钮。

- <kbd>轴</kbd>：设置 Y 轴的线宽及颜色。

- <kbd>缩放</kbd>：使用此区域可调整图形的比例。

☑ ☐对数标尺：将轴上的值更改为对数比例。使用对数比例能提供在正常比例下可能无法看到的其他信息。

☑ ☑缩放：此区域仅出现在 Y轴 选项卡中。可使用此区域来更改 Y 轴比例。

图 9.5.59　"图形窗口选项"对话框

图 9.5.60 所示 数据系列 选项卡中各选项的说明如下。

● 图形：选取要定制其数据系列的图形或子图形。

● 数据系列：此区域可编辑所选数据系列的标签。还可更改图形中点和线的颜色以及点的样式、插值。

图例：此区域可切换图例的显示及更改其字体的样式、颜色和大小。

图 9.5.60　"数据系列"选项卡

图 9.5.61 所示 图形显示 选项卡中各选项的说明如下。

● 标签：编辑图形的标题。如果要更改标题字体的样式、颜色和大小，可单击 文本样式... 按钮；可使用 ☑显示标签 复选框来显示或关闭标题。

- ● 背景颜色：修改背景颜色。如选中 ☑混合背景，单击 编辑… 按钮可定制混合的背景颜色。
- ☑ 选取颜色：更改用来加亮图形中的点的颜色。

图 9.5.61　"图形显示"选项卡

9.5.4　修复失败的装配

1. 修复失败装配的方法

有时候，"连接"操作、"拖动"或"运行"机构时，系统会提示"错误-装配…"对话框（如图 9.5.62 所示），这可能是由于未正确指定连接信息，或者因为主体的初始位置与最终的装配位置相距太远等。

如果装配件未能连接，应检查连接定义是否正确。应检查机构装置内的连接是如何组合的，以确保其具有协调性。也可以锁定主体或连接并删除环连接，以查看在不太

图 9.5.62　"错误-装配…"对话框

复杂的情况下，机构装置是否可以装配。最后，可以创建新的子机构，并个别查看、研究它们如何独立工作。通过从可工作的机构装置中有系统地逐步进行，并一次增加一个小的子系统，可以创建非常复杂的机构装置并成功运行。

如果运行机构时出现"装配失败"信息，则很可能是因为无效的伺服电动机值。如果对某特定时间所给定伺服电动机的值超出可取值的范围，从而导致机构装置分离，系统将声明该机构不能装配。在这种情况下，要计算机构装置中所有伺服电动机的给定范围以及启动时间和结束时间。使用伺服电动机的较小振幅，是进行试验以确定有效范围的一个好的方法。伺服电动机也可能会使连接超过其限制，可以关闭有可能出现此情形连接的限制，并重新进行运行来研究这种可能性。

修复失败装配的一般方法如下。

- 在模型树中右击元件，在弹出的快捷菜单中选择 编辑定义 命令，查看系统中环连接的定向箭头。通常，只有闭合环的机构装置才会出现失败，包括具有凸轮或槽的机构装置，或者超出限制范围的带有连接限制的机构装置。

- 检查装配件公差，以确定是否应该更严格或再放宽一些，尤其是当装配取得成功但机构装置的性能不尽如人意时。要改变绝对公差，可调整特征长度或相对公差，或两者都调整。装配件级和零件级中的 Pro/ENGINEER 精度设置也能影响装配件的绝对公差。

- 查看是否有锁定的主体或连接，这可能会导致机构装置失败。

- 尝试通过使用拖动对话框来禁用环连接，将机构装置重新定位到靠近所期望的位置，然后启用环连接。

2．装配件公差

绝对装配件公差是机械位置约束允许从完全装配状态偏离的最大值。计算绝对公差的公式为：绝对公差=相对公差×特征长度，其中相对公差是一个系数，默认值是 0.001；特征长度是所有零件长度的总和除以零件数后的结果，零件长度（或大小）是指包含整个零件的边界框的对角长度。

改变绝对装配件公差的操作过程如下。

Step1. 选择下拉菜单 工具(T) ➡ 组件设置(A)▶ ➡ 机构设置(M)命令，系统弹出图 9.5.63 所示的"设置"对话框。

Step2. 如果要改变装配件的"相对公差"设置，可在其文本框中输入 0~0.1 的值。默认值 0.001 通常可满足要求。如果想恢复默认值，可单击 恢复缺省值 按钮。

Step3. 如果要改变"特征长度"设置，可取消选中"缺省"复选框，然后输入其他值。当最大零件比最小零件大很多时，应考虑改变这项设置。注意：本例中建议"特征长度"值超过 70，例如可设为 120，如图 9.5.63 所示。

Step4. 单击 确定 按钮。

图 9.5.63 "设置"对话框

9.5.5 建立运动分析并运行机构

向机构装置中增加伺服电动机后，便可建立机构的运动分析（定义）并运行。

在每个运动定义中，可选择要打开或关闭的伺服电动机并指定其时间周期，以定义机构的运动方式。虽然可为一个图元定义多个伺服电动机，但一次只能打开图元的一个伺服电动机，例如为一个图元创建了一个连接轴伺服电动机和一个平面—平面旋转角度伺服电动机，则在相同的运行时间框架内不要同时打开这两个伺服电动机。

在"分析定义"对话框中，利用"锁定的图元"区域的命令按钮，可选取主体或连接进行锁定，这样当运行该运动定义时，这些锁定的主体或连接将不会相互移动。

可以创建多个运动定义，每个定义都使用不同的伺服电动机和锁定不同的图元。根据已命名的回放次序保存每个定义，便于以后查看。

下面以实例说明运行运动的一般过程。

Step1. 选择下拉菜单 分析(A) ➡ ✕ 机构分析(Y)... 命令。

Step2. 此时系统弹出图 9.5.64 所示的"分析定义"对话框，在该对话框中进行下列操作。

（1）输入此分析（即运动）的名称。在"分析定义"对话框的"名称"文本框中输入分析名称，或采用默认名。

（2）选择分析类型。选择此分析的类型为"位置"。

（3）调整伺服电动机顺序。如果机构装置中有多个伺服电动机，可单击对话框中的 电动机 标签，在图 9.5.65 所示的"电动机"选项卡中调整伺服电动机顺序。由于本例中只有一个伺服电动机，所以不必进行本步操作。

图 9.5.64　"分析定义"对话框　　　　　　图 9.5.65　"电动机"选项卡

（4）定义动画时域。在图 9.5.64 所示的"分析定义"对话框的 图形显示 区域进行下列操作。

① 输入开始时间：0（单位为秒）。

② 选择测量时间域的方式。在该区域的下拉列表中选择 长度和帧频 。

③ 输入终止时间：1（单位为秒）。

④ 输入帧频：100。

注意：

● 测量时间域的方式有三种：

① 长度和帧频 ：输入运行的时间长度（结束时间－开始时间）和帧频（每秒帧数），系统计算总的帧数和运行长度。

② 长度和帧数 ：输入运行的时间长度和总帧数，系统计算运行的帧频和长度。

③ 帧频和帧数 ：输入总帧数和帧频（或两帧的最小时间间隔），系统计算结束时间。

● 运行的时间长度、帧数、帧频和最小时间间隔的关系：

帧频=1/最小时间间隔。

帧数=帧频×时间长度+1。

（5）进行初始配置。在图 9.5.64 所示"分析定义"对话框的 初始配置 区域，选中 ◎ 当前 单选按钮。

注意：

● 当前：以机构装置的当前位置为运行的初始位置。

● 快照：从保存在"拖动"对话框中的快照列表中选择某个快照，机构装置将从该快照位置开始运行。

Step3. 运行运动定义。在图 9.5.64 所示的"分析定义"对话框中单击 运行 按钮。

Step4. 单击对话框中的 确定 按钮，完成运动定义。

9.5.6　结果回放、动态干涉检查与制作播放文件

利用"回放"命令可以对已运行的运动定义进行回放，在回放中还可以进行动态干涉检查和制作播放文件。对每一个运行的运动定义，系统将单独保存一组运动结果，利用回放命令可以将其结果保存在一个文件中（此文件可以在另一进程中运行），也可以恢复、删除或输出这些结果。

下面以实例说明回放操作的一般过程。

Step1. 选择下拉菜单 分析(A) ➡ ◆▶ 回放(B)... 命令（或单击 ◆▶ 按钮）。

Step2. 系统弹出图 9.5.66 所示的"回放"对话框（一），在该对话框中进行下列操作。

（1）从 结果集 下拉列表中选择一个运动结果。

（2）定义回放中的动态干涉检查。单击"回放"对话框中的 碰撞检测设置... 按钮，系统弹出图 9.5.67 所示的"碰撞检测设置"对话框，在该对话框中选中 ◎ 无碰撞检测 单选按钮。

图 9.5.67 中 一般设置 区域的各选项说明如下。

- ◉ 无碰撞检测 ：回放时，不检查干涉。
- ◉ 全局碰撞检测 ：回放时，检测整个装配体中所有元件间的干涉。当系统检测到干涉时，干涉区域将会加亮。
- ◉ 部分碰撞检测 ：回放时，检测选定零件间的干涉。当系统检测到干涉时，干涉区域将会加亮。

图 9.5.66　"回放"对话框（一）

图 9.5.67　"碰撞检测设置"对话框

（3）生成影片进度表。在回放运动前，可以指定要查看运行的某一部分。如果要查看整个运行过程，可在对话框的 影片进度表 选项卡中选中 ☑ 缺省进度表 ；如果要查看部分片段，则取消选中 ☐ 缺省进度表 复选框，此时系统弹出图 9.5.68 所示的"回放"对话框（二）。

图 9.5.68 所示对话框的 影片进度表 选项卡中有关选项和按钮的含义如下。

- 开始 ：指定要查看片段的起始时间。
- 终止 ：指定要查看片段的结束时间。起始时间可以大于终止时间，这样就可以反向播放影片。
- ＋ ：指定起始时间和终止时间后，单击此按钮可以向回放列表中增加片段。通过多次将其增加到列表中，可以重复播放该片段。
- ▲ ：更新影片段。如改变了回放片段的起始时间或终止时间，单击此按钮，系统立即更新起始时间和终止时间。
- ✕ ：删除影片段。要删除影片段，选取该片段并单击此按钮。

（4）开始回放演示。在"回放"对话框中单击 ◀▶ 按钮，系统将弹出图 9.5.69 所示的"动画"对话框，可进行回放演示。回放中如果检测到元件干涉，系统将加亮干涉区域，并停止回放。

（5）制作播放文件。回放结束后，在"动画"对话框中单击 捕获... 按钮，再在弹出的"捕获"对话框中（如图 9.5.70 所示）单击 确定 按钮，即可生成一个 *.mpeg 文件，该文件可以在其他软件（例如 Windows Media Player）中播放。

（6）单击"动画"对话框中的 关闭 按钮；完成观测后，在"回放"对话框中单击 关闭 按钮。

图 9.5.68　"回放"对话框（二）

图 9.5.69　"动画"对话框

图 9.5.69 所示"动画"对话框中各按钮的说明如下。

- ◀ ：向前播放
- ■ ：停止播放
- ▶ ：向后播放
- ◀◀ ：将结果重新设置到开始
- ◀ ：显示上一帧

- ▶ ：显示下一帧
- ▶▶ ：将结果推进到结尾
- ⟲ ：重复结果
- ⇄ ：在结尾处反转
- 速度滑杆：改变结果的速度

图 9.5.70　"捕获"对话框

9.5.7　测量

利用"测量"命令可创建一个图形，对于一组运动分析结果显示多条测量曲线，或者也可以观察某一测量如何随不同的运行结果而改变。测量有助于理解和分析运行机构装置产生的结果，并可提供改进机构设计的信息。

下面以图 9.5.71 所示的实例说明测量操作的一般过程。

图 9.5.71　测量操作

准备工作：必须提前为机构装置运行一个运动分析，然后才能绘制测量结果，为此需先选择下拉菜单 分析(A) ➡ 机构分析(Y)... 命令，运行运动分析 AnalysisDefinition1。

Step1. 选择下拉菜单 分析(A) ➡ 测量(E)... 命令。

Step2. 系统弹出图 9.5.72 所示的"测量结果"对话框（一），在该对话框中进行下面的操作。

图 9.5.72　"测量结果"对话框（一）

图 9.5.72 所示 图形类型 下拉列表中各选项的说明如下。

- 测量对时间：反映某个测量（位置、速度等）对时间的关系。
- 测量对测量：反映某个测量（位置、速度等）对另一个测量（位置、速度等）的关系。如果选择此项，需要选择一个测量为 X 轴，另一个（或几个）测量为 Y 轴。

（1）选择测量的图形类型。在 图形类型 下拉列表中选择 测量对时间 。

（2）新建一个测量。单击 ▢ 按钮，系统弹出图 9.5.73 所示的"测量定义"对话框，在该对话框中进行下列操作。

图 9.5.73 "测量定义"对话框

① 输入测量名称，或采用默认名。

② 选择测量类型。在 类型 下拉列表中选择 位置 。

③ 选取测量点（或运动轴）。在图 9.5.71 所示的模型中，查询选取零件反向块（REVERSE_BLOCK）上的点 SLOT_POINT。

④ 选取测量参照坐标系。本例采用默认的坐标系 WCS（注：如果选取一个连接轴作为测量目标，就无需参照坐标系）。

⑤ 选取测量的矢量方向。在 分量 下拉列表中选择 Y分量 ，此时在模型上可观察到一个很大的粉红色箭头指向坐标系的 Y 轴。

⑥ 选取评估方法。在 评估方法 下拉列表中选择 每个时间步长 。

⑦ 单击"测量定义"对话框中的 确定 按钮，系统立即将 measure1 添加到"测量结果"对话框（二）的列表中（如图 9.5.74 所示）。

图 9.5.74 "测量结果"对话框（二）

（3）进行动态测量。

① 选取测量名。在图 9.5.74 所示的"测量结果"对话框的列表中选取 measure1。

② 选取运动结果名。在"测量结果"对话框的"结果集"中，选取运动分析 AnalysisDefinition1。

③ 绘制测量图形。在"测量结果"对话框的顶部单击 ▨ 按钮，系统便开始测量，并绘

制测量的结果图（如图 9.5.75 所示），该图反映在运动 AnalysisDefinition1 中，点 SLOT_POINT
的位置与时间的关系。此图形可打印或保存。

　　Step3. 单击对话框中的 关闭 按钮。

图 9.5.75　测量的结果图

9.5.8　轨迹曲线简介

1. 概述

使用下拉菜单 插入(I) ➡ 轨迹曲线(T)... 命令可以完成以下操作。

- 记录轨迹曲线。轨迹曲线用图形表示机构装置中某一点或顶点相对于零件的运动。
- 记录凸轮合成曲线。凸轮合成曲线用图形表示机构装置中曲线或边相对于零件的运动。
- 创建"机构装置"中的凸轮轮廓。
- 创建"机构装置"中的槽曲线。
- 创建 Pro/ENGINEER 的实体几何。

注意：跟前面的"测量"特征一样，必须提前为机构装置运行一个运动分析，然后才能创建轨迹曲线。

2. 关于"轨迹曲线"对话框

选择下拉菜单 插入(I) ➡ 轨迹曲线(T)... 命令，系统弹出图 9.5.76 所示的"轨迹曲线"对话框，该对话框中的选项用于生成轨迹曲线或凸轮合成曲线。

- <u>纸零件</u>：在装配件或子装配件上选取一个主体零件，作为描绘曲线的参照。假如想象纸上有一支笔描绘轨迹，那么可以将该主体零件看作纸张，生成的轨迹曲线将是属于纸张零件的一个特征。可从模型树访问轨迹曲线和凸轮合成曲线。如果要描绘一个主体相对于基础的运动，可在基础中选取一个零件作为纸张零件。

图 9.5.76　"轨迹曲线"对话框

- <u>轨迹</u>：可选取要生成的曲线类型。
  - ☑ <u>轨迹曲线</u>：在装配体上选取一个点或顶点，此点所在的主体必须与纸张零件的主体不同，系统将创建该点的轨迹曲线。可以想象纸上有一支笔描绘轨迹，此点就如同笔尖。
  - ☑ <u>凸轮合成曲线</u>：在装配件上选取一条曲线或边（可选取开放或封闭环，也可选取多条连续曲线或边，系统会自动使所选曲线变得光滑），此曲线所在的主体必须与纸张零件的主体不同。系统将以此曲线的轨迹来生成内部和外部包络曲线。如果在运动运行中以每个时间步长选取开放曲线，系统则在曲线上确定距旋转轴最近和最远的两个点，最后生成两条样条曲线：一条来自最近点的系列，另一条来自最远点的系列。
- <u>曲线类型</u>区域：可指定轨迹曲线为 ◉ 2D 或 ◉ 3D 曲线。
- <u>结果集</u>：从可用列表中选取一个运动分析结果。
- 📂 按钮：单击此按钮可装载一个已保存的结果。
- 确定：单击此按钮，系统即在纸张零件中创建一个基准曲线特征，对选定的运动结果显示轨迹曲线或平面凸轮合成曲线。要保存基准曲线特征，必须保存该零件。
- 预览：单击此按钮，可预览轨迹曲线或凸轮合成曲线。

9.5.9 模型树

选择下拉菜单 应用程序(P) ➡ 机构(E) 命令进入机构模块后，系统将打开模型树的"机构"部分（如图 9.5.77 所示），其中列出了机构中定义的主体、连接、伺服电动机、运动定义和回放等。右击各项目，可进行不同的操作，项目与对应的操作如表 9.1 所示。

表 9.1　项目与对应的操作

项目名称	操作
旋转轴、平移轴（在 Connection_name 下）	运动轴设置、伺服电动机
旋转轴、平移轴（在 Driver_name 下）	运动轴设置
凸轮、槽、驱动器、运动定义	新建
Camconnection_name、Slotconnection_name、Driver_name	编辑、删除、复制
Motion_def_name	编辑、删除、复制、运行
回放	演示……
Playback_name	演示、保存

图 9.5.77　模型树的"机构"部分

9.6　创建齿轮机构

齿轮运动机构通过两个元件进行定义，需要注意的是两个元件上并不一定需要真实的齿形。要定义齿轮运动机构，必须先进入"机构"环境，然后还需定义"运动轴"。齿轮机构的传动比是通过两个分度圆的直径来决定的。

下面举例说明一个齿轮运动机构的创建过程。

Task1. 新建装配模型

Step1. 选择下拉菜单 文件(F) ➡ 设置工作目录(W)... 命令，将工作目录设置至 D:\proewf5.2\work\ch09.06。

Step2. 单击"新建文件"按钮 □；在弹出的文件"新建"对话框中，选中 类型 选项组中的 ● □ 组件 ，选中 子类型 选项组中的 ● 设计；在 名称 文本框中输入文件名 gear_asm；取消选中 □ 使用缺省模板 复选框；单击对话框中的 确定 按钮。

Step3. 选取适当的装配模板。在弹出的"新文件选项"对话框中选取 mmns_asm_design 模板，然后单击 确定 按钮。

Task2. 创建装配基准轴

Stage1. 创建基准轴 AA_1

Step1. 单击"创建基准轴"按钮 ／，系统弹出"基准轴"对话框。

Step2. 选取基准平面 ASM_RIGHT，定义为 穿过；按住 Ctrl 键，选取 ASM_FRONT 基准平面，定义为 穿过；单击对话框中的 确定 按钮，得到图 9.6.1 所示的基准轴 AA_1。

图 9.6.1 创建基准轴 AA_1

Stage2. 创建基准平面作为另一个基准轴的草绘平面

Step1. 单击"创建基准平面"按钮 □，系统弹出"基准平面"对话框。

Step2. 选取 ASM_RIGHT 基准平面为偏距的参照面，在对话框中输入偏距值 35.5，单击 确定 按钮。

Stage3. 创建基准轴 AA_2

Step1. 单击"创建基准轴"按钮 ／，系统弹出"基准轴"对话框。

Step2. 选取基准平面 ADTM1，定义为 穿过；按住 Ctrl 键，选取 ASM_FRONT 基准平面，定义为 穿过；单击对话框中的 确定 按钮。

Task3．增加齿轮 1（GEAR1.PRT）

将齿轮 1（GEAR1.PRT）装到基准轴 AA_1 上，创建销钉（Pin）连接。

Step1．选择下拉菜单 插入(I) ➡ 元件(C)▶ ➡ 装配(A)... 命令，打开文件名为 GEAR1.PRT 的零件。

Step2．创建销钉（Pin）接头连接。在"元件放置"操控板中进行下列操作，便可创建销钉（Pin）接头连接。

（1）在"约束集"列表中选择 销钉 选项。

（2）修改连接的名称。单击操控板中的"放置"按钮，系统出现图 9.6.2 所示的"放置"界面（一），在 集名称 下的文本框中输入连接名称 Connection_1c，并按<Enter>键。

图 9.6.2　"放置"界面（一）

（3）定义"轴对齐"约束。在"放置"界面中单击 轴对齐 选项，然后分别选取图 9.6.3 中的轴线和模型树中的 AA_1 基准轴（元件 GEAR1 的中心轴线和 AA_1 基准轴线）。

图 9.6.3　装配齿轮 1

（4）定义"平移"约束。分别选取图 9.6.3 中元件的端面和模型树中的 ASM_TOP 基准平面（元件 GEAR1 的端面和 ASM_TOP 基准平面），以限制元件 GEAR1 在 ASM_TOP 基准平面上平移。

（5）定义"旋转轴"约束。选取图 9.6.3 中的基准面和模型树中的 ASM_RIGHT 基准平面为参照，以定义旋转的零位置。

（6）单击操控板中的 ☑ 按钮。

Step3. 验证连接的有效性：拖移元件 GEAR1。

（1）进入机构环境。选择下拉菜单 应用程序(P) ➡ 机构(E) 命令。

（2）选择下拉菜单 视图(V) ➡ 方向(D)▶ ➡ 🖑 拖动元件(D)... 命令。

（3）在弹出的"拖动"对话框中单击"点拖动"按钮 🖑。

（4）在元件 GEAR1 上单击，出现一个标记 ◆，移动鼠标进行拖移，并单击中键结束拖移，使元件停留在原来的位置；关闭"拖动"对话框。

（5）进入标准环境。选择下拉菜单 应用程序(P) ➡ 标准(S) 命令。

Task4．增加齿轮 2（GEAR2.PRT）

将齿轮 2（GEAR2.PRT）装到基准轴 AA_2 上，创建销钉（Pin）连接。

Step1. 选择下拉菜单 插入(I) ➡ 元件(C)▶ ➡ 🗔 装配(A)... 命令，打开文件名为 GEAR2.PRT 的零件。

Step2. 创建销钉（Pin）连接。在"元件放置"操控板中进行下列操作，便可创建销钉（Pin）连接。

（1）在"约束集"列表中选择 ⚓ 销钉 选项。

（2）修改连接的名称。单击操控板中的"放置"按钮；在图 9.6.4 所示的"放置"界面（二）中，在 集名称 文本框中输入连接名称 Connection_2c，并按<Enter>键。

（3）定义"轴对齐"约束。在"放置"界面中单击 轴对齐 选项，然后分别选取图 9.6.5 中的轴线和模型树中的 AA_2 基准轴（元件 GEAR2 的中心轴线和 AA_2 基准轴线）。

图 9.6.4 "放置"界面（二） 图 9.6.5 装配齿轮 2

（4）定义"平移"约束。分别选取图 9.6.5 中的元件的端面和模型树中的 ASM_TOP 基准平面（元件 GEAR2 的端面和 ASM_TOP 基准平面），以限制元件 GEAR2 在 ASM_TOP 基准平面上平移。

注意：若齿轮 2 和齿轮 1 不在同一平面内，"平移"约束中就选择齿轮 2 的另一侧端面。

（5）单击操控板中的 ☑ 按钮。

Task5．运动轴设置

Stage1．进入机构模块

选择下拉菜单的 应用程序(P) ➡ 机构(E) 命令进入机构模块，然后在 视图(V) 菜单中选择 方向(O)▶ ➡ 拖动元件(D)… 命令，用"点拖动"将齿轮机构装配（GEAR_ASM.ASM）拖到图 9.6.6 所示的位置（读者练习时，拖移后的位置不要与图中所示的位置相差太远，否则后面的操作会出现问题），然后关闭"拖移"对话框。

连接轴设置：选取该接头中
的此带箭头的旋转连接轴

图 9.6.6　运动轴设置

Stage2．设置运动轴

Step1．查找并选取运动轴。

（1）选择下拉菜单 编辑(E) ➡ 查找(F)… 命令。

（2）系统弹出"搜索工具"对话框，进行下列操作。

① 在"查找"列表中选择"旋转轴"。

② 在"查找范围"列表中选择 GEAR_ASM.ASM 装配，单击 立即查找 按钮。

③ 在结果列表中选择连接轴 Connection_1c.first_rot_axis，单击 >> 按钮加入选定栏中。

④ 单击对话框中的 关闭 按钮。

Step2．选择下拉菜单 编辑(E) ➡ 定义(N) 命令，系统弹出图 9.6.7 所示的"运动轴"对话框，在该对话框中进行下列操作。

图 9.6.7　"运动轴"对话框

（1）选取齿轮 1（GEAR1.PRT）零件中的图 9.6.8 所示的基准面，以及图 9.6.8 所示的装配的基准面。选取后的参照分别自动地显示在图 9.6.7 所示的"运动轴"对话框中。

（2）在 当前位置 文本框中输入 12.5，如图 9.6.7 所示。

（3）单击"运动轴"对话框中的 ☑ 按钮。

注意：若两齿轮不能啮合，则略微增加或减少 当前位置 文本框中的数值，以使两个齿轮啮合良好。

Task6．定义齿轮副

Step1．选择下拉菜单 插入(I) ➡ ⚙ 齿轮(G)...命令。

Step2．此时系统弹出图 9.6.9 所示的"齿轮副定义"对话框，在该对话框中进行下列操作。

（1）输入齿轮副名称：在该对话框的"名称"文本框中输入齿轮副名称，或采用系统的默认名（本例采用系统默认名）。

（2）定义齿轮 1：在图 9.6.10 所示的模型上，采用"从列表中拾取"的方法选取图中的接头，即列表中的连接轴 Connection_1c. axis_1。

图 9.6.8　基准面的选取

图 9.6.9　"齿轮副定义"对话框（一）

（3）输入齿轮 1 节圆直径：在图 9.6.9 所示对话框的"节圆直径"文本框中输入 30。

Step3．单击"齿轮副定义"对话框中的 齿轮2 标签，"齿轮副定义"对话框转换为如图 9.6.11 所示，在该对话框中进行下列操作。

（1）定义齿轮 2：在图 9.6.10 所示的模型上，采用"从列表中拾取"的方法选取图中的接头，即列表中的连接轴 Connection_2c. axis_1。

（2）输入齿轮 2 节圆直径：在图 9.6.11 所示对话框的"节圆直径"文本框中输入 40。

齿轮 1 定义：选取该接头中的
此带箭头的旋转连接轴

齿轮 2 定义：选取该接头中
的此带箭头的旋转连接轴

图 9.6.10　齿轮副模型

图 9.6.11　"齿轮副定义"对话框（二）

Step4. 完成齿轮副定义：单击"齿轮副定义"对话框中的 确定 按钮。

Task7. 定义伺服电动机

Step1. 选择下拉菜单 插入(I) ➡ 伺服电动机(V)... 命令。

Step2. 此时系统弹出"伺服电动机定义"对话框，在该对话框中进行下列操作。

（1）输入伺服电动机名称：在该对话框中的"名字"文本框中输入伺服电动机名称，或采用系统的默认名。

（2）选择运动轴：在图 9.6.10 所示的模型上，采用"从列表中拾取"的方法选取图中的接头，即列表中的连接轴 Connection_1c. axis_1。

（3）定义运动函数：单击对话框中的 轮廓 标签，系统显示图 9.6.12 所示的"轮廓"选项卡，在该选项卡中进行下列操作。

① 选择 速度 作为 规范 ：单击 规范 区域中的 ▼ ，从弹出的下拉列表中选择 速度 。

② 选择运动函数：单击 模 区域中的 ▼ ，从弹出的下拉列表中选择 常数 ，在"A"文本框中输入 10。

Step3. 完成伺服电动机定义。单击"伺服电动机定义"对话框中的 确定 按钮。

Task8. 建立运动分析并运行

Step1. 选择下拉菜单 分析(A) ➡️ ✖️ 机构分析(Y)... 命令。

Step2. 此时系统弹出图 9.6.13 所示的"分析定义"对话框，在该对话框中进行下列操作。

（1）输入分析（即运动）名称。在对话框的"名称"文本框中输入此分析的名称，或采用默认名。

（2）选择分析类型。选择分析的类型为"位置"。

（3）调整伺服电动机顺序。如果在机构装置中有多个伺服电动机，则可在对话框的 电动机 选项卡中调整伺服电动机顺序。由于本例中只有一个伺服电动机，所以不必进行此步操作。

（4）定义动画时域。在图 9.6.13 所示的"分析定义"对话框的 图形显示 区域进行下列操作。

① 输入开始时间 0（单位为秒）。

② 选择测量时间域的方式：选择 长度和帧频 方式。

③ 输入结束时间 50（单位为秒）。

④ 输入帧频 10。

图 9.6.12 "轮廓"选项卡

图 9.6.13 "分析定义"对话框

（5）定义初始位置。在图 9.6.13 所示"分析定义"对话框的 初始配置 区域，选中 ⦿ 当前 单选按钮。

Step3. 运行运动分析。单击"分析定义"对话框中的 运行 按钮。

Step4. 完成运动分析。单击"分析定义"对话框中的 确定 按钮。

9.7　创建凸轮机构

凸轮运动机构通过两个关键元件（凸轮和滑滚）进行定义，需要注意的是凸轮和滑滚两个元件必须有真实的形状和尺寸。要定义凸轮运动机构，必须先进入"机构"环境。

下面举例说明一个凸轮运动机构的创建过程，如图 9.7.1 所示。

图 9.7.1　凸轮运动机构

说明：本范例的详细操作过程请参见随书光盘中 video\ch09.07\文件下的语音视频讲解文件。模型文件为 D:\proewf5.2\work\ch09.07\ok\cam_asm。

9.8　创建带传动

带传动通过两个元件进行定义，要定义带传动，必须先进入"机构"环境，然后还需定义"运动轴"。

下面举例说明一个带传动的创建过程，如图 9.8.1 所示。

图 9.8.1　带传动

说明：本范例的详细操作过程请参见随书光盘中 video\ch09.08\文件下的语音视频讲解文件。模型文件为 D:\proewf5.2\work\ch09.08\belt-ok_asm。

第10章 动画模块

本章提要 本章先介绍一个简单动画——显示器模具开启的创建过程,然后结合范例说明定时视图、定时透明、定时显示的概念和应用,最后介绍一个复杂的动画——手枪打靶的创建过程。

10.1 概　　述

动画模块可以实现以下功能。

● 将产品的运行用动画来表示,使其具有可视性。只需将主体拖动到不同的位置并拍下快照即可创建动画。

● 可以用动画的方式形象地表示产品的装配和拆卸序列。

● 可以创建维护产品步骤的简短动画,用以指导用户如何维修或建立产品。

"动画"模式中的下拉菜单简介如图 10.1.1 所示。

用于动画模块的命令按钮简介如图 10.1.2 所示。

图 10.1.1 "动画"下拉菜单

图 10.1.2 动画模块的命令按钮

10.2　创建动画的一般过程

下面将以图 10.2.1 所示的显示器模具为例，详细说明其开模动画的制作过程。
创建动画的一般流程如下。

（1）进入动画模块。

（2）新建并命名动画。

（3）定义主体。

（4）拖动主体并生成一连串的快照。

（5）用所生成的快照建立关键帧。

（6）播放、检查动画。

（7）保存动画文件。

图 10.2.1　显示器模具

10.2.1　进入动画模块

Step1. 选择下拉菜单 文件(E) ➡ 设置工作目录(W)... 命令，将工作目录设置至
D:\proewf5.2\work\ch10.02；选择下拉菜单 文件(E) ➡ 打开(O)... 命令，打开文件
display_mold.asm（注意：要进入动画模块，必须在装配模块中进行）。

Step2. 选择下拉菜单 应用程序(P) ➡ 动画(A) 命令，系统进入"动画"模块，模块界面
如图 10.2.2 所示。

图 10.2.2　"动画"模块界面

10.2.2　创建动画

Step1. 定义一个主动画。

（1）选择下拉菜单 动画(M) ➡ 📽 动画(A)... 命令，此时系统弹出图 10.2.3 所示的"动画"对话框。

图 10.2.3　"动画"对话框

（2）命名动画：动画默认名称为 Animation1。在本例中，单击 编辑... 按钮，在系统弹出的"定义动画"对话框中输入动画名称 display_mold_open，如图 10.2.4 所示；然后单击 确定 按钮，此时"动画"对话框如图 10.2.3 所示，单击 关闭 按钮，关闭对话框。

Step2. 定义基体和主体。

（1）选择下拉菜单 动画(M) ➡ ▣ 主体定义(B)... 命令，此时系统弹出图 10.2.5 所示的"主体"对话框（一）。

图 10.2.4　"定义动画"对话框

图 10.2.5　"主体"对话框（一）

（2）单击对话框中的 每个主体一个零件 按钮，系统将所有零件作为主体加入主体列表中，如图 10.2.6 所示。

（3）选取图 10.2.6 所示对话框中的 Ground，单击 编辑 按钮，系统弹出"主体定义"对话框及"选取"对话框，如图 10.2.7 和图 10.2.8 所示。

图 10.2.6　"主体"对话框（二）

图 10.2.7　"主体定义"对话框

图 10.2.8　"选取"对话框

（4）定义作为 Ground（基体）的零件：在图 10.2.9 所示的模型树中选取 ⬡ `DISPLAY_MOLD_REF.PRT`，然后单击图 10.2.8 所示的"选取"对话框中的 确定 按钮，再单击图 10.2.7 所示的"主体定义"对话框中的 确定 按钮。完成后，"主体"对话框（三）如图 10.2.10 所示。

（5）单击"主体"对话框中的 关闭 按钮。

Step3. 创建快照。在 视图(V) 菜单中选择 方向 (D) ▶ ➡ 拖动元件 (D)... 命令（或直接点击命令按钮 ），此时系统弹出图 10.2.11 所示的"拖动"对话框，该对话框中有两个选项卡——快照 和 约束：在 快照 选项卡中可移动主体并拍取快照；在 约束 选项卡中可设置主体间的约束。

图 10.2.9　模型树

图 10.2.10　"主体"对话框（三）

图 10.2.11　"拖动"对话框（一）

（1）创建第一个快照。在图 10.2.12 所示的状态创建第一个快照，方法是单击"拖动"对话框中的 按钮，此时在图 10.2.13 所示的快照栏中便生成 Snapshot1 快照。

图 10.2.12　创建第一个快照

图 10.2.13　"拖动"对话框（二）

（2）创建第二个快照。

方法一：自由拖动

① 在"拖动"对话框中单击"点拖动"按钮，然后单击选取 body_vol.prt 进行拖动，如图 10.2.14 所示。

② 单击"拖动"对话框中的按钮，生成 Snapshot2 快照。

方法二：偏移约束

如图 10.2.15 所示，可以约束 body_vol.prt 的侧面与基准平面 MAIN_PARTING_PLN 对齐，然后进行偏移。

图 10.2.14　自由拖动　　　　　　　　图 10.2.15　偏移约束

① 选择"拖动"对话框的约束选项卡，单击"对齐图元"命令按钮，然后选取图 10.2.15 所示的 body_vol.prt 的侧面和基准平面 MAIN_PARTING_PLN。

② 在图 10.2.16 所示的约束选项卡的"偏距"文本框中输入偏距值-800，并按<Enter>键。

③ 单击"拖动"对话框中的按钮，生成 Snapshot2 快照。

（3）创建第三个快照。拖动 upper_vol_1.prt，创建第三个快照，位置如图 10.2.17 所示。

图 10.2.16　"约束"选项卡　　　　图 10.2.17　创建第三个快照　　　　图 10.2.18　创建第四个快照

（4）创建第四个快照。采用步骤（2）中的方法拖动 lower_vol_2.prt，创建第四个快照，位置如图 10.2.18 所示。完成后，"拖动"对话框（三）如图 10.2.19 所示。

（5）单击"拖动"对话框中的 关闭 按钮。

Step4. 创建关键帧序列。

（1）选择下拉菜单 动画(M) ➡ 关键帧序列(K)... 命令，此时系统弹出图 10.2.20 所示的"关键帧序列"对话框（一）。

图 10.2.19　"拖动"对话框（三）

图 10.2.20　"关键帧序列"对话框（一）

（2）单击"关键帧序列"对话框中的 新建 按钮，在"关键帧序列"对话框中显示出 序列 选项卡（图 10.2.21 所示）和 主体 选项卡（如图 10.2.22 所示）。

图 10.2.21　"序列"选项卡

使主体靠近此位置，但它可能会随着任何伺服电动机或其他关键帧序列移动而移动

主体状态列表

主体的位置是任意的，可由其他伺服电动机或关键帧序列控制

图 10.2.22　"主体"选项卡

① 在 序列 选项卡的 关键帧 下拉列表中选取快照 Snapshot1，采用系统默认的时间，单击 + 按钮；用同样的方法设置 Snapshot2、Snapshot3 和 Snapshot4。设置完成后，"关键帧序列"对话框（二）如图 10.2.23 所示。

② 单击"关键帧序列"对话框中的 确定 按钮。

③ 在系统返回的图 10.2.24 所示的"关键帧序列"对话框（三）中单击 关闭 按钮。

图 10.2.23　"关键帧序列"对话框（二）

图 10.2.24　"关键帧序列"对话框（三）

Step5. 修改时间域。完成 Step4 的操作后，时间域如图 10.2.25 所示。

图 10.2.25 时间域

动画时间线中的鼠标操作:

- 左键可执行单选。
- Ctrl＋左键可执行多选。
- 双击左键可编辑对象。
- 左键＋拖动可编辑时间。

- 中键＋拖动可编辑竖向位置。
- Shift＋Z 可撤销以前的操作。
- Shift＋Y 可重做以前的撤销操作。
- 右键可弹出适用于所选对象的菜单。

在时间线上右击,系统会弹出图 10.2.26 所示的快捷菜单,各项功能操作如下。

| 放大 |
| 缩小 |
| 重新调整 |
| 编辑时域 |

图 10.2.26 快捷菜单(一)

(1) 放大时间线。选择图 10.2.26 所示菜单中的 放大 命令,在时间域中框出要放大的范围,此时时间线就被局部放大了,如图 10.2.27 所示。

↓ 局部放大时间线

图 10.2.27 放大时间线

(2) 缩小时间线。与"放大"操作相反,如果选择图 10.2.26 所示菜单中的 缩小 命令,则逐步缩小被放大的时间线。

(3) 重新调整时间线。选择图 10.2.26 所示菜单中的 重新调整 命令,可以恢复到最初的状态,以便进行重新调整。

(4) 编辑时间域。选择图 10.2.26 所示菜单中的 编辑时域 命令,系统弹出图 10.2.28 所示的"动画时域"对话框。

在图 10.2.29 所示的下拉列表中选取不同的选项进行设定。

- **长度和帧频**：输入动画的结束时间（以秒为单位）和帧频（每秒帧数）。系统计算总的帧数和运行长度。

- **长度和帧数**：输入动画的结束时间和总帧数。系统计算运行的帧频和长度。

- **帧频和帧数**：输入总帧数和帧频（或两帧的间隔）。系统计算结束时间。

图 10.2.28　"动画时域"对话框

图 10.2.29　下拉列表

Step6. 在时间域中修改关键帧。先选取某个关键帧序列，再右击，系统弹出图 10.2.30 所示的快捷菜单。

（1）编辑时间。选择图 10.2.30 所示快捷菜单中的 **编辑时间** 命令，系统弹出图 10.2.31 所示的"KFS 实例"对话框，可以编辑开始时间。

（2）编辑关键帧序列。选择图 10.2.30 所示快捷菜单中的 **编辑 KFS** 命令，系统弹出"关键帧序列"对话框，可以编辑关键帧序列。

（3）复制关键帧。选择图 10.2.30 所示快捷菜单中的 **复制** 命令，可以复制一个新的关键帧。

（4）删除关键帧。选择图 10.2.30 所示快捷菜单中的 **移除** 命令，可以删除选定的关键帧。

（5）为关键帧选取参照图元。选择图 10.2.30 所示快捷菜单中的 **选取参照图元** 命令，可以为关键帧选取相关联的参照图元。

图 10.2.30　快捷菜单（二）

图 10.2.31　"KFS 实例"对话框

Step7. 启动动画。选择下拉菜单 动画(M) ➡ ✕ 启动(S) 命令，可以启动动画进行查看。

Step8. 回放动画。选择下拉菜单 动画(M) ➡ ◀▶ 回放(P)… 命令，系统弹出图 10.2.32 所示的"回放"对话框。

图 10.2.32 "回放"对话框

（1）选取动画名称。从 结果集 下拉列表中选取一个动画名称。

（2）定义回放中的动态干涉检查。选择在回放期间要检测的干涉类型，单击 碰撞检测设置… 按钮，系统弹出"碰撞检测设置"对话框。在该对话框中选中 ◉ 无碰撞检测 单选按钮。

● ◉ 无碰撞检测 单选按钮：回放时，不检查干涉。
● ◯ 全局碰撞检测 单选按钮：回放时，检测整个装配体中所有元件间的干涉。当系统检测到干涉时，干涉区域将会加亮。
● ◯ 部分碰撞检测 单选按钮：检查两个（和几个）元件间是否有干涉。
● ☐ 包括面组 复选框：把曲面作为干涉检测的一部分。

可选设置 区域中的各复选框的说明如下。

● ☐ 发生碰撞时会响起消息铃声 复选框：发现干涉时，系统是否会发出警报的铃声。
● ☐ 碰撞时停止动画回放 复选框：如果检测到干涉，就停止回放。

（3）生成影片进度表。当回放动画时，可以指定要查看动画的哪一部分，要实现这种功能，需单击"回放"对话框中的 影片进度表 ；如果要查看整个动画过程，可选中 ☑缺省进度表 复选框；如果要查看指定的动画部分，则取消选中 ☐缺省进度表 复选框，此时系统显示图 10.2.33 所示的"影片进度表"选项卡。

图 10.2.33 所示 影片进度表 选项卡中有关选项和按钮的含义说明如下。

● 开始：指定要查看片段的起始时间。起始时间可以大于终止时间，这样就可以反向播放影片。

- 终止：指定要查看片段的结束时间。
- ✚ （增加影片段）：指定起始时间和终止时间后，单击此按钮可以向回放列表中增加片段。通过多次将其增加到列表中，可以重复播放该片段。
- ⬆ （更新影片段）：当改变回放片段的起始时间或终止时间后，单击此按钮，系统立即更新起始时间和终止时间。
- ✖ （删除影片段）：要删除影片段，选取该片段并单击此按钮。

（4）开始回放演示。在图 10.2.33 所示的"回放"对话框中单击"演示"按钮◀▶，系统弹出图 10.2.34 所示的"动画"对话框。

图 10.2.33 "影片进度表"选项卡

图 10.2.34 "动画"对话框

图 10.2.34 所示"动画"对话框中各按钮的说明如下。

- ◀ ：向前播放
- ■ ：停止播放
- ▶ ：向后播放
- ◀◀ ：将动画重新设置到开始
- ▮◀ ：显示上一帧
- ▶▮ ：显示下一帧
- ▶▶ ：将动画设置到结尾
- ⭮ ：重复动画
- ⮂ ：在结尾处反转
- 速度滑杆：改变动画的速度

（5）制作播放文件。单击图 10.2.34 所示"动画"对话框中的 捕获... 按钮，系统弹出图 10.2.35 所示的"捕获"对话框，进行相应的设置后，单击 确定 按钮即可生成一个*.mpeg文件，该文件可以在其他软件（如 Windows Media Player）中播放。

图 10.2.35　"捕获"对话框

（6）观测动画后，单击图 10.2.34 所示"动画"对话框中的 关闭 按钮。

（7）单击图 10.2.33 所示"回放"对话框中的 关闭 按钮。

10.2.3　建立事件

"事件"用来定义时间线上各对象之间的特定相关性，如果某对象的时间发生变化时，与之相关联的对象也同步改变。

建立事件的一般过程如下。

Step1. 选择下拉菜单 动画(M) ➡ 事件(E)...命令，系统弹出图 10.2.36 所示的"事件定义"对话框。

Step2. 在"事件定义"对话框的 名称 文本框中输入事件的名称。

Step3. 在"事件定义"对话框的 时间 文本框中输入时间，并从 之后 列表中选取一个参照事件。

新定义的事件在参照事件的给定时间后开始。相对于选取的事件，输入的时间可以为负，但在动画开始时间之前不能发生。

Step4. 单击"事件定义"对话框中的 确定 按钮。

事件定义完成后，一个带有新事件名称的事件符号便出现在动画时间线中。如果事件与时间线上的一个现有对象有关，一条虚线会从参照事件引向新事件。

例如：事件定义如图 10.2.37 所示，即事件 Event1 在 Kfs1.1:1 Snapshot2 后 0.5s 开始执行，在动画时间线中则表示为如图 10.2.38 所示。

图 10.2.36 "事件定义"对话框（一）　　　图 10.2.37 "事件定义"对话框（二）

图 10.2.38 时间域

10.2.4 建立时间与视图间的关系

建立时间与视图间的关系，即定时视图功能，可以在特定时间处从特定的视图方向查看模型。此处的视图可以预先使用 视图管理器(W) 命令进行设置、保存。下面举例说明建立时间与视图关系的一般操作过程。

Step1. 设置工作目录和打开文件（操作前要注意清除内存中所有的文件）。

（1）选择下拉菜单 文件(F) ➡ 设置工作目录(W)... 命令，将工作目录设置至 D:\proewf5.2\work\ch10.02\time_view。

（2）选择下拉菜单 文件(F) ➡ 打开(O)... 命令，打开文件 display_mold.asm。

Step2. 选择下拉菜单 应用程序(P) ➡ 动画(A) 命令，系统进入"动画"模块。

Step3. 选择下拉菜单 动画(M) ➡ 定时视图(V)... 命令，系统弹出图 10.2.39 所示的"定时视图"对话框。

Step4. 建立第一个时间与视图间的关系。

（1）在"定时视图"对话框的 名称 栏中选取 V1 视图，如图 10.2.39 所示。

图 10.2.39 "定时视图"对话框（一）

说明：V1 和 V2 视图是事先通过 [≡] 视图管理器⑩命令进行设置和保存的视图。

（2）单击"定时视图"对话框中的 应用 按钮，定时视图事件 V1.1 出现在时间线中，如图 10.2.40 所示。

图 10.2.40 时间域（一）

Step5. 建立第二个时间与视图间的关系。

（1）在图 10.2.41 所示的"定时视图"对话框的 名称 栏中选取 V2 视图。

（2）在对话框的 时间 区域中输入时间值 0.5，并从 之后 列表中选取一个参照事件 Kfs1.1:6Snapshot3，动画将在该时间和参照事件后改变到该视图。

（3）单击"定时视图"对话框中的 应用 按钮，定时视图事件 V2.1 出现在时间线中，如图 10.2.42 所示。

Step6. 单击"定时视图"对话框中的 关闭 按钮。

Step7. 选择下拉菜单 动画⑩ ➡ [X] 启动⑤ 命令，动画启动，可以观察到动画开始时为 V1 视图，在 Kfs1.1:6 Snapshot3 后 0.5s 切换到 V2 视图。

图 10.2.41 "定时视图"对话框（二）

图 10.2.42 时间域（二）

10.2.5 建立时间与显示间的关系

建立时间与显示间的关系，即定时显示功能，可以控制组件元件在动画运行或回放过程中的显示样式，例如：一些元件不可见，或者显示为"线框""隐藏线"方式等。此处的显示样式可以预先使用 视图管理器(W) 命令进行设置、保存。下面举例说明建立时间与显示关系的一般操作过程。

Step1. 设置工作目录和打开文件。

（1）选择下拉菜单 文件(F) ➡ 设置工作目录(W)... 命令，将工作目录设置至 D:\proewf5.2\work\ch10.02\time_display。

（2）选择下拉菜单 文件(F) ➡ 打开(O)... 命令，打开文件 display_mold.asm。

Step2. 选择下拉菜单 应用程序(P) ➡ 动画(A) 命令，系统进入"动画"模块。

Step3. 选取下拉菜单 动画(M) ➡ 定时显示(T)... 命令，系统弹出图 10.2.43 所示的"定时显示"对话框。

图 10.2.43　"定时显示"对话框（一）

Step4. 建立第一个时间与显示间的关系。

（1）在"定时显示"对话框的 样式名称 栏中选取"主样式"，如图 10.2.43 所示。

（2）单击"定时显示"对话框中的 应用 按钮，定时显示事件"主样式 1"出现在时间线中，如图 10.2.44 所示。

图 10.2.44　时间域（一）

Step5. 建立第二个时间与显示间的关系。

（1）在图 10.2.45 所示的"定时显示"对话框的 样式名称 栏中选取 STYLE0001。

图 10.2.45　"定时显示"对话框（二）

说明：STYLE0001 是事先通过 视图管理器(W)命令进行设置和保存的显示样式。

（2）在对话框的 时间 区域中输入时间值 0.5，并从 之后 列表中选取一个参照事件 Kfs1.1:6 Snapshot3，动画将在该时间和参照事件后改变到该显示状态。

（3）单击"定时显示"对话框中的 应用 按钮，定时显示事件 STYLE0001 出现在时间线中，如图 10.2.46 所示。

图 10.2.46　时间域（二）

Step6. 单击"定时显示"对话框中的 关闭 按钮。

Step7. 选择下拉菜单 动画(M) ➡ ✕ 启动(S) 命令，动画启动，可以观察到动画开始时为"主造型"显示，在 Kfs1.1:6 Snapshot3 后 0.5s 切换到 STYLE0001 显示。

10.2.6　建立时间与透明间的关系

建立时间与透明间的关系，即定时透明功能，可以控制组件元件在动画运行或回放过程中的透明程度。下面举例说明建立时间与透明关系的一般操作过程。

Step1. 设置工作目录和打开文件。

（1）选择下拉菜单 文件(F) ➡ 设置工作目录(W)... 命令，将工作目录设置至 D:\proewf5.2\work\ch10.02\time_tran。

（2）选择下拉菜单 文件(F) ➡ 打开(O)... 命令，打开文件 display_mold.asm。

图 10.2.47　"定时透明"对话框（一）

Step2. 选择下拉菜单 应用程序(P) ➡ 动画(A) 命令，系统进入"动画"模块。

Step3. 选择下拉菜单 动画(M) ➡ 定时透明(R)... 命令，系统弹出图 10.2.47 所示的"定时透明"对话框和图 10.2.48 所示的"选取"对话框。

Step4. 建立第一个时间与透明间的关系。

（1）在系统 选取零件 的提示下，在模型中选取零件 BODY_VOL.PRT。

（2）在"选取"对话框中单击 确定 按钮。

（3）其他参数都按系统默认的设置，如图 10.2.47 所示。

图 10.2.48　"选取"对话框

（4）单击"定时透明"对话框中的 应用 按钮，定时显示事件 Transparency1 出现在时间线中，如图 10.2.49 所示。

图 10.2.49   时间域（一）

Step5. 建立第二个时间与透明间的关系。

（1）在系统 ⇩选择零件 的提示下，在模型中选取零件 BODY_VOL.PRT。

（2）在"选取"对话框中单击 确定 按钮。

（3）在图 10.2.50 所示的"定时透明"对话框的 透明 文本框中输入值 88。

（4）从 之后 列表中选取一个参照事件 Kfs1.1:10 Snapshot4，动画将在该时间和参照事件后改变到该透明状态。

（5）其他参数都按系统默认的设置，如图 10.2.50 所示。

图 10.2.50   "定时透明"对话框（二）

（6）单击"定时透明"对话框中的 应用 按钮，定时显示事件 Transparency2 出现在时间线中，如图 10.2.51 所示。

图 10.2.51   时间域（二）

Step6. 单击"定时透明"对话框中的 关闭 按钮。

Step7. 选择下拉菜单 动画(M) ➡ ✕ 启动(S) 命令，动画启动，可以观察到动画开始时的零件 BODY_VOL.PRT 由不透明状态渐变到透明状态。

10.3　动画综合练习

本练习将制作一个用手枪打靶的动画。此动画的制作要点有以下几点。

● 描述子弹从射出到射中靶子的飞行过程；

● 描述靶子被射中后碎成几片飞出的情形；

● 要求子弹在射中靶子后消失。

操作过程如下。

Step1. 定义靶子子装配的主体。

（1）设置工作目录和打开文件。

① 选择下拉菜单 文件(F) ➡️ 设置工作目录(W)… 命令，将工作目录设置至 D:\proewf5.2\
work\ch10.03。

② 选择下拉菜单 文件(F) ➡️ 打开(O)… 命令，打开文件 target.asm。

（2）选择下拉菜单 应用程序(P) ➡️ 动画(A) 命令，系统进入"动画"模块。

（3）定义主体。

① 选择下拉菜单 动画(M) ➡️ 主体定义(B)… 命令，此时系统弹出图 10.3.1 所示的"主
体"对话框（一）。

② 单击对话框中的 每个主体一个零件 按钮，系统将所有零件作为主体加入主体列表中，
如图 10.3.2 所示。

③ 单击"主体"对话框中的 关闭 按钮。

（4）保存模型文件。

Step2. 选择下拉菜单 文件(F) ➡️ 打开(O)… 命令，打开文件 shot_game.asm。

Step3. 定义视图。

（1）在 视图(V) 下拉菜单中选择 视图管理器(W) 命令，此时系统弹出图 10.3.3 所示的"视
图管理器"对话框。

图 10.3.1　"主体"对话框（一）　图 10.3.2　"主体"对话框（二）　图 10.3.3　"视图管理器"对话框

（2）在"视图管理器"对话框中选择 定向 选项卡，单击 新建 按钮，命名新建视图为 C，并按<Enter>键。

（3）单击 编辑▼ 菜单下的 重定义 命令，系统弹出图 10.3.4 所示的"方向"对话框。

（4）定向组件模型。将模型调整到图 10.3.5 所示的位置及大小。

（5）单击"方向"对话框中的 确定 按钮。

图 10.3.4 "方向"对话框

图 10.3.5 C 视图

（6）用同样的方法分别建立 C1（图 10.3.6）、C2（图 10.3.7）、C3（图 10.3.8）、C4（图 10.3.9）和 C5（图 10.3.10）视图。

图 10.3.6 C1 视图

图 10.3.7　C2 视图　　　　　　　　　图 10.3.8　C3 视图

图 10.3.9　C4 视图　　　　　　　　　图 10.3.10　C5 视图

完成视图定义后，先不要关闭"视图管理器"，进行下一步工作。

Step4. 定义显示样式 1。

（1）在"视图管理器"对话框中选择 样式 选项卡，单击 新建 按钮，输入样式的名称 style0001，并按<Enter>键。

（2）完成上一步后，系统弹出图 10.3.11 所示的"编辑"对话框（一），选择 显示 选项 卡，在 方法 区域中选中 ◉ 着色 ，然后从图 10.3.12 所示的模型树中选取所有元件。

（3）单击"编辑"对话框中的 ⚭ 按钮，预览新建的视图效果。

（4）单击"编辑"对话框中的 ✔ 按钮，完成此视图的定义。

图 10.3.11　"编辑"对话框（一）

图 10.3.12　模型树（一）

Step5. 定义显示样式 2。

（1）在"视图管理器"对话框中选择 样式 选项卡，单击 新建 按钮，输入样式的名称 style0002，并按<Enter>键。

（2）选取"编辑"对话框（二）中的 遮蔽 选项卡（如图 10.3.13 所示），系统提示"选取将被遮蔽的元件"，在图 10.3.14 所示的模型树中选取 BULLET_SHELL.PRT 和 WARHEAD.PRT。

（3）单击"编辑"对话框中的 66 按钮，预览新建的视图效果。

（4）单击"编辑"对话框中的 ✔ 按钮，完成此视图的定义。

图 10.3.13 "编辑"对话框（二）

图 10.3.14 模型树（二）

Step6. 在"视图管理器"对话框的 样式 选项卡中，将"主样式"设为活动状态。

Step7. 单击"视图管理器"对话框中的 关闭 按钮。

Step8. 选择下拉菜单 应用程序(P) ➡ 动画(A) 命令，进入"动画"模块。

Step9. 定义一个主动画。

（1）选择下拉菜单 动画(M) ➡ ❖ 动画(A)... 命令，此时系统弹出图 10.3.15 所示的"动画"对话框（一）。

（2）命名动画：动画默认名称 Animation1。单击 编辑... 按钮，在系统弹出的"定义动画"文本框中输入动画名称 shot，然后单击 确定 按钮，此时"动画"对话框如图 10.3.16 所示。单击 关闭 按钮，关闭对话框。

图 10.3.15 "动画"对话框（一）

图 10.3.16 "动画"对话框（二）

Step10. 定义基体和主体。

（1）选择下拉菜单 动画(M) ➡ ❚ 主体定义(B)... 命令。

（2）在系统弹出的"主体"对话框中单击 每个主体一个零件 按钮，系统将所有零件作为主体加入主体列表中，如图 10.3.17 所示。

（3）选取图 10.3.17 所示"主体"对话框中的 Ground，单击 编辑 按钮，系统弹出"主体定义"对话框及"选取"对话框，如图 10.3.18 和图 10.3.19 所示。

图 10.3.17　"主体"对话框（三）

图 10.3.18　"主体定义"对话框

（4）定义作为 Ground 的零件。在图 10.3.20 所示的模型树（四）中选取 GUN.PRT，然后单击图 10.3.19 所示"选取"对话框中的 确定 按钮，再单击图 10.3.18 所示"主体定义"对话框中的 确定 按钮。完成后，"主体"对话框如图 10.3.21 所示，单击"主体"对话框中的 关闭 按钮。

图 10.3.19　"选取"对话框

图 10.3.20　模型树（三）

图 10.3.21　"主体"对话框（四）

Step11. 在 视图(V) 菜单中选择 方向(D) ▶ ➡ 拖动元件(D)... 命令（或直接单击命令按钮 ），系统弹出"拖动"对话框。

（1）创建第一个快照。在图 10.3.22 所示的状态，单击"拖动"对话框中的 按钮。此时在图 10.3.23 所示的快照栏中便生成 Snapshot1 快照。

（2）创建第二个快照。

① 在"拖动"对话框中单击"点拖动"按钮 ，然后分别从模型树中选取 warhead.prt 和 bullet_shell.prt，将它们拖动至图 10.3.24 所示的位置。

② 单击"拖动"对话框中的 按钮，生成 Snapshot2 快照。

图 10.3.22 创建第一个快照   图 10.3.23 "拖动"对话框

图 10.3.24 创建第二个快照

（3）创建第三个快照。采用步骤（2）中的方法分别拖动子弹和弹壳，位置如图 10.3.25 所示，创建第三个快照。

图 10.3.25 创建第三个快照

（4）创建第四个快照。采用步骤（2）中的方法分别拖动靶子的四个元件部分，位置如图 10.3.26 所示，创建第四个快照。

（5）单击"拖动"对话框中的 关闭 按钮。

Step12. 创建关键帧序列（注：本步的详细操作过程请参见随书光盘中 video\ch10.03\reference\文件下的语音视频讲解文件 target-r01.avi）。

图 10.3.26　创建第四个快照

Step13. 建立时间与视图间的关系（注：本步的详细操作过程请参见随书光盘中 video\ch10.03\reference\文件下的语音视频讲解文件 target-r02.avi）。

Step14. 建立时间与显示间的关系（注：本步的详细操作过程请参见随书光盘中 video\ch10.03\reference\文件下的语音视频讲解文件 target-r03.avi）。

Step15. 启动动画。选择下拉菜单 动画(M) ➡ ✕ 启动(S) 命令，可以启动动画进行查看。

Step16. 保存动画。

第 11 章 产品的逆向设计

本章提要 逆向工程主要是针对现存的系统或产品进行研究，从而发现其设计规律，然后复制、改进并超越现有产品或系统的过程。逆向工程不仅是对现实世界的模仿，更是对现实世界的改造，是一种超越。通过学习本节的内容，读者能掌握如何在 Pro/ENGINEER 中输入点云数据（"抄数"数据），并利用这些数据进行造型设计。

11.1 逆向工程概述

在实际的产品研发过程中，设计人员所能得到的技术资料往往只是其他厂家产品的实物模型，因此设计人员就需要通过一定的途径，将这些实物信息转化为 CAD 模型，这就应用到了逆向工程技术（Reverse Engineering）。

所谓逆向工程技术，俗称"抄数"，是指利用三维激光扫描技术（又称"实景复制技术"）或使用三坐标测量仪对实物模型进行测量，以获得物体的点云数据（三维点数据），再利用一定的工程软件对获得的点云数据进行整理、编辑，并获取所需的三维特征曲线，最终通过三维曲面表达出物体的外形，从而重构实物的 CAD 模型。

一般来说，产品逆向工程包括形状反求、工艺反求和材料反求等几个方面，在工业领域的实际应用中，主要包括以下几个内容。

（1）新零件的设计，主要用于产品的改型或仿型设计。

（2）损坏或磨损零件的还原。

（3）已有零件的复制，再现原产品的设计意图。

（4）数字化模型的检测，借助于工业 CT 技术，可以快速发现、定位物体的内部缺陷。还可以检验产品的变形分析、焊接质量等，以及进行模型的比较。

逆向工程技术为快速设计和制造产品提供了很好的技术支持，它已经成为制造业信息传递的重要而简洁的途径之一。

11.2 逆向工程设计前的准备工作

在设计一个产品之前，首先必须尽量理解原有模型的设计思想，在此基础上还可能要修复或克服原有模型上存在的缺陷。读者必须认识到，逆向设计也是一个重新设计的过程。

在开始进行一个逆向设计前，应该对零件进行仔细分析，主要考虑以下一些要点。

（1）确定设计的整体思路，对自己手中的设计模型进行系统分析。面对大批量、无序的点云数据，初次接触的设计人员会感觉到无从下手。此时应首先周全地考虑好先做什么，后做什么，用什么方法做，可以将模型划分为几个特征区，得出设计的整体思路，并找到设计的难点，基本做到心中有数。

（2）确定模型的基本构成形状的曲面类型，这关系到相应设计软件的选择和软件模块的确定。对于自由曲面，例如车的外覆盖件和内饰件等，一般需要采用能够方便调整曲线和曲面的模块；对于初等解析曲面件，如平面、圆柱面和圆锥面等，没必要因测量数据而用自由曲面去拟合一张显然是平面或圆柱面的曲面。

11.3　逆向工程范例

本节以一个吹风机的逆向设计为例，详细讲解逆向工程设计的思路与操作步骤，参见图 11.3.1。

图 11.3.1　吹风机的逆向设计

Step1. 选择下拉菜单 文件 (F) ➡ 设置工作目录 (W)... 命令，将工作目录设置至 D：\proewf5.2\work\ch11.03。

Step2. 新建一个零件的三维模型，将其命名为 blower。

Step3. 插入已知的点云数据（抄数数据）文件。

（1）在 插入 (I) 下拉菜单中选择 共享数据 (D) ▶ ➡ 自文件 (F)... 命令。

（2）在"打开"对话框中选取 blower.pts，并单击 打开 ▼ 按钮。

（3）在系统弹出的图 11.3.2 所示的"输入选项"对话框中，设置"坐标系"为"缺省"，"单位"为"毫米"，然后单击 确定 按钮。

说明：点云文件 blower.pts 是一个可编辑的文本文件，它是由测量实际模型所获得的众多的点坐标所组成的。用户在实际工作中，一般需要将测量获得的数据文件进行整理，然后在其文件名中加上后缀".pts"。

此时，点云数据被读取并出现"点"下拉菜单（图 11.3.3），以及屏幕右侧的"点"命令按钮（图 11.3.4），利用这些命令可以对点云数据进行整理、编辑。

图 11.3.2 "输入选项"对话框　　图 11.3.3 "点"下拉菜单　　图 11.3.4 "点"命令按钮

图 11.3.4 中各按钮的说明如下。

A：修剪选定项（Crop Selected）————删除选定区域外的所有点。

B：删除选定项（Delete Selected）————删除选定区域内的所有点。

C：删除界外值（Delete Outliers）————删除呈现偏离主点集的点。

D：降低噪声（Reduce Noise）————将点移动到使用统计方法确定的位置。

E：示例————创建点的一个样本，有助于使用较少的点、花费较少的计算时间生成准确的包络模型。

F：填充孔（Fill Hole）————通过添加新点填充模型中的间隙和孔。

G：保存（Save）————用来将点数据保存到 .pts 文件。

H：添加（Add）————用来向现有点集添加另一个点集，并合并这两个点集。在要封闭一个开放曲面并使用封闭体积块创建对象时，此命令非常有用。

I：包络（Wrap）————创建包络或三角剖分的网格。

J：小平面（Facet Feature）————创建小平面特征。

K：退出。

Step4. 创建包络或三角剖分的网格并进行编辑。

（1）创建包络网格。单击命令按钮 。

系统开始进行运算处理，当屏幕上方出现图 11.3.5 所示的提示信息时，表示处理完成，屏幕图形也成为着色状态，此时系统中出现"包络"下拉菜单（图 11.3.6），以及屏幕右侧相应的命令按钮（一）（图 11.3.7）。利用这些命令可以对包络网格进行整理、编辑。

图 11.3.7 中各按钮的说明如下。

A：按长度选取（Select by Length）————选取边长等于或大于指定值的小平面。

B：压浅（Push Shallow）————通过穿过选定区域扩展来移除三角形。该命令可移除选中的三角形并显示下面的三角形。

C：穿透（Shoot Through）————以直线贯穿选定区域的方式来删除三角形。这与钻孔方式相类似。

图 11.3.5　提示信息　　　　　图 11.3.6　"包络"下拉菜单　　　图 11.3.7　命令按钮（一）

D：压深（Push Deep）——通过扩展模型，直到点密度发生变化来移除三角形。该命令用来移除与选定三角形的点密度匹配的所有三角形，还可以移除具有相同点密度的内部结构。

E：移除腹板——移除创建包络时在原始点集的空隙中生成的三角形。

F：精调——精调操作自动化程度较低，但在编辑模型时能提供更出色、更细节化的控制。

G：小平面——进入小平面阶段。

H：退出。

I：返回到点阶段。

（2）编辑包络网格。单击命令按钮 ，屏幕下方出现 的提示，并出现"选取"对话框。在图 11.3.8 所示的选取方式列表中选取 方式，然后框选图 11.3.9 所示的部分（注意不要选过头）。

图 11.3.8　选取方式列表　　　　　　　　图 11.3.9　编辑包络网格（一）

运用同样的方法对图 11.3.10 所示的部分编辑包络网格（注意：要在线框方式下进行，并设置为 TOP 视图状态）。

说明：编辑包络网格的方法有多种方式，读者可以灵活运用。如以上的例子可以按长度选取的方法（一般长度值可根据测量确定，本例取值 1.8 即可），然后用"压深"命令进行操作，也可以采用"移除连接面"的方式进行。当然，有些编辑也可在进入"小平面"阶段后进行。

图 11.3.10　编辑包络网格（二）

Step5. 生成小平面特征。

（1）单击"小平面"命令按钮，此时系统中出现"小平面"下拉菜单（图 11.3.11），以及屏幕右侧相应的命令按钮（二）（图 11.3.12）。利用这些命令按钮可以对小平面特征进行整理、编辑。

图 11.3.11　"小平面"下拉菜单

图 11.3.12　命令按钮（二）

图 11.3.12 中各按钮的说明如下。

A: 删除（Delete）——删除选定小平面。

B: 填充孔（Fill Hole）——填充小平面几何中的间隙，以使该小平面曲面连续。

C: 清除（Clean）——通过创建锐边或平滑表面来整理小平面几何。

D: 分样（Decimate）——减少小平面的数量。

E: 精整（Refine）——通过增大小平面的密度和有选择地移动小平面的顶点，来改善小平面模型的形状。

F: 松弛（Relax）——以迭代方式改变小平面顶点的坐标，从而平滑多面曲面。

G: 偏移（Offset）——偏移小平面。

H: 修剪（Trim）——修剪小平面。

I: 对称平面（Symmetry Plane）——创建对称平面。

J: 生成集管（Make Manifold）——创建多面曲面的集管表示。

K: 添加小平面（Add Facet）——使用指定的顶点将小平面添加到多面几何。

L: 反向边（Flip Edge）——反转两个小平面的方向。

M: 分割边（Split Edge）——通过分割所选小平面的边添加小平面。

N: 完成。

O: 退出。

（2）单击"完成"命令按钮✔，此时在模型树中会出现▨小平面特征 标识47，如图 11.3.13 所示。

Step6. 创建图 11.3.14 所示的基准点 PNT0。单击"创建基准点"按钮×ˣ；选择小平面特征的顶点（如图 11.3.14 所示），在"基准点"对话框中单击 确定 按钮。

Step7. 创建图 11.3.15 所示的基准平面 DTM1。单击"平面"按钮▱；如图 11.3.15 所示，选取基准点 PNT0 并按住 Ctrl 键选取 TOP 基准平面，设置为"平行"。

图 11.3.13　模型树　　　　　　　　图 11.3.14　创建基准点 PNT0

Step8. 创建图 11.3.16 所示的基准曲线。单击工具栏中的"草绘"按钮◹；设置 DTM1 基准平面为草绘面；采用默认的草绘视图方向；RIGHT 基准平面为草绘平面的参照；方向为 右 ；选取基准点 PNT0 为参照；用样条曲线以 PNT0 为起点描绘小平面特征的外轮廓，如图 11.3.17 所示

图 11.3.15　创建基准平面 DTM1　　　　　图 11.3.16　创建基准曲线 1

Step9. 镜像基准曲线 1，得到图 11.3.18 所示的基准曲线 1_1。选择前面创建的基准曲线 1；选择下拉菜单 编辑(E) ➡ ◖ 镜像 (I)... 命令；选择 FRONT 基准平面为镜像中心平面。

图 11.3.17　截面草图（一）　　　　　　图 11.3.18　创建基准曲线 1_1

Step10. 创建图 11.3.19 所示的基准点 PNT1。单击"创建基准点"按钮 ^{xx}；如图 11.3.19 所示，选择上一步创建的基准曲线 1_1 的终点。

图 11.3.19　创建基准点 PNT1

Step11. 创建图 11.3.20 所示的基准曲线 2。单击"草绘"按钮；设置 RIGHT 基准平面为草绘面；采用默认的草绘视图方向；TOP 基准平面为草绘平面的参照；方向为 顶；选取基准点 PNT0 和基准点 PNT1 为草绘参照，然后绘制图 11.3.21 所示的截面草图（注意：圆弧的两个端点分别与基准点 PNT0 和基准点 PNT1 对齐）。

图 11.3.20　创建基准曲线 2

图 11.3.21　截面草图（二）

Step12. 创建图 11.3.22 所示的基准曲线 3。单击"草绘"按钮 ；设置 FRONT 基准平面为草绘面；RIGHT 基准平面为草绘平面的参照；方向为 右 ；绘制图 11.3.23 所示的截面草图，（注意：样条曲线的长度值要与基准曲线 1 的长度值相同，都为 262.0）。

图 11.3.22　创建基准曲线 3　　　　　　　　　图 11.3.23　截面草图（三）

Step13. 创建图 11.3.24 所示的基准平面 DTM2。单击"平面"按钮 ；如图 11.3.24 所示，选取基准曲线 3 的终点，按住 Ctrl 键再选取 RIGHT 基准平面，设置为"平行"。

图 11.3.24　创建基准平面 DTM2

Step14. 创建图 11.3.25 所示的基准曲线 4。单击"草绘"按钮 ；设置 DTM2 基准平面为草绘面；TOP 基准平面为草绘平面的参照；方向为 顶；选取基准曲线 1、基准曲线 1_1、基准曲线 3 的终点为参照，然后绘制图 11.3.26 所示的截面草图（注意：圆弧要经过三个参照点）。

图 11.3.25　创建基准曲线 4　　　　　　　　　图 11.3.26　截面草图（四）

Step15. 创建图 11.3.27 所示的基准曲线 5。单击"草绘"按钮 ；设置 DTM1 基准平面为草绘面；DTM2 基准平面为草绘平面的参照；方向为"底部"；选取基准曲线 1、基准曲线 1_1

的终点为参照，然后绘制图 11.3.28 所示的截面草图（注意：圆弧的端点要与两个参照点对齐，半径值并不重要，关键是要与小平面特征的轮廓相吻合）。

图 11.3.27　创建基准曲线 5

图 11.3.28　截面草图（五）

Step16. 创建图 11.3.29 所示的基准曲线 6。单击"草绘"按钮 ；设置 DTM1 基准平面为草绘面；RIGHT 基准平面为草绘平面的参照；方向为"右"；接受默认草绘参照，沿手柄底部轮廓绘制一段直线。

图 11.3.29　创建基准曲线 6

Step17. 创建图 11.3.30 所示的基准平面 DTM3。单击"平面"按钮 ；如图 11.3.30 所示，选取基准曲线 6，按住 Ctrl 键再选取 FRONT 基准平面，设置为"平行"。

图 11.3.30　创建基准平面 DTM3

Step18. 创建图 11.3.31 所示的基准曲线 7。单击"草绘"按钮 ；设置 DTM1 基准平面为草绘面；DTM3 基准平面为草绘平面的参照；方向为"右"；选取 DTM3、FRONT、RIGHT

基准平面为参照，然后绘制图 11.3.32 所示的截面草图（注意：端点要与参照对齐，尺寸值并不重要，关键是要与小平面特征的轮廓相吻合）。

图 11.3.31　　创建基准曲线 7

图 11.3.32　　截面草图（六）

Step19. 创建图 11.3.33 所示的基准曲线 8。单击"草绘"按钮 ；设置 DTM3 基准平面为草绘面；DTM1 基准平面为草绘平面的参照；方向为"顶"；选取基准曲线 7 的两个端点及 DTM1 为草绘参照，沿手柄底部轮廓绘制草图，如图 11.3.34 所示。

图 11.3.33　　创建基准曲线 8

图 11.3.34　　截面草图（七）

Step20. 创建图 11.3.35 所示的基准平面 DTM4。单击"平面"按钮 ；如图 11.3.35 所示，选取基准曲线 7 中的直线部分，按住 Ctrl 键再选取 DTM2 基准平面，设置为"平行"。

图 11.3.35　　创建基准平面 DTM4

Step21. 创建图 11.3.36 所示的基准曲线 9。单击"草绘"按钮 ；设置 DTM4 基准平面为草绘面；DTM1 基准平面为草绘平面的参照；方向为"顶"；沿手柄上部轮廓绘制一段斜线。

Step22. 创建图 11.3.37 所示的基准点 PNT2。单击"创建基准点"按钮 ，在图 11.3.38 所示的基准曲线 8 上图示位置选择一点。

图 11.3.36　创建基准曲线 9　　　　　　　　　图 11.3.37　创建基准点 PNT2

图 11.3.38　选择一点

Step23. 创建图 11.3.39 所示的基准平面 DTM5。单击"平面"按钮 ；如图 11.3.39 所示，选取基准点 PNT2，再按住 Ctrl 键选取基准曲线 9。

图 11.3.39　创建基准平面 DTM5

Step24. 创建图 11.3.40 所示的基准轴 A_1。单击"创建基准轴"按钮 ；如图 11.3.40 所示，选取 FRONT 基准平面，再按住 Ctrl 键选取 DTM5 基准平面。

图 11.3.40 创建基准轴 A_1

Step25. 创建图 11.3.41 所示的基准曲线 10。单击"草绘"按钮 ；设置 FRONT 基准平面为草绘面；DTM1 基准平面为草绘平面的参照；方向为"顶"；选取基准曲线 7 的两个端点及 A_1 轴为草绘参照，绘制草图（图 11.3.42）。

图 11.3.41 创建基准曲线 10   图 11.3.42 截面草图（八）

Step26. 隐藏小平面特征。在模型树中选取 小平面特征 标识47 ，右击，在系统弹出的图 11.3.43 所示的快捷菜单中选择 隐藏 命令。本步操作完成后，屏幕图形如图 11.3.44 所示。

Step27. 创建图 11.3.45 所示的边界曲面 1。

图 11.3.43 快捷菜单   图 11.3.44 操作完成后   图 11.3.45 创建边界曲面 1

（1）选择下拉菜单 插入(I) ➡ 边界混合(B)... 命令，此时出现图 11.3.46 所示的操控板（一）。

图 11.3.46　操控板（一）

（2）定义边界曲线。

① 选择第一方向曲线。按住 Ctrl 键，依次选择基准曲线 1、基准曲线 3、基准曲线 1_1（图 11.3.47）为第一方向边界曲线。

② 选择第二方向曲线。单击操控板中第二方向曲线操作栏，按住 Ctrl 键，依次选择基准曲线 2 和基准曲线 4（图 11.3.48）为第二方向边界曲线。

（3）单击操控板中的"完成"按钮 ✓。

Step28. 创建图 11.3.49 所示的边界曲面 2。

（1）选择下拉菜单 插入(I) ➡ 边界混合(B)... 命令。

（2）定义边界曲线。按住 Ctrl 键，依次选择基准曲线 4 和基准曲线 5（图 11.3.50）为第一方向边界曲线。

图 11.3.47　选择第一方向曲线（一）　　　　图 11.3.48　选择第二方向曲线（一）

图 11.3.49　创建边界曲面 2　　　　　　　图 11.3.50　定义边界曲线

（3）设置相切。在图 11.3.51 所示的操控板（二）中单击 约束 按钮，在系统弹出界面的第一列表区域中，将 方向 1 - 第一条链 设置为 相切 ；单击第二列表区域，在图 11.3.52 所示的模型中选取边界曲面 1；单击操控板中的"完成"按钮 ✓。

Step29. 将图 11.3.52 所示的边界曲面 1 与边界曲面 2 进行合并，合并后的曲面编号为面组 12。

（1）按住 Ctrl 键，选取要合并的两个曲面（边界曲面 1 和边界曲面 2），然后选择下拉菜单 编辑(E) ➡ 合并(G)... 命令，此时出现图 11.3.53 所示的"曲面合并"操控板。

图 11.3.51　操控板（二）

图 11.3.52　创建面组 12　　　　　　　　　图 11.3.53　"曲面合并"操控板

（2）单击 ☑ ∞ 按钮，预览合并后的面组；确认无误后，单击"完成"按钮 ☑ 。

Step30. 创建图 11.3.54 所示的边界曲面 3。

（1）选择下拉菜单 插入(I) ➡ 边界混合(B)... 命令。

（2）定义边界曲线。

① 选择第一方向曲线。按住 Ctrl 键，依次选择基准曲线 8 和基准曲线 10（图 11.3.55）为第一方向边界曲线。

② 选择第二方向曲线。单击操控板中的第二方向曲线操作栏，按住 Ctrl 键，依次选择基准曲线 7_1 和基准曲线 7_2（图 11.3.56）为第二方向边界曲线。

（3）设置垂直。在操控板中单击 约束 按钮，在系统弹出界面的第一列表区域中，将"方向 2 最后一条链"设置为"垂直"。

（4）单击操控板中的"完成"按钮 ☑ 。

图 11.3.54　创建边界曲面 3　　图 11.3.55　选择第一方向曲线（二）　　图 11.3.56　选择第二方向曲线（二）

Step31. 将边界曲面 3 与面组 12 进行合并，合并后的曲面编号为面组 123。先按住 Ctrl 键，选取图 11.3.57 所示的边界曲面 3 和面组 12，再选择下拉菜单 `编辑(E)` ➡ `合并(G)...` 命令；箭头方向如图 11.3.58 所示；确认无误后，单击"完成"按钮 ✔；结果如图 11.3.59 所示。

Step32. 将小平面特征取消隐藏。在模型树中选取 `小平面特征 标识343`，右击，在系统弹出的菜单中选择 `取消隐藏` 命令。

图 11.3.57　创建面组 123　　　　图 11.3.58　箭头方向　　　　图 11.3.59　合并后的结果

Step33. 创建图 11.3.60 所示的平整曲面。选择下拉菜单 `编辑(E)` ➡ `填充(L)...` 命令，屏幕下方出现"填充"操控板；在操控板中单击 `参照` 按钮，在系统弹出的界面中单击 `定义...` 按钮；设置草绘平面为 DTM3，草绘平面的参照为 RIGHT 基准平面，方向为 `右`；利用"使用边"命令，草绘如图 11.3.61 所示的截面。

Step34. 将平整曲面与面组 123 进行合并，合并后的曲面编号为面组 1234。详细操作步骤参见 Step29。

对于其他部分，如果读者感兴趣，可以继续沿用上述的思路来完成。

图 11.3.60　创建平整曲面

图 11.3.61　截面草图（九）

读者意见反馈卡

书名：《Pro/ENGINEER 中文野火版 5.0 高级应用教程（增值版)》

1. 读者个人资料：

姓名：_____ 性别：____ 年龄：____ 职业：_____ 职务：_____ 学历：_____

专业：_____ 单位名称：_____ 办公电话：_____ 手机：_____

QQ：_____ 微信：_____ E-mail：_____

2. 影响您购买本书的因素（可以选择多项）：

☐内容　　　　　　　　☐作者　　　　　　　　☐价格

☐朋友推荐　　　　　　☐出版社品牌　　　　　☐书评广告

☐工作单位（就读学校）指定　☐内容提要、前言或目录　☐封面封底

☐购买了本书所属丛书中的其他图书　　　　　　☐其他_____

3. 您对本书的总体感觉：

☐很好　　　　　　　　☐一般　　　　　　　　☐不好

4. 您认为本书的语言文字水平：

☐很好　　　　　　　　☐一般　　　　　　　　☐不好

5. 您认为本书的版式编排：

☐很好　　　　　　　　☐一般　　　　　　　　☐不好

6. 您认为 Pro/E 其他哪些方面的内容是您所迫切需要的？
_____

7. 其他哪些 CAD/CAM/CAE 方面的图书是您所需要的？
_____

8. 您认为我们的图书在叙述方式、内容选择等方面还有哪些需要改进的？
_____

读者购书回馈活动：

活动一：本书"随书光盘"中含有该"读者意见反馈卡"的电子文档，请认真填写本反馈卡，并 E-mail 给我们。E-mail：兆迪科技 zhanygjames@163.com，丁锋 fengfener@qq.com。

活动二：扫一扫右侧二维码，关注兆迪科技官方公众微信（或搜索公众号 zhaodikeji），参与互动，也可进行答疑。

凡参加以上活动，即可获得兆迪科技免费奉送的价值 48 元的在线课程一门，同时有机会获得价值 780 元的精品在线课程。